データ分析をマスターする12のレッスン

新版

畑農鋭矢・水落正明［著］

新版はしがき

2017年に刊行された初版は多くの大学で教科書や副読本として採用していただきました。特に，ゼミの研究活動のために活用されるケースが多かったようです。著者たちも輪読文献として指定したり，学生がデータ分析で困ったときの参考図書として薦めたり，大いに活用しました。これらの使用法は執筆前の想定通りで，この出版企画が間違っていなかったことを肌で感じました。しかし，ゼミで輪読していると，著者たちの意図とは違う理解や解釈が出てきたり，意図がうまく伝わっていないと思われる箇所が少なくありませんでした。

初版は，大学生以外にもデータ分析に興味のあるたくさんの方々に手に取っていただきました。Twitter などの SNS で話題になるたび，著者たちは（リツイートはしなくとも）ほくそ笑んでいたわけです。しかし，やはり意図が伝わっていないと感じる感想や反応は少なくありませんでした。もちろん，これらは読者のせいではなく，著者たちの説明不足が原因です。第1章にある外れ値の解説を例にとると，初版の記述は誤解を招く可能性があったため，新版では補足説明を追加したうえで，さらに外れ値とダミー変数との関係を示すことにし，それ以降の章とのつながりも意識しました。

このように，新版では意図が伝わりにくいと考えた箇所を大幅に見直すことにしたのですが，それだけではもったいないので，あまり需要がないと思われる箇所を減らし，本書のコアである回帰分析，ダミー変数，パネルデータに関する記述を大幅に増やすことを考えました。第Ⅲ部の本文で用いる個票データも，より入手が容易な「働き方とライフスタイルの変化に関する全国調査」の若年パネル調査（JLPS-Y：Japanese Life Course Panel Surveys of the Youth）のオープンデータに変更し，多くの読者が個票データの分析を体験できるように工夫しました。

改訂箇所についてもう少し具体的に述べると，単回帰分析とダミー変数の導入を第Ⅰ部第4，5章に前倒しし，第Ⅱ部は重回帰分析（第6章）から始まる構成としました。第Ⅱ部に1章分の余裕ができたので，初版では第9章だけだったパネルデータの解説を第8，9章の2章にわたって詳述しています。ダミー変数に紙幅を割くため，第4章にあった物価指数関連の詳しい計算は削除となりましたが，他の優れた経済統計のテキストで代替できると思います。データ分析の基礎の基礎を学ぶ第1〜3章，ダミー変数について学ぶ第7章は健在ですが，使用データをアップデートするなど，内容は大幅にブラッシュアップされています。初版で定評のあった個票データ分析の第10〜12章は上述した新しいデータの分析例によって書き直されています。

当初は，1章増やして13章とし，『データ分析をマスターする13のレッスン』として出版しようという計画もありましたが，幾度かの打ち合わせを経て，章の数を増やさずに新版として出版できる運びとなりました。有斐閣の岡山義信さんには，このような無謀な思いつきにも愛想を尽かすことなく，辛抱強く最後まで丁寧なアドバイスをいただきました。また，第10〜12章で使用したJLPS-Yのオープンデータについては，東京大学社会科学研究所附属社会調査・データアーカイブ研究センターから提供を受けています。最後に，初版をお読みいただいた多くの読者の皆様の有形無形の感想や疑問は，さまざまなルートを通じて筆者たちに伝わり改訂に生かされています。ここに記して感謝申し上げ，新版のはしがきを閉じたいと思います。

2022 年 10 月

畑農 鋭矢・水落 正明

■ウェブサポートページのご案内

本書に掲載している「練習問題」の解答・解説や，本文中の例で練習問題で用いられるデータ・分析コードなどを，以下のウェブサポートページで提供しております。ぜひご活用ください。

http://www.yuhikaku.co.jp/books/detail/9784641222052

初版はしがき

本書は，大学でデータ分析を活用した経済学のゼミや授業を行ってきた筆者らが，「こういうテキストがあったらいいな」という思いをもとに執筆されました。大学入学後，多くの学生は初めてデータに触れることになりますが，そもそもデータとは何であるのかをまず知る必要があります。さらに，相関分析や回帰分析などが何を行っているのかは，理論的な説明のみでは理解は困難で，実際に体験する中で理解していく必要があります。また，近年，大学学部生でも取り組むことの多くなった個票データの分析には，どのような難しさがあるのかも知っておく必要もあります。

これらの必要性にすべて応えるテキストは筆者らの知る限りなく，自分たちで執筆しようということになりました。有斐閣の編集者の方も交えて議論を重ね，結果として，「データと付き合う」ための第Ⅰ部，「回帰分析を使いこなす」ための第Ⅱ部，そして，「個票データの分析にチャレンジする」ための第Ⅲ部という構成となりました。単に，データ分析の実習授業だけでなく，1年生ゼミや3，4年生の専門ゼミなどでも使える用途の広い一冊とすることができました。

執筆の際に気をつけたのは，初学者がつまずきやすいところを丁寧に解説することでした。たとえば，第6章の単回帰分析では，説明変数の単位を切り上げると，推定係数の見え方がどのように変化するかを見ることを通して，限界効果とは何か，データの1単位とは何か，について理解してもらえるように工夫しています。

データ分析をよく理解している読者にとっては冗長かもしれませんが，初学者にとってかゆいところに手が届くように意識して執筆しています。このような解説は，通常の統計学・計量経済学のテキストではあまり見られないもので，本書の随所で，こうした工夫が行われています。結果として理論面の解説等は少なくなりましたが，その点は本書末の文献ガイドに掲載した文献で補っていただきたいと思います。

データ分析習得のコツは，一にも二にも手を動かすことです。筆者の１人は，データ分析とまったく無関係な学部を卒業した後，社会人を経て30歳直前に経済学の大学院に入りました。そこで受けた授業は謎のギリシャ文字だらけの統計学や計量経済学の板書の授業でした。当然まったく理解できず，あきらめていた時，実際にデータに触れながら計量経済学の初歩を学ぶテキストを見つけ，手を動かすうちにデータ分析に興味が持てるようになりました。学問の順番としては逆なのかもしれませんが，まずは体で覚え，そして頭で理解するのが近道だと感じ，それは現在の大学での授業にも生かされています。そのために，本書のウェブサポートページでは，本書で掲載した分析を体験するためのデータ（第Ⅲ部を除く）と統計ソフトＲでのプログラムを公開しています。練習問題についてもデータとＲのプログラムが用意されていますので，ひたすら手を動かし，理解を深めていただきたいと思います。

本書の読者対象としては，特に限定はしていません。授業などを通してデータ分析に興味を持ち始めた大学生や大学院生が主になるとは想定しています。しかしながら，より真剣にデータと向き合うことになるのは，働くようになった後かもしれません。したがって，学生時代に，（筆者の1人のように）データ分析にまったく縁はなかったけれど，一から勉強したいというビジネスパーソンにも本書は役立つものと思います。さらには，データとは何か，データ分析とは何か，データ分析を身につけたい，と考える老若男女すべての方に本書を手にしてもらえれば幸いです。

本書の使い方は自由ですが，たとえば大学の授業での利用としては以下のようなものが考えられます。第I部は，大学1，2年次の導入ゼミや，統計学関連の授業でテキストとして使用できます。第II部は，大学2，3年次のデータ分析の実習授業のテキストとして15回かけて勉強するのに適量でしょう。第III部は，大学3，4年次の専門ゼミなどで，後述するデータセットJGSS-2010を実際に使いながら読み進めれば，個票データの回帰分析が身につきます。このように，本書は大学4年間を通して使用することを想定しており，本書の内容をすべて終えたときには，一定のデータ分析能力が身についているはずです。また，ウェブサポートページを利用すれば，時間の限られているビジネスパーソンの方も，自学自習スタイルでデータ分析を身につけることができるようになっています。

本書の執筆にあたっては，元有斐閣の尾崎大輔さん，有斐閣の岡山義信さんに丁寧に原稿に目を通していただき，読みやすくするためのアドバイスを数多くいただきました。また，本書の大部分は，筆者らが教鞭をとってきた明治大学，三重大学，南山大学での授業の資料をベースにしています。授業の際にいただいた学生からの多くの質問は，本書の中に生かされています。なお，第III部の執筆にあたっては，東京大学社会科学研究所附属社会調査・データアーカイブ研究センターSSJデータアーカイブから「日本版 General Social Surveys〈JGSS-2010〉」（大阪商業大学 JGSS 研究センター）の個票データの提供を受けました。以上，あわせて感謝申し上げます。

本書をきっかけにデータ分析に興味を持ち，データ分析を理解できる人が増え，エビデンス（証拠）に基づいた議論が活発に行われる社会に少しでも近づくことを願っています。

2017 年 8 月

畑農 鋭矢・水落 正明

▩ウェブサポートページのご案内

有斐閣書籍編集第 2 部ブログ内（下記の URL）で，本書のサポートページを開設しています。

http://yuhikaku-nibu.txt-nifty.com/blog/2017/09/22103.html

「練習問題」の解答・解説や，データ（本文中の例や章末の練習問題で用いられるもの）などの提供を行っています。ぜひご覧ください。

※新版のウェブサポートページについては「新版はしがき」を参照してください。

著者紹介

畑農　鋭矢（はたの　としや）　【序章，第Ⅰ部】

1998 年，一橋大学大学院経済学研究科博士課程単位取得退学　博士（経済学）

現　在，明治大学商学部教授

主　著：

『財政学をつかむ（第 3 版）』（共著，有斐閣，2024 年）

“What Is Fiscal Sustainability?: Transversality Condition, Domar Condition, the Fiscal Theory of the Price Level,” *Public Policy Review*, 19(3), pp.1–29, 2023 (Co-author: M. Eguchi)

“Crowding-in Effect of Public Investment on Private Investment,” *Public Policy Review*, 6(1), pp.105–119, 2010

『財政赤字と財政運営の経済分析——持続可能性と国民負担の視点』（有斐閣，2009 年）

水落　正明（みずおち　まさあき）　【第Ⅱ，Ⅲ部】

2005 年，東北大学大学院経済学研究科博士課程修了　博士（経済学）

現　在，南山大学総合政策学部教授

主　著：

“Retirement Type and Cognitive Functioning in Japan,”(Co-authored) *The Journals of Gerontology, Series B: Psychological Sciences and Social Sciences*, 77(4), pp.759–768, 2022

Exploring the Effect of Retirement on Health in Japan, Springer, 2021

『Stata で計量経済学入門（第 2 版）』（共著，ミネルヴァ書房，2011 年）

目　次

Column 一覧

序章 データ分析マスターへの入口

Introduction

本書の最終的な目標は，読者の皆さんが自力でデータ分析を行えるようになることです。しかし，筆者たちの経験によると，統計学や計量経済学の知識だけでは，実際にデータ分析を実行に移すことは難しいのです。そのような点を考慮して，本書の内容は一般的な統計学や計量経済学の本とは一線を画します。読者の知識レベルによって，読む必要のない箇所もあるかもしれません。そこで，序章では，本書の特長と各部・各章の構成を紹介します。まずは序章を読んで，本編を読み進めるための手引きとして活用してください。

1 世界は数でできている！

高校時代の倫理の授業だったと思います。古代ギリシャ哲学についての説明で「万物の根源は数である」という内容がありました（表現は正確ではないかもしれません）。そう，ピタゴラスです。その文書を読んで，当時高校生だった筆者のアタマの中には疑念が渦巻きました。正確に記憶しているわけではありませんが，「世界が数でできているはずがない」「世界の事象をすべて数で説明できるはずがない」といった疑念です。それが高校生だった筆者の率直な感想でした。

しかし，現在，経済学の研究者となった筆者は，表立っては言いませんが（いま言っていますが），「世界は数でできている」と考えているようです。「ようです」と少々心許ない表現になっているのは，人類の持つ知識がいまだ十分でないこと，また筆者の持つ知識が甚だ不十分なことに由来します。しかし，十分に発達した数理科学（数学および数学にカテゴライズされないが数学を応用する学問分野を含む総称）は世界の事象をすべて説明できるのではないかと考えて，この原稿を書きながら，驚くべき力を持った未来の数理科学を夢想しているのです。そう言えば，経済学者で数学に関する著書も多い小島寛之氏が，以下のような興味深い本を著しています。

小島寛之（2013）『世界は2乗でできている――自然にひそむ平方数の不思議』講談社ブルーバックス。

ピタゴラスに始まり，アインシュタインで終わる壮大な数学の物語です。世界が2乗でできているなんて，何だかとてもワクワクします。

また，社会の動向を数学的手法で予測できると考え，心理歴史学（Psychohistory）を完成させた人物として数学者ハリ・セルダンを挙げることができます。ハリ・セルダンは銀河暦11988年生まれ，銀河暦12069年に81歳で亡くなりました。SF界の巨匠アイザック・アシモフの『ファウンデーション――銀河帝国興亡史』（第1シリーズは1951年刊行）に登場する架空の人物です。当然，心理歴史学も架空の学問ですが，数学的手法で社会動向を予測できるというアイデアは多くの社会科学者を虜（とりこ）にしました。2008年度ノーベル経済学賞受賞者のポール・クルーグマン氏もその1人で，ハリ・セルダンに憧れて経済学者になったという逸話は有名です。SF好きのクルーグマン氏は40年近く前に，

Krugman, Paul (1978) "The Theory of Interstellar Trade" (https://www.princeton.edu/p̃krugman/interstellar.pdf)。

という論文を発表しています（その後2010年に *Economic Inquiry*, Vol.48, Issue 4に掲載されました）。以下のブログで全文の日本語訳を読むことができます。

P.E.S. 政治，経済，そしてScience Fiction「クルーグマン：恒星系間貿易の理論」(https://okemos.hatenablog.com/entry/20090108/1231379254)。

本書は，クルーグマン氏がハリ・セルダンに憧れた逸話に倣って，世界を数で理解することができないかという壮大な計画を夢見ながら，読者の皆さんをその世界の入口へと誘うために作られました。第Ⅰ部「データと付き合う」では，散布図の活用法やデータの探し方といった初歩の初歩に始まり，平均・分散から分布の見方などの統計学入門，誤差や指数といった統計分析の重要概念まで，具体的な事例に沿って解説しています。第Ⅱ部「回帰分析を使いこなす」では単回帰分析に始まり，ダミー変数やパネルデータまで使いこなせるように，具体的なデータセット（本書のウェブサポートページに用意しました）を用いた分析例に沿って学習します。さらに，第Ⅲ部「個票データの分析にチャレンジする」では，近年，利用頻度が増している個票データや質的データの分析方法を紹介しました。

本書は，初学者を対象とした入門書で，解説は難解にならないように心掛けましたが，実践という点で最終的な到達地点はかなり高度な段階になっていると思います。すべてを読み通すと，データ分析の使い手としてかなりの水準に達しているはずです。「実際に使える」という点を重視して，構成や叙述はできるだけ実践的になるように配慮したつもりです。

2 ジンクピリチオン効果

ところで，自然の中に隠された数としては，小島氏の前掲書にも出てくるフィボナッチ数列の例が有名です。フィボナッチ数列とは，最初の2項を1とし，それ以降は前の2項の和として求められる数列のことで，1,1,2,3,5,8,13,21,… のように書けます。子ども向けの絵本，

ジョセフ・ダグニーズ文／ジョン・オブライエン絵／渋谷弘子訳（2010）『フィボナッチ――自然の中にかくれた数を見つけた人』さ・え・ら書房。

が大変わかりやすい解説を与えてくれます。結論を先取りすれば，自然界，とりわけ植物の構造の中にフィボナッチ数列を数多く見つけることができるというのです。何となくスゴいなと思ってしまいますが，メカニズムを知らずに，言葉の魔法にだまされてしまうのは危険です。生物学者・近藤滋氏の著書，

近藤滋（2013）『波紋と螺旋とフィボナッチ――数理の眼鏡でみえてくる生命の形の神秘』学研メディカル秀潤社（2019年に角川ソフィア文庫より文庫判で出版）。

ではメカニズムを詳しく解説しています（同書第8章「すべての植物をフィボナッチの呪いから救い出す」）。この本のもとになった記事は，

以下の近藤氏のホームページでも読めます。

「こんどうしげるの生命科学の明日はどっちだ!?」(https://www.fbs-osaka-kondolabo.net/science)。

フィボナッチ数に限りませんが，皆さんは専門用語の衝撃に弱くありませんか。「何だかわからないがスゴそう」という専門用語の持つ効果のことを，「ジンクピリチオン効果」と名付けたのは小説家の清水義範氏だそうです。ジンクピリチオンは抗菌効果を持つ化学物質で，1970年に花王がメリットというシャンプーを発売した際に「ジンクピリチオン配合」を謳って話題になりました。ジンクピリチオン効果により，メリットはロングセラーとなります（今ではジンクピリチオンは配合されていません)。

ジンクピリチオン効果は数理科学の分野でも猛威を振るっているのではないでしょうか。たとえば，最近の統計学や実証分析の世界では「因果推論」や「疑似相関」が注目を浴びています。これらの言葉を見ると，何だかすごいことに思えます。いや，確かに重要なことではあるのですが，初学者がいきなり飛びつくのは危険だと思います。筆者は，もっと地道に相関関係（*Column*①参照）について正確に理解することから始めたほうがよいのではないかと考えて，第1章「データから仮説を探る」を書きました。疑似相関で批判されるように，相関関係はいろいろな弱点を持っていますが，仮説を探すうえで興味深い視点を提供してくれることも数多くあります。データ分析を進めていくうえで，早い段階において仮説を見つけておくことは，分析の見通しをよくするために大変重要です。第1章で，仮説を探すために相関関係を利用する方法を体験してみてください。なお，相関関係は第5章「関係性を読み解く」でも再び登場し，データの持つ多様な側面を見るための方法として紹介されます。

Column ① 2つの相関関係

相関関係とは，2つの変数の間に何らかの関係性があることを指します。一方の変数が大きいと，他方の変数も大きいケースを正の相関，他方の変数が小さいケースを負の相関と呼んでいます（第5章1節を参照)。たとえば，国語の点数が高い生徒は，算数の点数も高く，国語の点数が低い生徒は，算数の点数も低いといった状況です。これは正の相関関係ですが，国語の点数が算数の点数を高めるという因果関係があるかどうかはわかりません。点数の高い真の原因は，IQの高さといった第3の要因にあるかもしれません。このように相関関係が因果関係を意味しないケースを疑似相関，または見せかけの相関と呼ぶことがあります（第1章2節を参照)。要するに，相関関係は因果関係の存在を保証するものではないのです。

ところで，統計学の世界では，相関関係を相関係数（の絶対値）の大きさで評価することが一般的です（第5章1節を参照)。相関係数が大きく，相関関係があるとしても，因果関係のあるケースとないケースがあるので，相関関係と因果関係の関係性は次頁の図左のように図示することができます。つまり，相関関係の一部が因果関係にあたるわけです。相関関係のうち，因果関係に含まれない部分には疑似相関も含まれます。

ところが，因果関係と相関関係の相違を強調するために，（多数派というわけではありませんが）図右のように相関関係と因果関係を相互に排他的に定義するケースもあります。このケースの相関関係は因果関係を含みませんので，ほぼ疑似相関を意味していると考えてよいでしょう。しかし，このような定義によると，相関係数（の絶対値）の大きさと相関関係の対応関係が不明瞭になります。すなわち，たとえ相関係数が大きくても相関関係でない場合，つまり因果関係の場合があります（排他的な定義の右側)。相関係数を用いる場合，このような状況は面倒です。したがって，本書では，相関関係の定義として，図左の標準的な定義を採用します。

ところで，標準的な定義における因果関係の円が相関関係の円からはみ

図　相関関係と因果関係

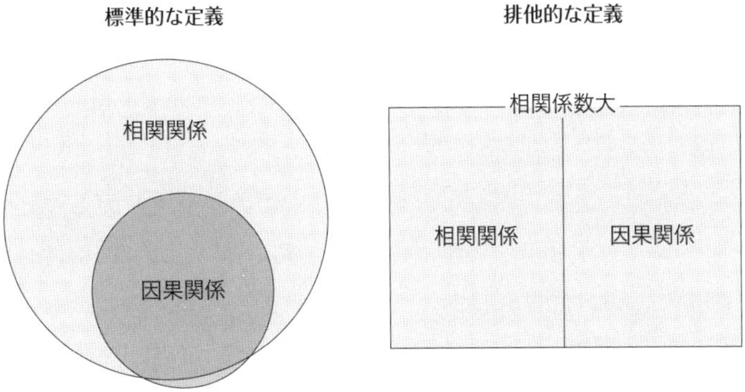

出ていることに気が付いたでしょうか。これは決して筆者や出版社のミスではなく，以下のような可能性を考慮したからです。つまり，国語の点数が高くなると算数の点数が高くなるという因果関係があるとしましょう。国語力が算数力を高めるというわけです。しかし，逆に算数の点数が高くなると国語の点数は低くなるという因果関係もあるとします。算数力は国語力を逆に低めるわけです。このように正負逆の因果関係が混在していると，国語の点数と算数の点数の表面上の相関関係は弱くなります。場合によっては，正負の効果が打ち消し合って，相関関係を確認できないかもしれません。因果関係はあっても，相関関係を見出せないケースのできあがりです。これがはみ出している部分ということになります。

3　誤差を制するものはデータ分析を制す

NHK 教育テレビ（E テレ）の「ピタゴラスイッチ」という番組を見たことがありますか。その中に，ピタゴラ装置と呼ばれる自動からくり装置が登場します。ピタゴラ装置は日用品を組み合わせたからくりで，ビー玉が転がって仕掛けが動いていくように設計されています。その綿密な動きは目を見張るばかりです。もちろん，現実の稼働には誤差が伴うでしょうから，すべてを完全に制御できるわけではないようです。

データ分析にも誤差がつきものです。この誤差をどのように扱うかという点が統計学の１つの焦点です。ボクシングの格言「左を制するものは世界を制す」になぞらえて，「誤差を制するものはデータ分析を制す」と言っても過言ではないでしょう。本書の目的の１つは，統計学における誤差の考え方に慣れてもらうことにあります。ただし，数学的に厳密な証明は極力省きました。初学者には厳密な証明より，誤差の思考に感覚的に慣れて，実際にデータ分析を行ってみることが重要であると判断したからです。数学に自信のある読者や数学的な証明を求める読者は，一般的な統計学テキストを併用することをお薦めします（巻末の学習ガイドでも案内しています）。

本書では，誤差に関わる議論が至るところに現れます。とりわけ，第Ｉ部の各章では，繰り返し異なる視点から誤差の考え方について紹介しました。誤差を意識しながら各章を読み進めてください。第１章で仮説の探し方について学んだ後，第２章「データに親しむ」で，データの探し方や取り扱いの注意点，第３章「データを見る」で平均や分散といった統計学の基本的概念や手法，第４章「データを加工する」で指数や変化率など，第５章「関係性を読み解く」で相関分析の応用例を学習していきます。また，第４章で時系列データ利用の応用として回帰分析を導入し，第５章で散布図をベースにした回帰分析の基礎を学びます。これらの回帰分析の学習は第Ⅱ部の準備となっています。

4 回帰分析が最強のツールである

「回帰分析をしないやつの話は一切聞かない」と言われたら，皆さんはどのように反応しますか。この本，

三木雄信（2015）『世界のトップを10秒で納得させる資料の法則』東洋経済新報社（2020年に三笠書房より文庫判で出版）。

によると，ソフトバンクの孫正義社長の言葉だということです。確かに，回帰分析は統計学において最も重要なツールの1つです。次の本が主張するように「統計学が最強の学問」だとしたら，「回帰分析は最強のツール」ということになるでしょう。

西内啓（2013）『統計学が最強の学問である——データ社会を生き抜くための武器と教養』ダイヤモンド社。

本書の第Ⅱ部と第Ⅲ部では，回帰分析の基礎から応用までをカバーして詳しく解説しています。もちろん，すべてを網羅しているわけではありませんが，最後まで読み通すと，かなりの水準に到達できると思います。どの章も，実際にデータを利用した実証分析に沿って解説していますので，教科書的な知識にとどまらず，実践的なテクニックが身につくはずです。

回帰分析の初学者は，第4章と第5章でその導入に触れることになります。次に，第Ⅱ部の第6章「原因から結果にせまる——回帰分析」を熟読してください。これらの章を読み終えると，簡単な回帰分析を行えるようになっているはずです。第4・5章でま

ず時系列データの分析例を，次に第5・6章では都道府県別データの分析例も解説していきます。第7章「ダミー変数を使いこなす」では，学歴や年齢といった属性別に集計されたデータを用いた回帰分析を紹介します。ここで，ある属性に該当するかどうかなどを表すことができるダミー変数の扱い方を勉強することができます。ダミー変数の概念は，第Ⅲ部で扱う個票データへの橋渡しという点でもとても重要です。第8章「パネルデータ（2時点）に親しむ」と第9章「パネルデータ（多時点）に親しむ」では，都道府県別データが再度出現しますが，ただの都道府県別データではなく，都道府県別データを時系列方向に拡張したものを利用します。このようなデータはパネルデータと呼ばれ，空間的広がりと時間的広がりをあわせ持っている点で興味深いものです（簡単な説明は第3章）。パネルデータも，個票データへの橋渡しの役割を担っており，現代の計量経済学にとって大変重要なテーマとなっています。

5 個票データが世界を救う

都道府県別や属性別といった，ある程度集計されたデータではグループ別の平均的な姿しかわかりません。しかし，特に医療や教育，労働といった分野では，個人レベルの反応や効果を知りたいことが多く，個人単位で収集・構成されたデータ（個票データ）は必須です。それ以外にも，多くの分野で個票データの利用が活発化してきています。

そこで，続く第Ⅲ部の第10〜12章では，個票データの扱い方について学びます。日本では，これまで個票データの活用に大きな困難が伴っていました。筆者の学生時代には，学生が個票データを分析する可能性は限りなくゼロに近いもので，その機会は偉い先生の研究会で分析補助を行う場合などに限られました。21世紀に入り，さまざまな組織が個票データ利用の環境整備を進めており，近年では個票データの利用可能性は大幅に高まりました（第2章参照）。特に，2009年に施行された新統計法により，匿名性を維持したうえで，研究目的での個票データ利用を推進する方針が示され，個票データ分析の環境は急速に整いつつあります。

総務省統計局「新統計法の全面施行を迎えて」(https://www.stat.go.jp/info/today/005.html)。

第Ⅲ部は，類書にはない実践的な内容となっています。個票データ分析を実際に取り扱うにはさまざまな盲点に配慮する必要がありますが，本書では「働き方とライフスタイルの変化に関する全国調査」の若年パネル調査（JLPS-Y：Japanese Life Course Panel Surveys of the Youth）のオープンデータを用いて実際に分析を行い，読者の皆さんが同様の分析を行えるようになることに主眼を置いています。JLPS-Yは，学生や研究者であれば，東京大学社会科学研究所附属社会調査・データアーカイブ研究センターに一定の手続きを経て申請することで借りることができます。

東京大学社会科学研究所附属社会調査・データアーカイブ研究センター（https://csrda.iss.u-tokyo.ac.jp/）

手始めに，第10章「個票データに親しむ」では，回帰分析に入る前に必要となるデータ処理について詳しく説明しています。個票データの回帰分析について詳述したテキストはたくさんありますが，回帰分析を行う前の注意点について相当の紙幅を割いたテキストは珍しいのではないでしょうか。無回答をどのように処理するか，階級での回答結果を量的変数に変換するにはどうしたらよいか，など分析を行ううえで現実にハードルとなる問題を多く取り上げています。

第 10 章で準備を整えたら，第 11 章「個票データで回帰分析する」と第 12 章「質的な従属変数を回帰分析する」で，いよいよ個票データの回帰分析を実際に行っていきます。第 11 章は従属変数が量的に扱える場合ですが，独立変数にダミー変数が含まれ，第 8 章で学習した内容が活かされるはずです。第 12 章は従属変数が質的な場合です。ロジットやプロビットといった推定手法が登場し，読者の皆さんを発展的な計量経済学の入口に連れて行ってくれるはずです。

個票データに基づくさまざまな研究成果は，すでに政策立案に影響を及ぼし始めています。政策立案に際して実証分析の成果に基づくことを「エビデンスベース」と表現しますが，日本語では「科学的根拠のある」といった意味になるでしょうか。このような試みが広がり，好ましい結果をもたらすことになれば，個票データの数理科学が世界のあり方を変えていく，いや世界を救うかもしれません。やはり，世界は数でできているのです。

第 I 部

データと付き合う

Contents

第1章 データから仮説を探る

Introduction

研究テーマを探してくるように言われて困ったことはありませんか。または，調べたい分野は漠然と定まってはいても，具体的な研究目的が曖昧であったり，解き明かすべき謎が明確になっていなかったりということはありませんか。これらの症状に共通する原因は，検証すべき仮説を持っていないことです。仮説がはっきりしないと，研究目的が漠然として，分析の方向性を的確に定めることが難しくなります。本章では，データを眺めながら，仮説となりうるアイデアを探す方法を考えていきます。もちろん，アイデアを生み出す方法はたくさんありますから，ここで述べる方法は 1 つの例にすぎません。読者の皆さんにとって，仮説に到達するための方法が 1 つ増えること，それが本章の目的です。

1 仮説を探る

「私は仮説をつくらない」

アイザック・ニュートンは，その主著『自然哲学の数学的諸原理（プリンキピア）』に「私は仮説をつくらない」と書いています（厳密には第 2 版で付け加えられました）。ニュートンに否定されたので，この章は終わりとしたいところですが，もう少しがんばってみましょう。

ニュートンが，一般的・普遍的な理論から具体的な結論に到達する**演繹的**な思考より，特殊的・具体的な事例から普遍的な結論に到達する**帰納的**な思考に傾いていたことは間違いないようです。言い換えると，既成の理論や法則に従い思考のみによって結論に達するのではなく，現実の観察やデータ分析に基づいて結論を見出すべきということです。もちろん，現実の観察が大切だからといって，仮説が不要であるとは言えません。仮説を実証前の暫定的な結論と考えると，仮説なしに実証分析に進むことは難しそうです。

ニュートンの言葉を肯定的に理解すれば，あるアイデアについて考えるとき，実証的に検証されない推測（ニュートンの言う「仮説」）で終わるのではなく，現実の観察やデータ分析に基づいて実証的に検証すべきであるということになるでしょうか。つまり，「仮説で終わらない」ことが大切だということです。

巨人の肩の上に立つ

仮説と呼べるようなアイデアを考え出すのは大変な作業です。論文の書き方や研究の進め方を解説した本はたくさんあるので，アイデアを生み出すためのコツや心構えについてはそれらの本に譲ります。たとえば，

伊藤修一郎（2011）『政策リサーチ入門――仮説検証による問題解決の技法』東京大学出版会。

のような本が参考になることでしょう。この本を開くと，第1章は「リサーチ・クエスチョンをたてる」，第2章は「仮説をたてる」となっています。つまり，研究テーマとなるような課題（リサーチ・クエスチョン）を見つけて，その後に仮説をたてようというわけです。ここでは，仮説とは課題に対する暫定的な答えと考えられています。

仮説となりうる暫定的な答えを見つけるための方法として，前掲書が挙げているのは，①経験を活かす，②文献リサーチ，③理論・モデル，④事例研究の4つです。筆者なりに整理すると，これらは演繹的方法と帰納的方法に大別することができます。③理論・モデルは明らかに演繹的方法であり，②文献リサーチもこれまでの思考の蓄積を探すという点で演繹的方法の一種です。一方，①経験を活かす，④事例研究（他者の経験を活かす）は帰納的方法ということになります。

経験に乏しい学生が経験を活かして仮説に辿り着くことは困難です。また，知識がない状況で理論やモデルを創造することは難しいでしょうし，事例研究を自ら行うことも簡単ではありません。自ずと理論・モデルも事例研究も教科書などの文献で勉強することになります。つまり，③理論・モデルや④事例研究は，②文献リサーチのうえに成り立っているとも言えます。その意味で，文献リサーチは演繹的方法でも帰納的方法でも必要になると言えるでしょう。

先人たちの蓄積を土台にすることを「巨人の肩の上に立つ」と表現しているのは，学術検索サービス Google Scholar です。もちろん，この表現は Google の創作ではなく，ニュートンが論敵ロバート・フックに宛てた書簡の一文に見られます。仮説のことを考えていくと，ニュートンに始まり，ニュートンに終わるという印象です。

ところで，「巨人の肩の上に立つ」のルーツは，12世紀フランスの学者でシャルトル学派のベルナール（ベルナルドゥス）に遡ると言われています。同じくシャルトル学派を代表するイギリス出身の学者ソールズベリーのジョン（ヨハネス）が次のように書いているのです。

シャルトルのベルナルドゥスは，われわれはまるで巨人の肩の上に坐った矮人(わいじん)のようなものだと語っていた。すなわち，彼によれば，われわれは巨人より多くの，より遠くにあるものを見ることができるが，それは自分の視覚の鋭さや身体の卓越性のゆえではなく，むしろ巨人の大きさゆえに高いところに持ち上げられているからである。(「ソールズベリーのヨハネス『メタロギコン』」上智大学中世思想研究所編（2002）『中世思想原典集成 8 シャルトル学派』平凡社，所収，581-844 頁，該当箇所は 730-731 頁）

この時代には古代ギリシャ・ローマの重要な古典がラテン語に翻訳され，その内容が西ヨーロッパに広まりました。このような背景に留意すれば，「われわれ」とは現代人（12 世紀の人々）を指し，「巨人」とは古代人（古代ギリシャ・ローマ時代の人々）を指すと考えられます。古典文化復興と言えば，14 世紀のイタリア・ルネサンスを思い出しますが，それに先だって西ヨーロッパで古典文化復興の波「12 世紀ルネサンス」がすでに始まっていたのです。このような先達の知恵があって初めて，17 世紀科学革命の成果が得られたことをニュートンも認識していたに違いありません。なお，12 世紀ルネサンスについては，叙述が平易な次の本をお薦めします。

伊東俊太郎（2006）『十二世紀ルネサンス』講談社学術文庫（原本は 1993 年刊行）。

第 3 の 道

困ったときに本を読むというのは古今東西よく見られる対処法です。レポート課題に直面した学生が教科書で勉強するというのもありそうな話です。これに対して，経験を活かすという視点は経済学には乏しいように思います。特に事例研究を活かした仮説の導出という作業は，経済学者にとってあまりピンとこない方法です。しかし，筆者は次の本を読んで，事例研究によって仮説を探し出すというアプローチが機能しうることを知りました。

井上達彦 (2014)『ブラックスワンの経営学——通説をくつがえした世界最優秀ケーススタディ』日経 BP 社。

この本は優れた事例研究の内容と方法を紹介し，研究者がそこから新しい仮説を導き出すプロセスを描き出します。つまり，この本は仮説を導き出すための優れた教材となっているのです。

しかしながら，筆者は事例研究の専門家ではないので，このようなアプローチをとることはできません。やはり，ここは本書の主題であるデータ分析に立ち戻るべきでしょう。そこで，本章では，仮説を導き出すという作業についてデータの有効性を論じていきます。つまり，まだ検証すべきアイデアが明確になっていない状況で，または研究テーマさえ決まっていない状況でデータの活用がどのように機能するのかを考えていきます。理論・モデルから仮説を導き出す方法（第１の道），経験・事例から仮説を導き出す方法（第２の道）の２つに加えて，データから仮説を導き出す方法（第３の道）が見つかれば本章の目的は達せられたと言えるでしょう。

Column ② HARKing～テキサスの狙撃兵

本章のタイトル「データから仮説を探る」は，研究のメインとなるデータ分析を済ませてから，仮説を後付けで考えることを意図していません。そうではなく，仮説を考える際に，入手の容易なデータを用いて予備的な分析を行ってみることを提案しています。仮説を見出すことができたら，その仮説の検証に合ったデータを入手して，メインとなる本格的な分析を行うのです。メインの分析を行って結論を得てから，その結論に都合のよい仮説を後付けで与えることは，HARKing（Hypothesizing After the Results are Known）と呼ばれ，研究不正の一種と考えられています。さまざまな研究不正については次の本，

佐藤郁哉（2021）『ビジネス・リサーチ（はじめての経営学）』東洋経済新報社。

の CHAPTER 3 で読むことができます。寓話「テキサスの狙撃兵のごまかし」（Texas sharpshooter fallacy）は後付けで仮説を考えることの愚かさを揶揄しています。

「テキサスの狙撃兵のごまかし」は，テキサスに来た人が，納屋の側面に複数の弾痕があり，それぞれの弾痕の周りに雄牛の目のような丸が描かれているのを見たという話に基づいています。その人が弾痕を残した射撃の名人を捜しに行ったところ，まず納屋を撃ち，後から丸を描いたと認めたのです。（Barry Popik, "Texas Sharpshooter Fallacy," barrypopik.com, March 09, 2013. https://www.barrypopik.com/index.php/texas/entry/texas_sharpshooter_ fallacy/. 日本語訳は筆者による）

2 帰無仮説から始める

帰無仮説という名の仮説

多くのデータ分析において，分析者の興味は，2つの変数の間に関係があるか，何らかの施策の影響により2つの変数の間に差異が生じるのか，といったことにあります。そのような疑問に

答えるために，帰無仮説という名の仮説がよく登場します。帰無仮説は2つの変数の間に関係がない，差異がないといった形式で設定されます。この帰無仮説を否定できれば，関係があること，差異があることの証明になるというわけです。

テレビの視聴率の例で考えてみましょう。A番組とB番組の視聴率を調査したところ，A番組の視聴率は11.5%，B番組の視聴率は9.8%だったとします。A番組の視聴率はB番組の視聴率より高いと言えるのでしょうか。この視聴率調査がすべての世帯をカバーしていれば高いと言えるでしょう。しかし，通常，視聴率調査は一部の世帯を抽出して行われるので，観察された視聴率は誤差を伴います。誤差があるので，11.5%と9.8%を単純比較するだけでは結論は出ないのです。

いま，A（B）番組の真の視聴率を$X_A(X_B)\%$としましょう。真の視聴率とは，全世帯を調べた場合の視聴率のことを意味し，実際には観察されません。これに対して，実際に観察される視聴率には $\widehat{\ }$ の記号をつけて表し，$\widehat{X_A}(\widehat{X_B})\%$としましょう。$\widehat{X_A} = 11.8$，$\widehat{X_B} = 9.8$というわけです。$\widehat{X_A}(\widehat{X_B})$は$X_A(X_B)$に近い値となることが期待されますが，誤差を伴うため必ず$X_A(X_B)$に一致するとは限りません。視聴率$\widehat{X_A}$の標本誤差σは，調査世帯数をnとすると，

$$\sigma = \sqrt{\frac{\widehat{X_A}\left(100 - \widehat{X_A}\right)}{n}}$$

のように表せます。さらに，視聴率と世帯数を具体的に与えると，表1-1のように標本誤差σを計算することができます。視聴率が40%の場合と60%の場合で標本誤差が同じになる理由は読者自身

表 1-1　視聴率の標本誤差 σ

視聴率（%）	世帯数 n 200	400	600	800	1000	1500	2000
1.0	0.70	0.50	0.41	0.35	0.31	0.26	0.22
5.0	1.54	1.09	0.89	0.77	0.69	0.56	0.49
10.0	2.12	1.50	1.22	1.06	0.95	0.77	0.67
20.0	2.83	2.00	1.63	1.41	1.26	1.03	0.89
30.0	3.24	2.29	1.87	1.62	1.45	1.18	1.02
40.0	3.46	2.45	2.00	1.73	1.55	1.26	1.10
50.0	3.54	2.50	2.04	1.77	1.58	1.29	1.12
60.0	3.46	2.45	2.00	1.73	1.55	1.26	1.10

で考えてみてください。

標本誤差 σ を利用すると，真の視聴率を中心に誤差の幅を設定し，観察された視聴率がその幅の間に収まる確率を求めることができます。幅を標本誤差 σ のいくつ分とするかによって，その確率は，

$$\pm\sigma \quad 68.26\%$$

$$\pm 2\sigma \quad 95.44\%$$

$$\pm 3\sigma \quad 99.74\%$$

のように変わってきます。当然，誤差（σ いくつ分か）を大きめにとれば，幅の間に収まる確率は上がっていきます。社会科学分野では $\pm 2\sigma$ がよく使われますが，自然科学分野では $\pm 3\sigma$ を使う場合もあるようです。また，特に確率がほぼ 95% となる $\pm 1.96\sigma$ はしばしば使われます。

ここで，A 番組の視聴率と B 番組の視聴率の話題に戻りましょう。A 番組の視聴率 $\widehat{X_A}$ は 11.5%，B 番組の視聴率 $\widehat{X_B}$ は 9.8% でした。いま，2 つの番組視聴率に差があるかどうかを検証する

ことにします。仮に（全世帯を調査した）真の値では差がないとして，X_A がB番組の視聴率と等しい9.8% だったと考えます。このとき，帰無仮説は，

$$H_0 : \widehat{X_A} = \widehat{X_B} \text{ または } \widehat{X_A} - \widehat{X_B} = 0$$

です。表1-1から，調査世帯数 n が1000だとすると，視聴率10% で標本誤差は0.95% になります。したがって，$\pm\sigma$ だと視聴率の幅は8.85〜10.75%（$= 9.8 \pm 0.95$），$\pm 2\sigma$ だと幅は7.9〜11.7%（$= 9.8 \pm 1.9$）です。11.5% は $\pm\sigma$ の幅には入っていませんが，$\pm 2\sigma$ の幅には入っています。計算すればすぐにわかるように，95% の確率を示唆する $\pm 1.96\sigma$ の幅にも収まっています。

この幅に収まるか外れるかで，帰無仮説を統計的に検証することができます。もし帰無仮説 H_0 が正しいと仮定すると，$\pm 1.96\sigma$ の幅から外れる事象が起きる確率はせいぜい5% です。このように非常に低い確率でしか起こらない事象が観察されたということは，仮定された帰無仮説が正しくない可能性が高いことを意味します。このとき，統計的検定は帰無仮説を否定（棄却）し，その対立仮説である，

$$H_1 : \widehat{X_A} \neq \widehat{X_B} \text{ または } \widehat{X_A} - \widehat{X_B} \neq 0$$

を肯定（採択）します。

帰無仮説が棄却されても，対立仮説が絶対的に正しいとは限らないことに注意が必要です。たとえ帰無仮説が正しくても，$\pm 1.96\sigma$ の幅を外れる事象は5（$= 100 - 95$）% の確率で生じ得るからです。非常に低い確率であっても決して0% になることはありません。統計的検定は確率的な判断をしているにすぎないのです。その

意味で誤差の幅を標本誤差のいくつ分とするのかはきわめて重要な問題ですが，その設定に合理的な基準はありません。社会科学では慣習として95% の確率を示す幅（ここでは $\pm1.96\sigma$）を用いています。99% や99.9% に対応する幅を用いれば，帰無（対立）仮説は棄却（採択）されにくくなります。また，95% の幅で帰無仮説を棄却した場合，この幅から外れる確率5% を用いて「5% 水準で（統計的に）有意」といった表現をすることがあります。

相関関係と因果関係

統計的検定により，関係がある，差異があるといった結論が得られたとしても，なお注意が必要です。たとえば，文部科学省「全国学力・学習状況調査」に基づくと，小中学生の朝食摂取と学力の間に密接な関係があることが，農林水産省『令和2年度　食育白書』の「第2部・第1章　家庭における食育の推進」で指摘されています。

農林水産省『令和2年度 食育白書』(https://www.maff.go.jp/j/syokuiku/wpaper/r2_wpaper.html)。

朝食の摂取状況により学力調査の正答率が異なるというのです。このような実証分析に対する反論としてよく見られるのは「相関関係にすぎず**因果関係**を証明するものではない」というものです。同じ批判に直面すると思われる分析結果の例には事欠きません。学会などで討論（報告に対するコメント）を頼まれた研究者にとって，「それは因果関係ではないのではないか」という批判は便利なものです。この指摘を受けると，実証分析に携わる研究者は「仰せの通りです」としか返せません。完全にコントロールされた実験は別にして，社会科学の一般的な実証分析では完璧な因果関係を証明することは難しいからです。ただし，統計学的手法を用いれば，ある程度の検証は可能な場合があります。論点は2つで，1つは**疑似相関**（見せかけの相関），いま1つは**逆の因果関係**です。

疑似相関は，X と Y に相関があったとしても，X と Y に直接の関係がなく，第3の要因 Z が X と Y に共通して影響しているケースです。たとえば，小中学生の朝食摂取と学力との間には，親の教育熱心さという共通要因が隠されているかもしれません。複数の要因を考慮するために重回帰分析という手法があります（重回帰分析については第6章を参照してください）。ただし，重回帰分析を適用すれば，直ちに因果関係を特定できるわけではありません。後述の書籍も参照してください。

逆の因果関係の場合はもう少しやっかいです。たとえば，犯罪発生率（Y）の決定要因について分析しようとして，警察官の数（X）との相関を見たとしましょう。警察官が多いと犯罪は抑制される（負の相関が得られる）はずと考えていたのに，得られる結果は正の相関となってしまうかもしれません。しかし，よく考えると，犯罪が多い地域ほど警察官が増員されると考えれば，不思議なことではありません。Y から X に向けて逆の因果関係があると，通常の回帰分析では $X \Rightarrow Y$ の関係を示す正しい係数を得ることができません。この場合には，操作変数法という手法が有効となります。本書のレベルを超える発展的な手法のため詳しい説明は省きますが，適切な操作変数とは，Y には影響せず，X には影響を及ぼすような変数です。上記の例で考えると，犯罪発生率（Y）とは関係なく，警察官の数（X）にだけ影響するような要因です。皆さんの想像通り，適切な操作変数を見つけることはとても難しいというのが悩みどころです。

常に適切に実施できるかどうかはわかりませんが，1つ目の問題と２つ目の問題のいずれに対しても，より高度な手法を適用すれば一定程度は対応することができるわけです。高度な分析によって，相関関係のうちの一部については因果関係が示唆される可能性もあるのです。つまり，相関関係の発見は因果関係の検証の入口となっていると言えます。それにもかかわらず，相関関係を示唆すると，「因果関係ではない」と鬼の首をとったように批判が伝染するのは歓迎できません。このような過剰な批判的反応は因果関係の芽（相関関係）を摘み取っているように思えます。これらの相関関係の発見から直ちに因果関係を導き出すことには慎重であるべきですが，一方で興味深い題材の発見として貴重な情報と考えるべきではないでしょうか。

相関関係と因果関係を区別することの重要性については以下の本が参考になります。

伊藤公一朗（2017）『データ分析の力——因果関係に迫る思考法』光文社新書。

エステル・デュフロ，レイチェル・グレナスター，マイケル・クレーマー／小林庸平監訳・解説（2019）『政策評価のための因果関係の見つけ方——ランダム化比較試験入門』日本評論社。

どちらも因果関係を特定するための因果推論という考え方を解説した一般向けの本です。これらの本の中では，上で説明した回帰分析や操作変数法以外に，自然実験，差の差分析，回帰不連続デザイン，マッチング法など，因果関係を特定するために有効な手法が解説されています。特に，デュフロほか（2019）の監訳者による解説は因果推論を理解するために非常によい教材となっています。

因果推論のように因果関係を重視する立場に対して，ビッグデータの時代には相関関係こそが重要だと主張する論者もいます。次の本を読んでみてください。

ビクター・マイヤー＝ショーンベルガー，ケネス・クキエ／斎藤栄一郎訳（2013）『ビッグデータの正体——情報の産業革命が世界のすべてを変える』講談社。

双方を読み比べれば，きっと相関関係と因果関係の深淵を垣間見ることになるでしょう。

第一種過誤と第二種過誤

統計的検定の世界で恐れられる誤りが2つあります。**第一種過誤（偽陽性）**と**第二種過誤（偽陰性）**です。第一種過誤は**帰無仮説**を誤って棄却する誤り，第二種過誤は帰無仮説を誤って採択してしまう誤りです。わかりやすく言うと，癌（因果関係）でないのに誤って癌（因果関係）と診断してしまうのが第一種過誤，癌（因果関係）なのに誤って癌（因果関係）でないと診断してしまうのが第二種過誤です。

興味深いことに，以下の記事によると第二種過誤を恐れるのは経済学者の気質らしいのです。

“Opera, Einstein, and Why Economics Is Not a Real Science,” *ECONOSPEAK*, September 23, 2011.（https://econospeak.blogspot.jp/2011/09/opera-einstein-and-why-economics-is-not.html）

「第一種過誤を恐れる物理学者，第二種過誤を恐れる経済学者」himaginary’s diary, 2011-09-24.（https://himaginary.hatena

blog.com/entry/20110924/economics_is_more concerned_about_Type_II_than_Type_I_error)

自然科学に比べ，明快な結論が得られにくい社会科学において，多様な仮説を安易に摘み取ることなく残しておくことは大変重要なことだと思います。軽々に因果関係ではないと否定することは第二種過誤をもたらすかもしれません。せっかくの発見を精密な検証もなく捨て去るのはもったいない限りです。

たとえば，今後の研究課題を提示したという点で，次の記事で紹介されている研究内容はとても興味深いものです。

「「私はポルノを見ない」と，信仰心の厚い人たちは言う。しかしデータは冷徹だった（研究結果）」The Huffington Post, 2016年7月7日。(https://www.huffingtonpost.jp/2016/07/07/religious-people_n_10853940.html)

参照されている研究論文は以下の通りです。

Cara C. MacInnis and Gordon Hodson (2016) "Surfing for Sexual Sin: Relations Between Religiousness and Viewing Sexual Content Online," *Sexual Addiction & Compulsivity: The Journal of Treatment & Prevention*, Volume 23, Issue 2–3. (http://www.tandfonline.com/doi/abs/10.1080/10720162.2015.1130000?journalCode=usac20)

この研究によれば，アメリカの州のうち，信仰深い人の割合が高い州ほどインターネット上のアダルトコンテンツ利用率が高いというのです。アメリカの話ですから信仰の対象はキリスト教が多いと思われますが，これまで熱心なキリスト教徒はポルノに否定的な傾向が強いと考えられており，ここでの調査結果は一般的な通念と矛盾しているように見えるのです。この論文の執筆者たちは，データと人々の心情が一致しない理由はわからないと正直に述べていますが，今後検証すべき課題を提示した研究として高く評価されるべきであると思います。

3 散布図を眺める

散布図とは？

散布図は，XY 図，相関図，プロット図などとも呼ばれます。散布図は，2 変数の関係を検討するための最も原始的な方法です。しかし，原始的とは言うものの，直接的に視覚に訴えるため，効果的に使用した場合のインパクトはとても大きいものです。また，相関係数などの統計学的手法を用いるための準備として，変数間の関係性をおおまかに把握しておくためにも利用されます。

作図は容易で，分析対象となる変数を横軸と縦軸に配置し，座標位置に点を打っていくだけです。たとえば，表 1-2 のようなデータが与えられると，図 1-1 の散布図が描けます。

野球とサッカーはライバルか

21 世紀に入る頃からプロ野球のテレビ中継の視聴率は急速に低下しました。それを受けて地上波でのプロ野球放送は激減し，巨人戦であっても地上波では見られないという状況が常態化しつつあります。当然，プロ野球人気の低迷は野球人口に大きな影響を及ぼし，少年野球チームのメンバー不足が全国的な問題となっているようです。ネット上でこのような記事を見つけました。

表 1-2　散布図のデータ

個票，属性，地域，国など	データ X	データ Y
1	150	50
2	450	350
3	200	450
4	350	200
5	100	150

図 1-1　散布図

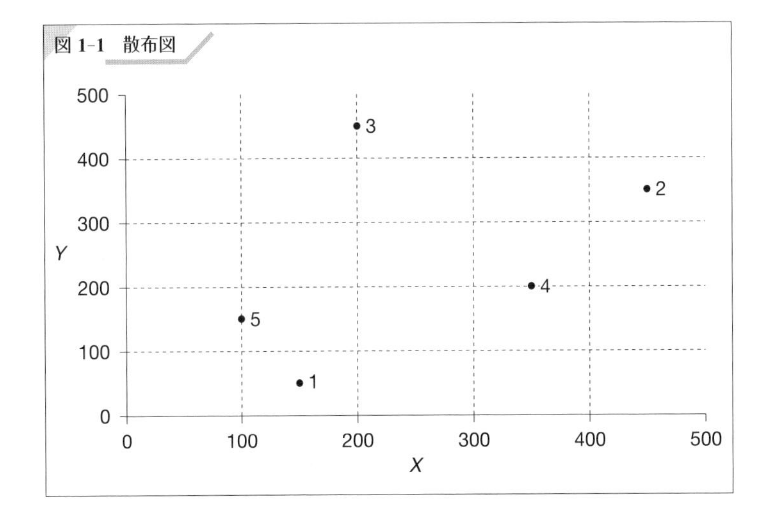

赤坂厚「子どもの『野球離れ』は，もう止められない　父よ，息子とキャッチボールしていますか」東洋経済オンライン，2015 年 8 月 23 日。(https://toyokeizai.net/articles/-/81350)

原因として，父と息子（娘）がキャッチボールをしなくなったことが指摘されています。この記事の筆者は，キャッチボールのできる場所の不足はもちろんですが，サッカーに比べて用具が高価なことが影響しているのではないかと述べています。たしかに，1993 年にＪリーグが発足して以来，野球人口が侵食されているという話はよく聞くところです。筆者の周囲でも，まずサッカーチームに入る小学生や未就学児は非常に多いように感じます。あおりを受けて少年野球チームはジリ貧の様子です。

果たして，（キャッチボールを含む）野球人口はサッカー人口増加のしわ寄せを受けているのでしょうか。総務省統計局の「社会生活基本調査」は，野球やサッカーを含む代表的なスポーツ活動を行った人が何人くらいいるのか調べています。この統計は都道府県別でデータを入手できますので，都道府県で比較してみましょう。つまり，サッカーが盛んな都道府県では野球人口が少なくなるか否かを確認するわけです。なお，「社会生活基本調査」は 5 年ごとに実施されるもので，最新の調査は 2021 年に行われていますが，結果の公表は 2022 年後半以降に予定されています。そこで，以下では 1 つ前の調査である 2016 年の結果を利用します。

2016 年の調査で，過去 1 年間にサッカー（フットサルを含む）を一度でもプレイした人の数（以後，行動者数）を横軸に，野球（キャッチボール，ソフトボールを含む）の行動者数を縦軸にとった散布図が図 1-2 です（Excel で散布図にラベルを付ける方法はウェブサポートページを参照）。サッカー人口が多いほど野球人口も多く，両者には強い正の相関があります。相関係数（相関係数については第 5 章参照）は 0.98 に達します。サッカー人口が野球人口を侵食するという説はウソなのでしょうか。

加工して考え直す

まず，図 1-2 をよく見てください。右上に位置するほど大都市圏になっているよう

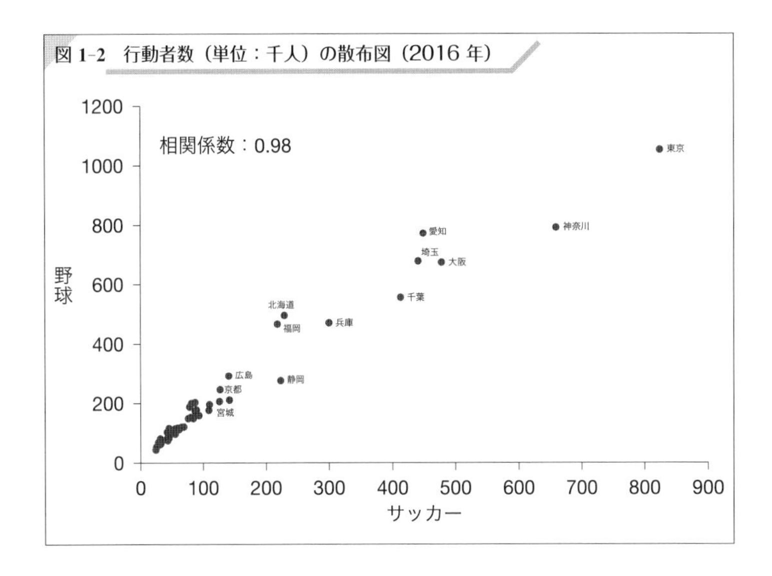

図 1-2　行動者数（単位：千人）の散布図（2016 年）

に見えませんか。図 1-2 の人数は都道府県内の総数なので，人口規模の大きな都道府県ほど右上に位置するのです。正の相関が確認されたのも当たり前で，共通の要因は総人口というわけです。総人口が多ければ，野球人口もサッカー人口も多くて当然です。

そこで，競技人口を各都道府県の総人口（調査対象である 10 歳以上人口）で除してみましょう。「社会生活基本調査」では，このような人口 1 人当たりの競技人口を行動者率と呼んでいます。図 1-3 のようにサッカーの行動者率を横軸，野球の行動者率を縦軸として描いた散布図を作成してみました。今度は相関関係がかなり弱くなります（相関係数 0.31）。それでもなお，野球人口とサッカー人口の間にはいくらか正の相関があるかもしれません。正の相関があるとすれば，野球とサッカーはライバルなどではなく，共に繁栄していく仲間ということになります。

図 1-3　行動者率（単位：%，以下同）の散布図

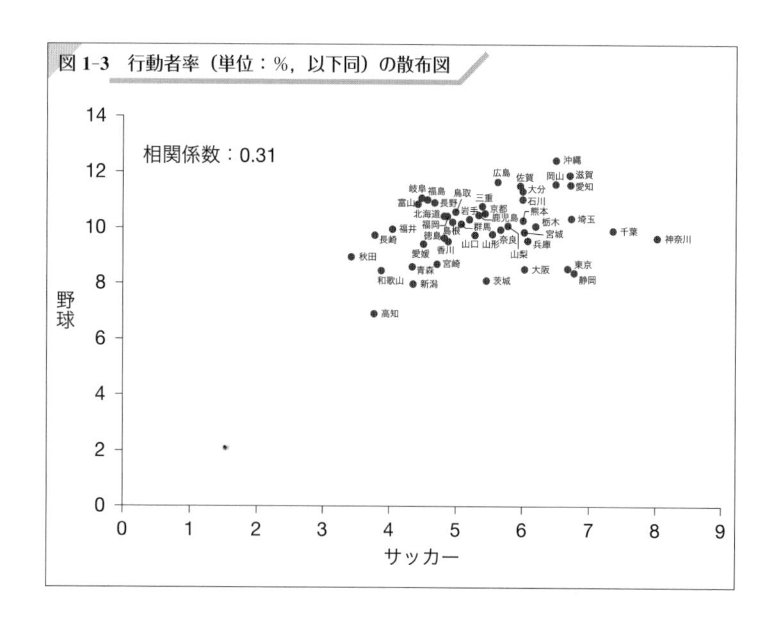

<table><tr><td>**外　れ　値**</td></tr></table>

図 1-3 の右端に注目すると，神奈川，千葉，東京，静岡が目に入ります。いずれもサッカー人気の高そうな地域です。何らかの特殊要因によって他の地域と異なる傾向を持つ可能性があると，全体の傾向線から外れて位置することになります。このようなケースを外れ値と呼びます。神奈川，千葉，東京，静岡が外れ値だとすると，この 4 都県を除いて相関を検証したほうがよいかもしれません。残る 43 道府県で計算した相関係数は 0.54 になります。やはり，野球人口とサッカー人口の間には正の相関があるかもしれません。

しかし，このような外れ値の決め方に疑問を持つ人もいるでしょう。どの程度傾向線から離れていれば，外れ値となるのでしょうか。1 変数のみを対象とする場合，すなわち野球の行動者率のみを

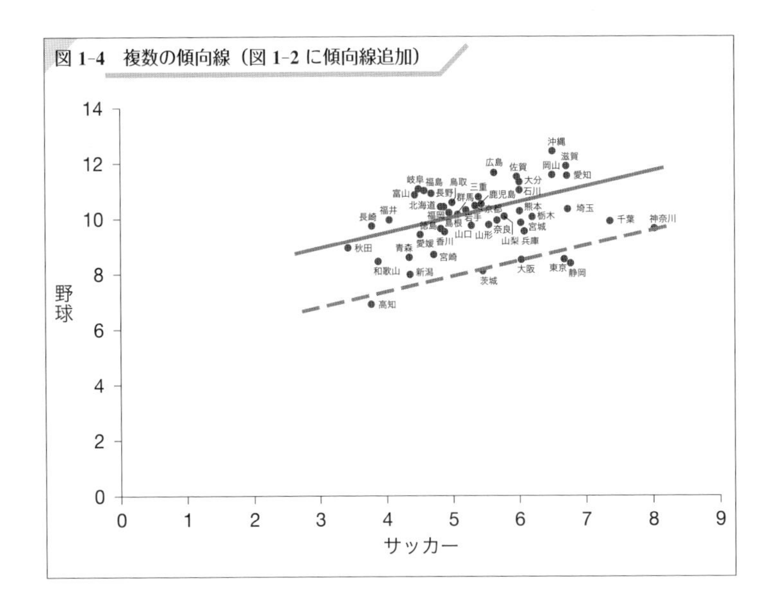

図 1-4　複数の傾向線（図 1-2 に傾向線追加）

考える場合などでは，そのデータのばらつき具合を表す標準偏差を利用して，平均から大きく（標準偏差2つ分または3つ分以上）離れていれば外れ値とする方法があります。ばらつき具合の指標として分位数を用いる方法もあります。平均，標準偏差，分位数については第3章で学習します。

ここでの分析のように2変数（野球の行動者率とサッカーの行動者率）を対象とする場合，単に平均からの離れ具合を見るだけでは十分ではないかもしれません，傾向線からの離れ具合を見る指標として，次節で説明する残差があります。別の視点で考えると，そもそも真の傾向線は1つではないのかもしれません。つまり，神奈川，千葉，東京，静岡の傾向線は別に描けるのかもしれないのです。図1-4は図1-3に複数の傾向線を書き足したものです。神奈川，千

図 1-5　回帰直線と残差

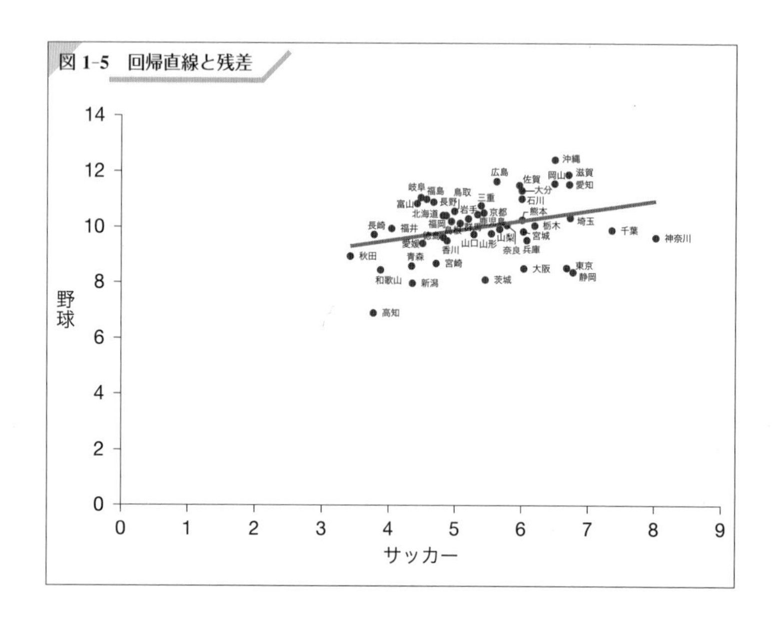

葉，東京，静岡，大阪，茨城，新潟，高知の 8 都府県については破線のような傾向線が描け，残る 39 道府県については実線のような傾向線が描けると考えるのです。実線と破線は平行で位置が異なりますので，2 つの傾向線は傾きが同じで切片が異なることになります。このようにグループによって切片が異なるケースを分析するためにダミー変数を用いることがあります（第 4・8・9 章）。

4　関係性がなくても諦めない

残差に注目

47 都道府県のデータすべてを用いて野球行動者率とサッカー行動者率の散布図に傾

向を示す直線（回帰直線）を（1本だけ）描いたのが図1-5です（回帰直線については第4〜6章を参照してください）。回帰直線の推定結果は次の通りで，弱い正の関係といったところでしょうか（R^2 については第4章を参照してください。）。

$$野球行動者率 = 8.1004 + 0.35574 \times サッカー行動者率$$
$$R^2 = 0.0981$$

しかし，強い関係が得られなくとも，回帰直線からの乖離具合を各点について検討することにより，興味深い発見があるかもしれません。回帰直線からの乖離具合は残差と呼ばれ，回帰直線からの縦方向の長さで測られます。上方向に乖離している場合は残差が正，下方向に乖離している場合は残差が負ということになりますが，（統計学や数学を超えて）残差がもっと別の意味を持つこともあります。このケースでは，上方向に残差が大きい都道府県は（サッカーに比べて）野球志向，下方向に残差が大きい都道府県は（野球に比べて）サッカー志向ということになります。具体的には，岐阜，滋賀，広島，沖縄などは野球志向の強い地域，茨城，神奈川，東京，新潟，静岡，大阪，高知などはサッカー志向の強い地域です。

このように，残差が大きいということは明瞭な傾向が確認できないことを意味しますが，残差自体に重要な意味が隠されている場合もあるわけです。残差の大きな都道府県に対象を絞って分析を進めるといった方針を立てることになれば，残差が特定の地域に注目するきっかけを与えてくれたということになります。

散布図で分類する

強い関係性が見つからなければ，必ずしも無理に探し出す必要はありません。関係性のない散布図を分類に利用するのです。図 1-6 は既出のものと同様，横軸にサッカー行動者率，縦軸に野球行動者率をとった散布図ですが，4 つの象限に分割した点がこれまでと異なります。サッカー行動者率の平均値が 5.41，野球行動者率の平均値が 10.02 であることを考慮して，横軸の中心は 5.5，縦軸の中心は 10.0 としました。この分割に従うと，47 都道府県を以下のように分類することができます。

第 1 象限（右上）：野球・サッカーともに盛んな地域（愛知，滋賀，岡山，沖縄など）

第 2 象限（左上）：野球が盛んな地域（福島，長野，富山，岐阜など）

第 3 象限（左下）：野球・サッカーともに盛んでない地域（青森，秋田，新潟，和歌山，高知，宮崎など）

第 4 象限（右下）：サッカーが盛んな地域（東京，静岡，大阪など）

上の例では，分割の境界値を平均値に近い値としましたが，境界値を変えれば分類も変わってくるでしょう。また，同じ象限の中にあっても，都道府県によって中心点からの距離はずいぶん違いますので，中心点からの距離を計算して分類に応用することも可能です。最も簡単な距離の計算法はユークリッド距離と呼ばれるもので，中学の数学で習ったピタゴラスの定理（三平方の定理）で与えられます。すなわち，中心点の座標を $\mathrm{O}(x_0, y_0)$ とし，対象となる座標を $\mathrm{Q}(x, y)$ で表すと，OQ 間の距離 $\mathrm{d}(\mathrm{O}, \mathrm{Q})$ は，

$$\mathrm{d}\,(\mathrm{O}, \mathrm{Q}) = \sqrt{(x - x_0)^2 + (y - y_0)^2}$$

と表すことができます。この距離の大小によって分類することもで

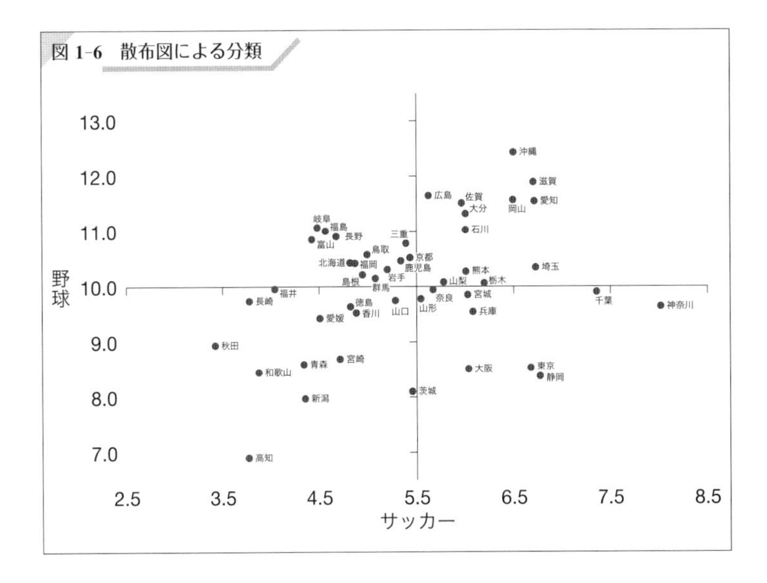

きます。距離の情報を利用して対象を統計学的に分類するためのクラスター分析と呼ばれる手法もありますが，詳細は統計学や多変量解析の解説書に譲ります。

5 視点を変える

データを分割する

以上のように散布図を作成しても，興味深い知見が得られないケースもあるでしょう。そのようなときには，データを属性ごとに分割してみることが有効かもしれません。たとえば，性別に分割，年齢別に分割などです。全国データを扱っているときには，都道府県などの地域別に分割することも考えられます。

試しに，野球とサッカーの行動者率について年齢別データを確認してみましょう。図 1-7 は，10〜14 歳と 35〜44 歳について作成した散布図です。10〜14 歳では，これまでと同様に緩やかな正の相関（相関係数 0.36）を確認できます。これに対して，35〜44 歳では逆に緩やかな負の相関（−0.08）が観察されます。負の相関はかなり弱いものなので，断定的なことは言えませんが，全体として正の相関があるとしても，年齢別では異なる関係が観察される可能性もあるわけです。

差異の源泉を考える　10〜14 歳と 35〜44 歳で傾向が異なる理由は何でしょうか。年齢が異なることは当然ですが，この 2 つの集団では生まれ年が 21〜34 年ほども異なります。年齢の効果と生まれ年の異なる効果を識別するためには，生まれ年の異なる集団を同年齢のときで比較するか，同じ生まれ年の集団について異なる年齢時点を比較するか，といった工夫が必要となります。すぐに気づくように，生まれ年の異なる集団を同年齢で比較するためには，生まれ年の異なる集団を長期間にわたって時系列で調査しているデータが必要です。

ここで，表 1-3 のような形式で入手可能なデータを考えてみましょう。各列は同じ調査時点の異なる年齢階級別データ，各行は同じ年齢階級の時系列データとして理解できます。つまり，年齢別のデータを時系列で収集したことになります。この表を作成するときのポイントは，調査時点の間隔と年齢階級区分の幅が等しいことです。このように間隔を設定すると，同じ生まれ年の集団を斜め方向に観察できるのです。生まれ年によって区別される集団を出生コーホート（以下，単にコーホート）と呼び，この出生コーホートを意識して行われる分析のことをコーホート分析と呼びます。

図 1-7　年齢別の散布図

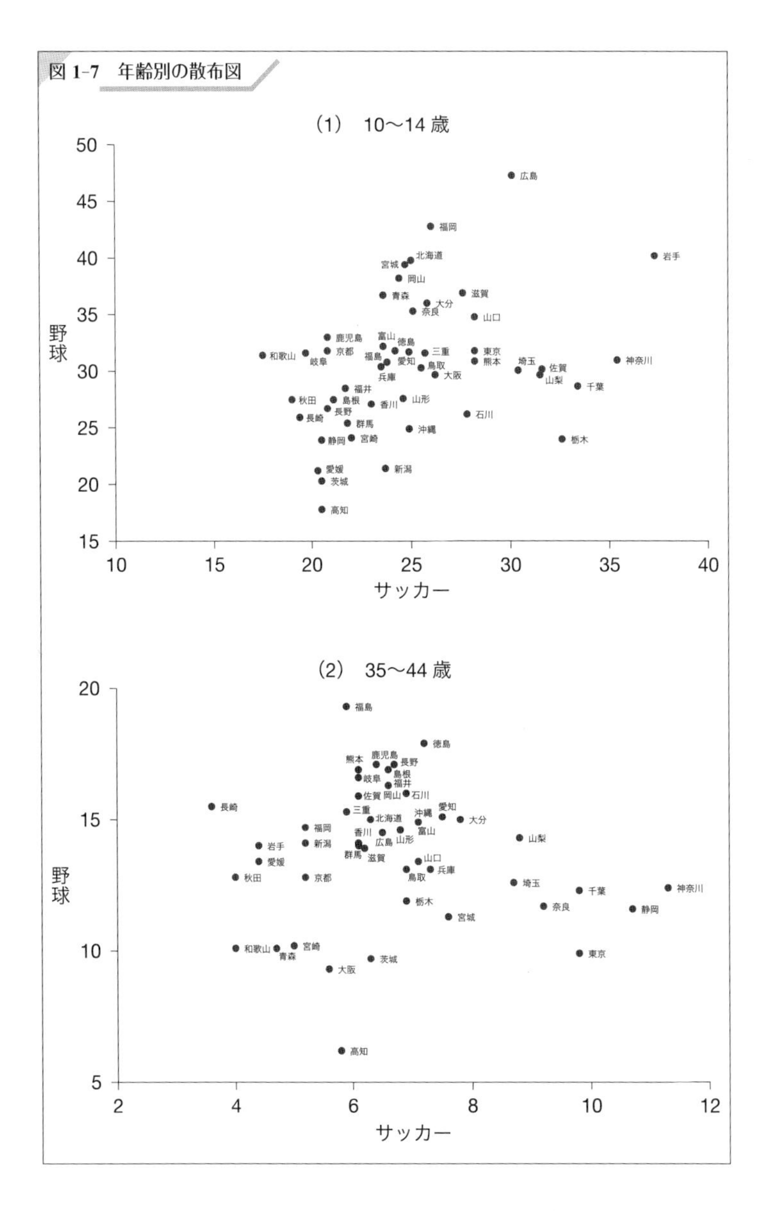

(1)　10〜14 歳
50
45
40
35
30
25
20
15
10
15
20
25
30
35
40
野球
サッカー
広島
福岡
岩手
北海道
宮城
岡山
青森
滋賀
大分
奈良
山口
鹿児島
富山
徳島
和歌山
京都
三重
東京
岐阜
福島
愛知
鳥取
熊本
埼玉
佐賀
神奈川
兵庫
大阪
山梨
福井
千葉
秋田
島根
香川
山形
長野
石川
長崎
群馬
沖縄
静岡
宮崎
栃木
愛媛
新潟
茨城
高知
(2)　35〜44 歳
20
15
10
5
2
4
6
8
10
12
野球
サッカー
福島
徳島
熊本
鹿児島
長野
岐阜
島根
福井
佐賀
岡山
石川
長崎
三重
北海道
沖縄
愛知
大分
福岡
香川
富山
山梨
岩手
新潟
広島
山形
群馬
滋賀
愛媛
山口
秋田
京都
鳥取
兵庫
埼玉
千葉
神奈川
栃木
奈良
静岡
宮城
和歌山
宮崎
青森
茨城
東京
大阪
高知

表1-3は標準コーホート表と呼ばれ，コーホート分析の基礎となります。標準コーホート表の観察は3つの比較からなり，縦方向で同一時点の異なる年齢階級間の比較，横方向で同一年齢階級の異時点間比較，斜め方向で同一コーホートの異時点間比較となっています。また，各セル間の差異の源泉としては次の3つが考えられます。1つめは，加齢の影響によるもので，**加齢効果**または**年齢効果**と呼ばれます。2つめは，ある世代に特有の要因で，**コーホート効果**または**世代効果**と呼ばれます。3つめは，調査時期に固有の要因で，**時代効果**と呼ばれます。標準コーホート表の詳しい説明は以下の本で確認できますが，残念ながら訳書は品切れです。図書館などで探してみてください。原著の第2版が2005年に刊行されています。

Glenn, N. D. (2005) *Cohort Analysis*, Second Edition, Sage Publications.（1977年刊行の初版の訳書：藤田英典訳『コーホート分析法』朝倉書店，1984年）

これら3つの効果を3つの比較の視点とあわせると，列方向では年齢効果と世代効果が，行方向では世代効果と時代効果が，斜め方向は年齢効果と時代効果が，それぞれ混在することになります。統計学的にこれら3効果を識別することには困難が伴いますが，統計数理研究所の中村隆教授がベイズ統計学（第4章第1節）の考え方を応用した方法を開発しています。

中村隆（1987）「年齢・時代・世代の違いを探るコウホート分析の方法」『統計数理』第35巻第1号。

実際に3効果を分離することは難しいにしても，コーホート分

表 1-3　標準コーホート表

年齢	1960 年	1970 年	1980 年	1990 年
20〜29 歳	◎	●	▲	■
30〜39 歳	×	◎	●	▲
40〜49 歳	□	×	◎	●
50〜59 歳	△	□	×	◎
60〜69 歳	○	△	□	×

（注）同じ印は同一出生コーホートを意味する。

析の視点を持つことは多くの場合に有益でしょう。この手法の特徴は 1 時点のデータに着目する横断面の視点と時系列の視点をあわせ持つことにありますが，このようにある特性を持つ集団や個人を追跡調査するという点で，コーホート分析の視点はパネルデータに通じるものがあります。パネルデータは，近年のデータ分析の発展において中核の 1 つとなっています（横断面やパネルデータについては第 3 章第 2 節を参照してください）。

本来，パネルデータとして計測されるべきデータに合計特殊出生率があります。合計特殊出生率は，女性が生涯に平均して産む子どもの数を表しています。ある世代に属する女性が生涯で産む子どもの数は，表 1-3 の斜め方向の追跡によって調査されるべきです。しかし，実際に公表される合計特殊出生率は表 1-3 の縦方向の合計で計測されます。たとえば，その時点で 20 代の女性については，30 代以降のデータがその時点では入手できず，完全な情報を入手するまでに数十年を要するため，次善の方法として縦方向に集計されるわけです。縦方向に集計される値を期間合計特殊出生率，斜め方向に集計される値をコーホート合計特殊出生率と呼んで区別することもあります。

厚生労働省「平成 23 年人口動態統計月報年計（概数）の概況：合計特殊出生率について」(https://www.mhlw.go.jp/toukei/saikin/hw/jinkou/geppo/nengai11/sankou01.html)

Column ③ コーホート分析，コホート分析，コホート研究

コーホートは集団を意味する用語ですが，英語の発音で考えると「コーホート」より「コホート」が近いかもしれません。本章で「コーホート」と記したのには理由があります。「コホート分析」で検索すると，上述の（出生）コーホート分析ではなく，Google アナリティクスという分析ツールが大量にヒットするのです。Google アナリティクスのコホート分析は，ネット・ユーザーを接触タイミング別にグループ化し，各グループの時系列推移を追跡するというものです。出生と接触という違いはありますが，時間的特性の似た集団を時系列的に追跡するという意味で，本文中のコーホート分析に通じるところがあります。似た用語「コホート研究」で検索すると，ヒットするのは医学分野の手法解説です。この研究は，医学的条件の異なる集団を追跡し，時系列で疾病の発生率などを比較する手法です。集団を時系列的に追跡するという意味で，やはりコーホート分析に通じるところがあります。

類似データに乗り換える

前節の分析に戻ると，野球とサッカーはライバルではないようです。それでは，野球やサッカーは他のスポーツと競合しないのでしょうか。ここでは，スポーツを球技と球技以外に分けて分析し直してみましょう。球技スポーツと球技以外のスポーツには以下のものが含まれています。

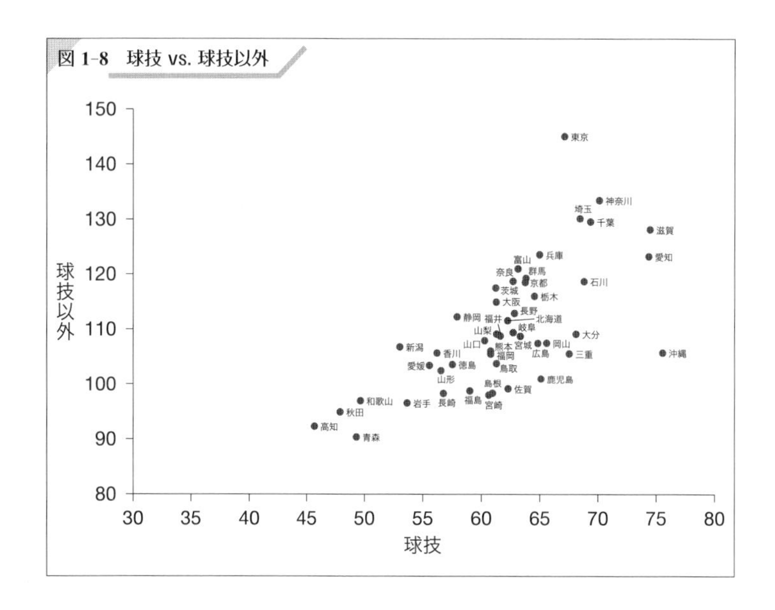

図 1-8　球技 vs. 球技以外

球技：野球，ソフトボール，バレーボール，バスケットボール，サッカー，卓球，テニス，バドミントン，ゴルフ，ゲートボール，ボウリング

球技以外：柔道，剣道，つり，水泳，スキー・スノーボード，登山・ハイキング，サイクリング，ジョギング・マラソン，ウォーキング・軽い体操，器具を使ったトレーニング，その他

図 1-8 は横軸に球技の行動者率，縦軸に球技以外の行動者率をとった散布図です。ただし，複数のスポーツを実施する人がいますので，行動者率の合計は 100% を超えてもかまいません。この図を見ると，正の相関があることを確認できます（相関係数 0.68）。球

技と球技以外のスポーツはトレードオフの関係にはなく，球技が盛んな地域では球技以外のスポーツも盛んなようです。この結果に従えば，球技スポーツの底上げを考えるのであれば，他のスポーツから競技者を奪い取るのではなく，スポーツ全体を盛り上げることをめざしたほうがよいことになります。ただし，これまでの議論をふまえると，東京や沖縄などは外れ値に見えますので，これらの地域については別に検討する必要があるかもしれません。

練習問題

1-1　総務省統計局「社会生活基本調査」から，都道府県別のスポーツの種類別行動者数・行動者率の表を入手しましょう。

1-2　上記 **1-1** で入手した表を加工し，野球とサッカーの行動者数・行動者率をピックアップして 47 都道府県別の表を作成してみましょう

1-3　上記 **1-2** で作成した表を用いて，Excel で図 1-1，1-2 と同様の図を作成しましょう。

1-4　上記 **1-3** で作成した図に回帰直線（近似曲線の線形近似）を加えてみましょう。数式や R^2 値も表示してみてください。

1-5　上記 **1-2** で作成した表を利用して，R（RStudio，R コマンダー）で図 1-1，1-2 と同様の図を作成しましょう。

第2章 データに親しむ

Introduction

第1章では，データを眺めて自分のアイデアをまとめ，仮説を見つけ出す方法を解説しました。しかし，そもそもどのようにして興味のある対象と関連するデータを探せばよいかわからない，という読者も少なくないでしょう。また，データを探すことはできたものの，その情報を十分に理解できないということもあるかもしれません。そこで，本章では，データの探し方のコツとデータ利用上の注意について，実際にデータを見ながら，またインターネット上の情報を参照しながら，できる限りわかりやすく紹介していきます。

1 阪神タイガースの順位を予想せよ

阪神タイガース債

筆者の1人はプロ野球の阪神タイガースのファンです。その趣味が高じて，担当講義中に「阪神タイガース債」というゲームを実施することが毎年の恒例となっています（コロナ禍のため2020・2021年度は未実施）。通常，大学の講義の評価は出席状況やレポート・期末試験の成績で決まります（出席するのは当然のことなので，厳密には出席は評価に加味してはいけないことになっています）。阪神タイガース債は，この評価に加味されるボーナス点の獲得ゲームです。このゲームは，プロ野球のペナントレースが始まっている春学期（4〜7月）の講義で実施され，債券を購入した学生は7月後半（オールスターゲームの頃）時点の阪神タイガースの順位に従ってボーナス点（1位：30点，2位：20点，3位：10点，4位以下：0点）を獲得できます。もちろん，債券購入といっても，実際に金銭を支払うわけではありません。支払いは学生の評価点から点数を差し引くことで行われます。筆者が指定した講義日に，出席学生に「阪神タイガース債・申込票」を配布し，学生は申込票に希望支払い点数（0〜29点）を書き込みます。債券の販売数をあらかじめ決めて（公表して）おき，希望支払い点数の高い順に販売数に達する人数までを購入決定とします。いわゆるオークション方式の販売です。仮に10点で債券を購入できた場合，7月後半時点で阪神が1位だと，ボーナス点が30点ということで，差し引き20点のプラスとなり，評価得点が+20点となるわけです。

希望支払い点数を0と書けば，ゲームに参加しないことになるので，このゲームには参加しない自由が保証されています。そのときのペナントレースの状況にもよりますが，少なくとも半分程度の学生は希望支払い点数を0と書き，残りの学生は0以外の数値を記入するようです。購入を希望する学生から見れば，できるだけ低い希望支払い点数で債券を購入し，阪神がより上位に位置することが望ましい状況なので，このゲームに臨むにあたっては大まかにいえば2つのことを考える必要があります。

1つは，販売数が限定されているため，他の学生とオークションで競争しなければならないということです。最終的な儲けを考えれば，できるだけ低い点数で債券を購入したいのですが，他の学生の記入点数を予想しながら，自らの希望支払い点数を決める必要があります。このような思考体験は**戦略的意思決定**（ゲーム理論）に触れる重要な機会となっています。いま1つは，当然のことながら阪神タイガースの（相対的な）強さです。その時点での強さ，その年の戦力，他チームとの比較などを考える必要があります。実際に挑戦してみるとよくわかりますが，1カ月，2カ月先の順位を予想することは意外に難しいのです。予想形成がどのように行われるのかを実地に体験することは，このゲームを経済学の授業内で実施することの重要な理由となっています。

第1の点については確実にアドバイスできることがあります。5点や10点といった切りのよい数字を書かないことです。切りのよい数字を書きたがる学生はとても多いので，6点や11点などの点数を書くことで他の学生を出し抜ける確率が高まるのです。もちろん，他の学生が同様の戦略を知らないことが前提です。第2の点はなかなか厄介です。講義の進行上，阪神タイガース債のオークションは5〜6月頃に行われますが，この時期の順位はその後に逆転することも多く，7月以降の順位を予想することはそれほど簡単ではありません。春先の時点で7月後半の順位を予想することがいかに難しいかは，各年内の日ごとの時系列推移を見れば一目瞭然です。このようなデータは次のサイトの「貯金・順位グラフ」で閲覧することができます。

「プロ野球 Freak」(https://baseball-freak.com/)

プロ野球に詳しくない学生は，阪神タイガース債ゲームに参加することを迷うかもしれませんが，実はプロ野球の知識による予測の差はそれほど大きくないと考えられます。予想が難しいため，知識の多寡はあまり重要ではないのです。私が個人的に予想するときはチーム防御率（9イニング当たりで相手チームに取られた平均点数）をまず見るのですが，これも絶対ではありません。2019年の西武ライオンズのように防御率がリーグ最悪でも優勝するケースもありますし，2021年の中日ドラゴンズのように防御率はリーグで最良であったにもかかわらず5位に甘んじるケースもあるのです。

各年の各チームの成績を知りたい場合は，スポーツ新聞各社のサイトでもデータを入手できますが，個人的には「プロ野球Freak」の姉妹サイト

「プロ野球データFreak」(https://baseball-data.com/)

がお薦めです。2009年以降の膨大なデータを楽しむことができます。

阪神タイガース債の需要曲線

表2-1は，各年における阪神タイガース債の希望支払い点数を集計し，点数別に人数をカウントしたものです。実施時期は各年の5月前半で統一されています。ただし，2015年までの対象講義は1年次必修科目の「経済学」ですが，筆者の担当の関係で2016年以降は2年次専門科目の「マクロ経済学」や3・4年次専門科目の「公共経済学」「財政学」などが対象です。なお，2014年がないのは，この年に私が研究休暇（サバティカル）をとっており，講義を担当していなかったためです。また，2020年と2021年は新型コロナ感染症の影響で授業運営が大きく異なったため，阪神タイガース債の売買ゲームを実施しませんでした。

表2-1の数字を用いると，阪神タイガース債の**需要曲線**を描くことができます。学生は債券を獲得するために点数を支払うのですから，希望支払い点数を債券の価格とみなすことができます。支払い点数が高いと高価格，点数が低いと低価格です。ここで，債券を販

表 2-1　阪神タイガース債の希望支払い点数別人数

点数	2006	2007	2008	2009	2010	2011	2012	2013	2015	2016	2017	2018	2019
0	107	143	37	114	101	146	72	86	115	39	14	45	92
1	5	6	4	4	3	7	7	5	16	2	4	5	16
2	3	6		11	4	5	3	2	8			4	9
3	5	5	1	9	4	9	7	3	11	2	2	6	8
4	3	2	1	9	4	5	9	3	6	2	2	4	5
5	9	4	6	8	2	2	14	2	8			1	9
6	8	5	2	4	8	3	12	10	4	3	2	6	15
7	4	1	6	4	12		5	12	9	11	3	9	12
8	4		3	3	4		3	6	7	2	3	3	10
9	4		4	4	7	3	6	1	9	1	2	13	12
10	6	1	13	1	5		7	6	1		1		3
11	1		9	2	5		2	7	1	4	1	2	3
12	1	1	8	1	2		2	4		1		4	2
13	1		6	1	6		1	2	3	1	2	5	2
14			1	1	1	1			2			4	1
15	1		9		3		1		1				1
16			10			2		3			2		
17					1			2	1	1		2	2
18			3					1	1	1			
19	1							1	1				
20	1	1	3										
21			2									1	
22													
23			1				1			2		1	
24										1			
25													
26				1									
27													
28													
29													1
計	164	175	129	177	172	183	152	156	204	73	38	115	203

売する側（筆者）が債券価格を提示したとしましょう。たとえば，債券価格として20点を提示すると，各年の需要は何人になるでしょうか。2006年では希望支払い点数20点の1人が手を挙げるはずですが，19点を希望した学生は20点では手を挙げません。したがって，2006年の需要は1人になります。同様に，2007年も1人です。それでは2008年はどうでしょうか。20点を希望する3人は手を挙げますが，それ以外にも21点の2人と23点の1人が手を挙げるはずです。自分の希望支払い点数より低い20点であれば，これらの学生たちにとって債券購入が得だからです。このように考えると，20点を提示した場合の需要は，2006年1人，2007年1人，2008年6人，2009年1人，2010年0人，2011年0人，2012年1人，2013年0人，2015年0人，2016年3人，2017年0人，2018年2人，2019年1人となることがわかります。

この調子で，すべての希望支払い点数について需要（人数）を計算することができます。0点のときの需要は学生の合計人数に等しくなります（提示点数が0点のとき，すべての学生が債券を需要します）。そして，縦軸を価格（希望支払い点数），横軸を需要として曲線を描くのです。これで阪神タイガース債の需要曲線のできあがりです。ただし，各年の回答人数（受講人数）が異なるので，比較できるように合計人数（=0点のときの需要）が100になるように調整しました。

各年の需要曲線は図2-1のように描かれます。年によって需要曲線の位置が大きく異なることがわかるでしょう。需要曲線の位置が上（下）にあるほど，高い支払い点数を記入する学生が多い（少ない）ことを意味しますから，阪神タイガース債に人気がある（ない）と言えます。読者の皆さんは，需要曲線の位置の違いをどのよ

図 2-1　阪神タイガース債の需要曲線

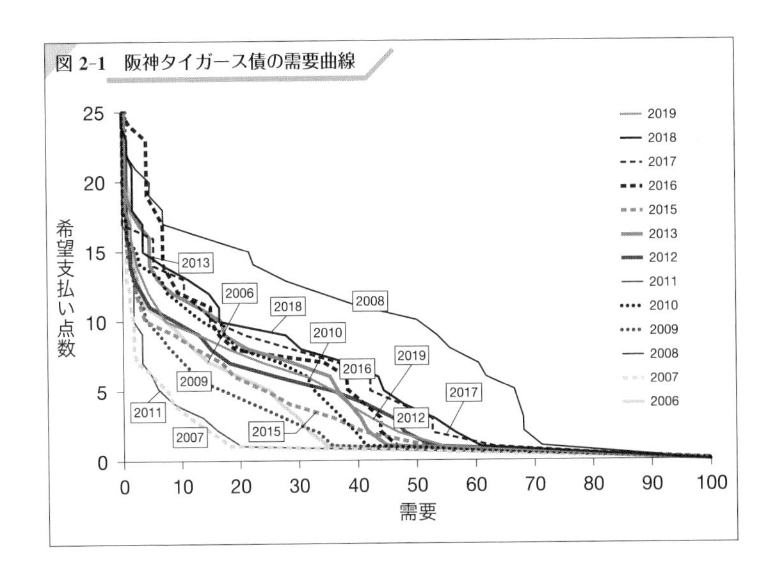

うに説明しますか。受講学生が毎年入れ替わるからでしょうか。

表 2-2 を見れば，誰もが予想する通り，阪神タイガースの調子が需要曲線の位置に大きな影響を及ぼしていることがわかるでしょう。需要曲線の位置が際だって高い 2008 年，阪神タイガースはシーズンを通じて絶好調でした（最後の最後に読売ジャイアンツに逆転されましたが……）。他の年を見ても，5 月 15 日時点の順位が需要曲線の位置とある程度対応している様子が見て取れます。需要曲線の位置が低い 2007 年と 2011 年は，5 月 15 日時点で 5 位に甘んじているのです。需要曲線の位置を規定する学生たちの回答パターンは，その時点での阪神の順位に影響されていると言ってよいでしょう。しかし，5 月 15 日時点の順位情報を用いても，7 月 31 日の順位予想が必ず成功するとは限りません。たとえば，2011 年 5 月 15 日に 5 位だった阪神は，同年 7 月 31 日には 2 位に浮上しているの

表 2-2　阪神タイガースの順位

年	チーム順位			防御率
	5月15日	7月31日	シーズン終了時点	リーグ内最終順位
2006	1	2	2	2
2007	5	4	3	1
2008	1	1	2	1
2009	3	4	4	3
2010	2	1	2	4
2011	5	2	4	3
2012	3	5	5	3
2013	2	2	2	1
2014	2	2	2	5
2015	3	1	3	5
2016	4	4	4	2
2017	1	2	2	1
2018	3	5	6	2
2019	3	4	3	1

です。残念ながら，私が個人的に頼みにしていたチーム防御率は予想の助けにはなっていません。

ところで，以上の見解に対して，以下のような反論が予想されます。「プロ野球に興味がない学生もたくさんいるはずで，それらの学生たちは野球の知識では予想形成を行わないのではないか」といった反論です。それにもかかわらず，申込時点での阪神の強さだけで需要曲線の位置が決まるように見えるのはなぜでしょうか。この疑問はもっともですが，回答は簡単です。プロ野球に詳しくない学生の多くは，強さ・弱さにかかわらず希望支払い点数に0を記入することが多いためです。このような学生の割合はあまり変わらない一方で，プロ野球に詳しい学生が書き込む希望支払い点数は阪神の強さによって大きく変動するため，阪神の強さが需要曲線の位置に支配的な影響をもたらすのです。

2 データを入手せよ

少年野球のセイバーメトリクス化計画

野球好きの筆者は，少年野球チームの監督を拝命していたことがあります。と言っても，小学生時代にリトルリーグで補欠にとどまり，小学生までで野球を諦めてしまった筆者に細かな技術指導はできません。技術指導は高校野球やノンプロで活躍した優秀なコーチに任せ，筆者の役割は練習試合の調整やグラウンドの確保，子どもたちの動機づけに集中していました。プロ野球チームのゼネラルマネージャー（GM）に近い役割かもしれません。ただし，監督である以上，試合での選手起用は筆者の責任です。試合に勝てるように，できるだけ多くの選手が試合に出られるように，出られない選手のモチベーションを下げないように，など相反する目的に応じて選手起用を行うことはなかなか難しい仕事です。

筆者が監督を務めていたチームはお世辞にも強豪と呼べるチームではありませんでした。指導者と選手が必死に努力して，試合運びが相当にうまくいかないと勝てないチームです。我がチームを何とか勝たせたい一心で，就任当初から私は**セイバーメトリクス**（Sabermetrics）化を計画しました。セイバーメトリクスとは，SABR（Society for American Baseball Research：アメリカ野球学会）と metrics（測定法）を組み合わせた造語で，ブラッド・ピット主演の映画「マネーボール」（2011 年）で有名になりました。簡単に

表 2-3　野球のリーグ戦勝敗表（例）

順位	勝率	試合	勝	負	得点	失点
1	1.000	15	15	0	172	16
2	0.933	15	14	1	122	30
3	0.867	15	13	2	149	46
4	0.800	15	12	3	136	34
5	0.733	15	11	4	148	58
6	0.667	15	10	5	108	70
7	0.600	15	9	6	96	76
8	0.533	15	8	7	83	86
9	0.467	15	7	8	69	91
10	0.400	15	6	9	58	110
11	0.333	15	5	10	64	103
12	0.267	15	4	11	57	127
13	0.200	15	3	12	38	119
14	0.133	15	2	13	34	130
15	0.067	15	1	14	33	147
16	0.000	15	0	15	24	148

言えば，セイバーメトリクスはデータ分析によって選手を客観的に評価し，チームの勝利に貢献する要因を統計学的に明らかにしようという試みです。チームの勝利に対する貢献度という視点では，四球（出塁）の評価が高い一方で，バントの評価が低いことなどはセイバーメトリクスの重要な主張です。

データを集める

セイバーメトリクス化を進めるためには，データの蓄積が不可欠です。少年野球チームのデータには「自然に集まるもの」と「集める努力をしないと集まらないもの」があります。自然に集まるのは表 2-3 のような勝敗表のデータです。勝敗や得失点など，試合の記録は審判部が扱っていますので，チームで記録をとらなくても入手できます。また，

表 2-4　個人打撃成績表（例）

打席数	打数	安打				塁打	打点	盗塁	四死球	三振	打率	出塁率	長打率	OPS
		単	二	三	本									
76	71	21	3	0	0	27	12	12	5	7	0.338	0.382	0.380	0.762
72	60	16	5	1	1	33	8	14	12	7	0.383	0.486	0.550	1.036
71	64	15	5	0	1	29	11	22	7	11	0.328	0.394	0.453	0.847
71	55	8	0	0	0	8	4	24	16	9	0.145	0.338	0.145	0.483
55	35	6	0	0	0	6	2	18	20	8	0.171	0.473	0.171	0.644
53	45	4	2	0	1	12	7	7	8	22	0.156	0.283	0.267	0.550
49	39	6	1	0	0	8	7	16	10	16	0.179	0.347	0.205	0.552
45	41	8	0	0	0	8	5	10	4	11	0.195	0.267	0.195	0.462
40	32	5	0	0	0	5	2	8	8	16	0.156	0.325	0.156	0.481
32	26	5	0	0	0	5	5	5	6	6	0.192	0.344	0.192	0.536
29	26	1	0	0	0	1	2	4	3	9	0.038	0.138	0.038	0.176
25	16	5	0	0	0	5	0	5	9	5	0.313	0.560	0.313	0.873
618	510	100	16	1	3	147	65	145	108	127	0.235	0.369	0.288	0.657

（注）単は単打，二は二塁打，三は三塁打，本は本塁打。

審判もデータを取ろうと努力する必要はありません。審判業務をこなしていると，自然に勝敗と得失点のデータは蓄積されていくのです。

しかし，選手起用について考えるとき，より必要性の高いデータは表 2-4 のようなものです。このようなデータは，ベンチにスコアラーを置き，スコアを付けてもらわなければ蓄積することはできません。毎試合，毎打席，スコアを付けることで，打席数，安打数，打点，盗塁，四死球（フォアボールとデッドボール），三振の数がデータとして蓄積されます。そのデータをもとに，打席数から四死球の数を引いて打数を計算することができます（正確には犠打や打撃妨害等も除きます）。塁打数は次のように計算されます。

塁打数 = 単打 × 1 + 二塁打 × 2 + 三塁打 × 3 + 本塁打 × 4

このようにデータを蓄積することはセイバーメトリクスの第一歩ですが，むろんこれだけでは十分ではありません。これらのデータを適切に加工することで，セイバーメトリクス化が進むのです。

データを加工する

表 2-4 には打率が示されています。野球に詳しくない読者でも，打率はご存知でしょう。そう，ヒットを打った割合のことです。正確には，

打率 = 安打数 ／ 打数

として計算されます。出塁率は出塁した割合のことで，四死球が含まれます。計算式は，

出塁率 = (安打数 + 四死球) ／ 打席数

です。分母が打数ではなく，四死球や犠打を含む打席数となっていることに注意してください。セイバーメトリクスでは，打率より出塁率が重視されます（四球の重要性については *Column* ④も参照）。長打率は，

長打率 = 塁打数 ／ 打数

として計算されます。この指標は，長打が多いと高くなります。長打率の高いバッターは打線の主軸を任せられる選手ということになります。また，OPS（On-base Plus Slugging）という指標があり，

OPS = 出塁率 + 長打率

で表されます。打率や長打率に比べて，OPS のほうが得点との相

関が高いことから，セイバーメトリクスの重要な指標となっています。私の少ない経験でも，打順を組むときに OPS はとても有効な指標であると思います。

Column ④ 日本のセイバーメトリクス

セイバーメトリクスはアメリカのスポーツライターであるビル・ジェームズが 1977 年に出版した小冊子，*Baseball Abstract* によって創始されたと言われています。それから遅れること 2 年，後に第 93 代内閣総理大臣となった鳩山由紀夫氏は，

鳩山由紀夫（1979）「野球の OR」『オペレーションズ・リサーチ——経営の科学』第 24 巻第 4 号，203-212 頁。

という論文を発表しています。この論文の中で，鳩山氏はバントや盗塁の得点貢献度があまり高くないことを示し，セイバーメトリクスと同様の結論を導き出しました。また，得点への貢献という点では，四球 1 つはシングルヒット 0.83 本分であること，ホームラン 1 本はシングルヒット 2.25 本分で，4 本分ではないことなど興味深い知見を得ています。鳩山由紀夫氏は日本におけるセイバーメトリクスの父と言えるでしょう。

本書ではセイバーメトリクスの本格的な解説は行っていませんが，いまでは下記のような入門書がたくさん出版されていますので，読者の皆さんに合った本がきっと見つかると思います。

鳥越規央（2022）『統計学が見つけた野球の真理——最先端のセイバーメトリクスが明らかにしたもの』講談社ブルーバックス。

蛭川皓平著／岡田友輔監修（2019）『セイバーメトリクス入門——脱常識で野球を科学する』水曜社。

近年では，データ整備の拡充が著しく，セイバーメトリクスも長足の進歩を遂げています。また，R を利用してセイバーメトリクスを実践するための解説書もあります。書籍内で用いるデータセットと R コードはオンラインで入手可能になっており，大変便利な 1 冊です。

Max Marchi, Jim Albert, Benjamin S. Baumer 著，露崎博之，Yoshihiro Nishiwaki 訳（2020）『R によるセイバーメトリクス入門』技術評論社。

統計の種類

ここまで見て，元となるデータには先に述べたように「集まるデータ」と「集めるデータ」があることがわかったのではないでしょうか。スコアに基づくデータは，チームが必要としているため，努力して集めているものです。さらに，これらの元データを用いて計算されるさまざまな指標があり，これらの指標もデータとして扱われることがあります。このような加工には，野球の知識や数学・統計学の知識が必要になります。

世の中に存在する統計データにも，同様の種類があることは知っておいて損はないでしょう。業務上自然に集まるデータのことを**業務統計**と呼びます。業務統計の代表例は「貿易統計」（財務省）です。貿易（輸出入）は違法でない限り，必ず税関を通ります。したがって，税関業務を通じて貿易量が把握され，それが貿易統計となるのです。近年注目される**ビッグデータ**も自然に集まるデータです。インターネット上のアクセス状況を示すログデータや SNS に関するデータが挙げられます。また，コンビニエンスストアが販売時に蓄積する POS データ（レジで商品のバーコードをスキャンして得られる販売データ）も同様に集まるデータです。役所にある**住民票データ**も業務統計の一種と言えます。転居のたびに役所に転出・転入を届けるため，その移動状況を集計することにより各地域の人口の変化を把握できるのです。

それに対して，そもそもデータ作成を目的として集められるのが**調査統計**です。たとえば，5年に1回実施される「国勢調査」（総務省統計局）が挙げられます。最後に，業務統計や調査統計などの一次統計をもとに計算される**加工統計**があります。この代表は何と言っても「国民経済計算」（内閣府経済社会総合研究所）です。GDPを含む統計と言えばイメージできるでしょうか。

3 データを探す

研究テーマとデータ

筆者のゼミでは，研究テーマは自由に選んでよいのですが，必ずデータ分析を行うことになっています。学生はテーマを考える際に，利用できるデータについて考えておく必要があります。テーマが決まってから，データ探しで四苦八苦する学生も少なくありません。逆に面白そうなデータを見つけてきて，そのデータに合わせたテーマを設定する学生もいます。テーマの設定とデータの利用は相互に密接に関係しているのです。

データを探してきなさいと指示されると，ほとんどの学生はネット検索から始めるようです。しかし，統計データに習熟していない学生にこの方法はあまり勧められません。このアプローチで見つかるサイトの情報は信頼できるものとは限りませんし，提供者によって加工されている可能性があります。研究で利用する統計データは，その統計の作成元から入手し，自らの手で加工することが望ましいのです。

データ探しの肝

そうは言っても，データ初心者が適切な統計データを選び，その作成元から元データを入手したうえでうまく加工していくことは大変に違いありません。そのようなとき，助けてくれるのが先行研究です。関連するテーマについて統計データを用いて研究している先行研究（図書でも論文でも可）を読めば，統計データの出所が必ず書いてあります。この出所にあたれば，簡単に統計データを入手できます。先行研究は研究テーマの概要を知るためだけのものではないのです。

研究ではありませんが，公的機関，金融機関やシンクタンクなどが提供しているレポート・記事などもとても役に立ちます。これらの検索には以下のサイトが便利です。

「経済レポート情報――経済レポート・ニュース」(http://www3.keizaireport.com/)

このサイトを見ると，日々膨大な量のレポートや記事が発行されていることがわかります。しかも，このサイトで検索できるレポート・記事はほとんどネット上で読むことができます。ほとんどのレポートには統計データがふんだんに利用されていますので，目的に合ったレポートを探すことができれば，高い確率で適切な統計データの在処を知ることができるでしょう。

政府統計を探す

何と言っても統計の王様は**政府統計**です。専門の研究者でも把握しきれないほどの統計が存在しますが，現代では容易にネット上で検索が可能なので，一昔前に比べると探す作業はずいぶん楽になりました。代表的な検索システムは，総務省統計局の提供する以下のサイトにあります。

「政府統計の総合窓口 e-Stat」(https://www.e-stat.go.jp/)

しかし，政府統計は膨大すぎて，初心者が適切な統計データに行き着くことはなかなか難しいと思います。そこで，私が学生に推薦しているのが，総務省統計局『日本統計年鑑』です。所収されている図表や調査方法の解説は次のサイトで入手することができます。

総務省統計局『日本統計年鑑』(https://www.stat.go.jp/data/nenkan/index1.html)

この年鑑は6部構成で，「地理・人口」「マクロ経済活動」「企業・事業所」「労働・物価・住宅・家計」「社会」「国際」からなり，各項目の主要統計を紹介する構成となっています。ここでは，政府統計の中でも，特に代表的なものが取り上げられていますので，初心者にも見やすい内容だと思います。ただし，日本統計年鑑に掲載されている情報は最近の年次に限ります。ある程度昔まで遡りたい場合には，これでは不十分です。先述の e-Stat で過去のデータを補完する必要があるでしょう。

個票データを探す

ある年のゼミ生が，研究テーマとして「中学生の学力の決定要因」を取り上げました。政府統計などを利用しながら，都道府県別データによる分析を行い一定の成果を得ました。しかし，なかには「この分析でわかった学力の決定要因は都道府県の平均像にすぎず，個人レベルで本当にその要因が重要であるのか疑問である」というようなコメントをする人が出てきます。このようなコメントに本格的に対応しようとすれば，個人レベルのデータを入手・利用することが必要となります。アンケート調査に代表される個人や世帯レベルのデータのことを**個票データ**と呼びます。本書の第Ⅲ部では個票データの分析についても解説します。このような構成は経済学研究の発展の流れに沿ったものです。2000年に個票データを用いたミクロ計量経済学の業績によりジェームズ・ヘックマン氏とダニエル・マクファデン氏がノーベル経済学賞を受賞し，その流れは確固たるものになりました。

日本では歴史的に個票データの整備が遅れており，少し前まで学生が個票データを利用することはほとんど不可能でした。1947年に施行された旧統計法において情報の秘密保持が優先され，統計情報の有効活用・高度利用が考慮されていなかったためです。しかし，2009年に施行された新統計法により状況は一変しました。匿名性を確保するという条件のもとで，政府統計の個票データを利用する道が開かれたのです。2018年の新統計法改正ではデータ提供の要件が緩和されるなど，個票データの利用可能性は順調に拡大してきています。これら政府統計の個票データ提供の核はe-Stat内にあります。

ミクロデータ利用ポータルサイト（https://www.e-stat.go.jp/microdata/）

また，東京大学社会科学研究所附属社会調査・データアーカイブ研究センター（CSRDA：Center for Social Research and Data Archives）によるSSJデータアーカイブ（Social Science Japan Data Archive）は，研究者・研究機関や民間企業が実施・作成した膨大な個票データを収集・蓄積し，一定の条件のもとで学生に対しても貸し出してくれます。第Ⅲ部で利用する「働き方とライフスタイルの変化に関する全国調査」の若年パネル調査（JLPS-Y: Japanese Life Course

Panel Surveys of the Youth）もここで入手することができます。個票データの利用を志す学生は，以下のサイトで自分のテーマに合ったデータが存在するかどうか検索してみるとよいでしょう。

東京大学社会科学研究所附属社会調査・データアーカイブ研究センター（https://csrda.iss.u-tokyo.ac.jp/）

検索ページで探してみると，上述の JLPS-Y は「東大社研・若年パネル調査」としてヒットします。JLPS-Y は追跡調査のため各年版が存在しますが，本書で利用しているのは 2007 年の第 1 回調査をベースに対象者と変数を限定したオープンデータです。

この他にも個票データの整備は着実に進んでいます。たとえば，大阪商業大学 JGSS 研究センターが実施・作成している日本版総合的社会調査（JGSS：Japanese General Social Surveys）は，2000 年に始まって現在まで継続しており，貴重な個票データを提供してくれます。次のサイトで詳細を確認することができます。

大阪商業大学 JGSS 研究センター（https://jgss.daishodai.ac.jp/index.html）

また，国立情報学研究所（NII：National Institute of Informatics）の情報学研究データリポジトリ（IDR：Informatics Research Data Repository）には民間企業の提供する多くのデータセットが整備されており，要件を満たせば提供を受けることができます。

国立情報学研究所情報学研究データリポジトリ（https://www.nii.ac.jp/dsc/idr/）

4 データ利用上の注意

データの説明書　データをダウンロードして，Excelで開くことができたからといって安心してはいけません。入手したデータがどのように収集されたのかを必ず確認してください。最低限，調査の対象，時点や期間，実施方法などは調べておくべきです。インターネット上で公開されている政府統計には，その統計の概要を説明した文書が必ず付属しているはずですから，利用前に説明を読むクセをつけたいものです。図2-2は総務省統計局「家計調査」の概要説明のページです。調査の目的に始まって，調査票など調査内容，時期・対象・方法，調査対象の市町村一覧も入手できます。

説明書を読むことで思わぬ落とし穴に気づくこともあります。図2-3は，文部科学省による小学校から高校までを合わせたいじめの件数のデータです。この推移を見てどのような感想を持ちますか。長期ではいじめが増えていること，1994年度，2006年度，2012年度に急に増加していること，2015年度以降の上昇が急であることなどに気づくのではないでしょうか。しかし，この発見をそのまま結論とすることはできません。この統計の説明書をよく読むと，以下のことがわかります。

- 1994年度から特殊教育諸学校，2006年度からは国私立学校，中等教育学校に調査対象を拡大した。
- 2006年度と2013年度に，いじめの定義が変更されている。
- 2005年度までは発生件数，2006年度からは認知件数を調べて

図 2-2　総務省統計局「家計調査」の概要説明ページ

いる。

つまり，数値の増加の一部はいじめの増加を反映しているのではなく，調査対象の拡大や調査方法の変更によるものなのです。分析の前に説明書を読んでおかないと，とんでもない落とし穴が待っているかもしれません。

説明書が重要なことは個票データでも同じです。前掲の SSJ データアーカイブでは，個票データの申請前に調査内容を見ることができます。概要に始まり，対象，規模や回収率，時点，地域，方法，実施者などを確認することが可能です。ネット上で紹介されているアンケート調査の結果にも，これらの情報が明記されているはずです。このような調査概要について記載されていない調査を軽々しく信じてはいけません。

単　位

図 2-3 の単位が「千人当たり件数」であることに気づいたでしょうか。この例に限

図 2-3　いじめの認知（発生）件数の推移（千人当たり件数）

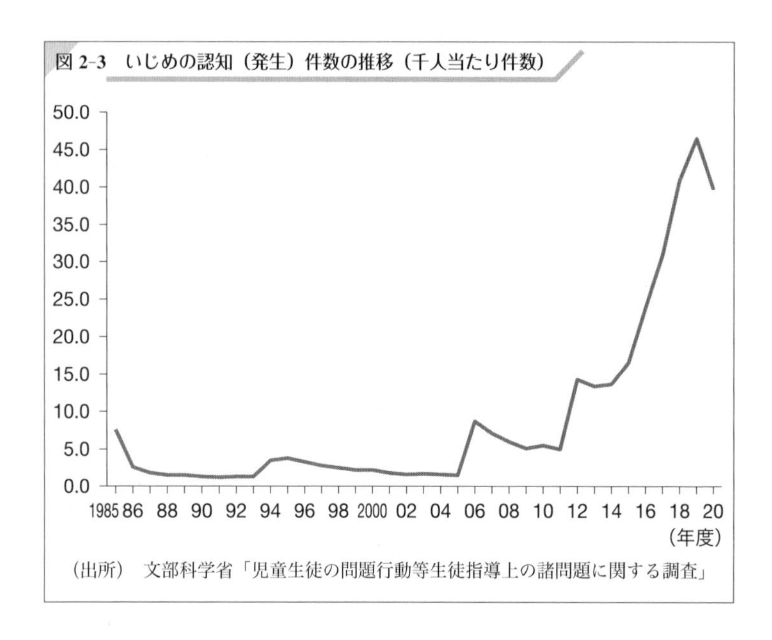

（出所）　文部科学省「児童生徒の問題行動等生徒指導上の諸問題に関する調査」

らず，数値データには必ず単位があります。単位の確認は意外に盲点となっているので注意が必要です。単位ですぐに思い出すのは円やドルといった通貨単位でしょうか。通貨単位を間違えることはないと思うかもしれませんが，たとえば貿易統計には円建てのものとドル建てのものがあり，円建てのつもりでドル建て統計を見ていたということがあるかもしれません。

人口あたりに換算するなど，何らかのデータで基準化しているケースにも注意が必要です。警察庁が発表している犯罪件数は，総数だけでなく人口千人当たりの件数も併記されています。図 2-3 のいじめの認知件数と同様です。また，総務省統計局「家計調査」の単位は円ですが，1 世帯当たりの数値で表されています。

基本中の基本として以下の点には留意してください。

・図表には必ず単位を明記すること。
・基準化して（比になって）いるデータについては何が分母なのかを意識すること。
・単位に関する説明をタイトルなどに書き切れない場合には注で説明すること。

フローとストック

マクロ経済学を勉強した経験があれば，**フロー**と**ストック**という言葉を聞いたことがあると思います。定義の通りに説明すれば，フローとは一定期間中の活動や変動の量を表し，ストックとはある時点の存在量や残高を表します。たとえば，現在の日本の人口は何人かと尋ねられたら，この答えはストックです。なぜなら，人口は「何年の何月何日」といったように時点を特定しないと答えられないからです。総務省統計局の人口推計によると，2021年10月1日現在の総人口は1億2550.2万人という具合です。これに対して，新たに生まれた赤ん坊の数はフローで計測されます。厚生労働省「人口動態調査」によると，2020年中の出生数は84.1万人であり，2020年1月1日から2020年12月31日までを対象期間としています。

データがフローなのか，ストックなのかを認識しておくことはとても大事です。フローの場合には調査対象が一定期間であるのに対して，ストックの場合にはある時点が対象となっているはずです。さらに，フローとストックのデータの間には関係があることも認識しておいてください。人口の例で言えば，海外への移住や海外からの移住を無視すると，

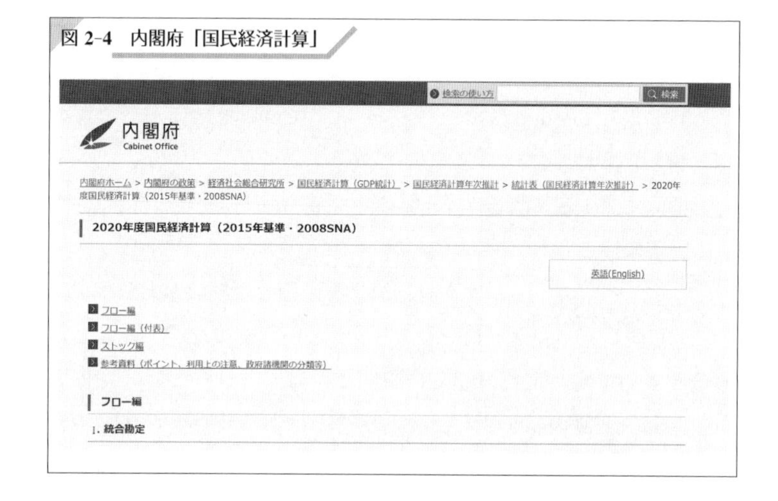

図 2-4　内閣府「国民経済計算」

2021年1月1日の人口 = 2020年1月1日の人口

+ 2020年の出生数 − 2020年の死亡数

が成り立つはずです。出生数同様，死亡数もフローであることに注意してください。つまり，この式を見ると，「フローによりストックが変化する」ことがわかります。「ストックの変化分はフローに対応する」と説明しても同じことです。GDP統計とも呼ばれる内閣府経済社会総合研究所「国民経済計算」はフロー編とストック編に分かれています（図 2-4）。フロー編にはGDPや消費などが，ストック編には資産や負債の残高が記されています。国民経済計算は，上述したフローとストックの整合性に配慮しながら綿密に計測できるようにシステム化されています。

内閣府経済社会総合研究所「国民経済計算」(https://www.esri.cao.go.jp/jp/sna/menu.html)

5 誤差のはなし

データには誤差がある ここで，集めたデータが真の姿を表しているとは限らないと言ったら驚くでしょうか。よく考えれば当たり前の話ですが，苦労して集めたデータも絶対ではありません。野球の打率の話に戻れば，今シーズンの高打率は，たまたま調子がよかっただけかもしれません。私たちが知りたいことは野球の真の実力ですから，偶然の要素は本来除去したいのです。しかし，データから誤差部分だけを取り出すことは容易ではありません。統計学の知識が必要になります。

誤差が生じる原因はいくつも考えられますが，とりあえず**系統誤差**と**偶然誤差**の区別が重要です。系統誤差とは，観察の際，いつも片方向に偏りが生じるようなものを指します。たとえば，少年野球では，ヒットとエラーの区別は非常に難しいケースが多くあります。このような状況で，スコアラーのヒット認定基準が甘いと，そのチームの打率は全体的に高くなります。このようなケースで誤差を除去するためには，スコアラーの基準を厳格にするなどの措置が有効になります。

いま1つは偶然誤差です。たとえば，シーズン最初に1試合だけ行った状況を想定してください。その時点での打率は信用できるでしょうか。たまたま，その試合時に調子のよかった選手の打率が高くなっている可能性があります。このような誤差に対処するためには，観察数を増やす必要があります。10 試合，20 試合とデータを蓄積していくにつれて，各指標は真の実力を反映した値に近づいていくと予想されます。観察数を増やすと，偶然誤差が小さくなり，観察値が真の値（実力）に近づく性質のことを大数の法則と呼びます。

母集団と標本：標本誤差のはなし

大数の法則に照らせば，偶然誤差を回避するためには，調査対象のすべてを調べればよいことになります。このような調査を**全数調査**（センサス）と呼びます。全数調査として有名なものに，総務省統計局「国勢調査」があります。しかし，手間暇や費用を考えると，すべての統計を全数調査で揃えることは実際問題として困難です。

全数調査に対して，対象の一部だけを取り出して調べる方法が標本調査です。標本調査としては，株式会社ビデオリサーチのテレビ視聴率の調査がよく知られています。2020 年 3 月まで，この調査の関東地区における調査世帯数は 900 にすぎませんでした。2020 年の関東 1 都 6 県の世帯数は 2000 万を超えますので，その 0.01% に満たない割合です。ここで，関東地区の世帯総数にあたる対象全体のことを統計学用語で**母集団**と呼び，調査対象のことを**標本**と呼んでいます。

もちろん，標本は適当に選ばれているわけではありません。もし，標本が調査会社の好みで若者ばかりになっていたり，女性ばかりになっていたりすると，調査結果の一般性・普遍性が損なわれてしまいます。そこで，母集団から標本を抽出する際には**ランダム・サンプリング**（**無作為抽出**）という方法が適用されます。わかりやすく言えば，サイコロを振って標本を決めるというわけです。

たとえ，ランダム・サンプリングを適用しても，標本調査の結果は母集団の特性と一致するとは限りません。このような誤差を**標本誤差**と呼んでいます。ただし，標本の規模を大きくすれば，大数の法則により標本誤差は小さくなります。先の視聴率調査の関東地区における調査世帯数は，2020年3月30日以降，それまでの900から2700に増えました。このような調査対象の拡大は標本誤差を小さくすることを意図したものと考えてよいでしょう。また，統計学の知識を用いれば，標本誤差を客観的に評価することができるようになります。

標本誤差の話はこのくらいにして，この章は**非標本誤差**に注意を促して締めたいと思います。非標本誤差は，抽出された標本が回答拒否したり，意識・無意識にかかわらず偏った回答を行ったりした場合に問題となります。回答拒否が多ければ，ランダム・サンプリングの前提が崩れてしまいますので，回答率（回収率）の低い調査の結果には注意が必要です。

また，回答してはいるものの，設問によって無回答が存在する場合も要注意です。データセットの変数の一部が欠けていることを，欠測値（欠損値：Missing Values），または欠測データ（欠損データ，欠落データ：Missing Data）などと呼びます。欠測値に対する単純な対応としては，欠測値を含むケース（個人や企業）を削除するリストワイズ法が有名ですが，残ったケースが偏った性質（バイアス）を持つ可能性もあります。欠測値にどのように対処するのかは本書の水準を超えるので詳述しませんが，下記の書籍が参考になります。

高橋将宜・渡辺美智子（2017）『欠測データ処理――Rによる単一代入法と多重代入法』共立出版。

Column ⑤ N/A, NA, #N/A

書籍や論文の表などで「N/A」や「N.A.」と表記されている箇所を見たことがありますか。N/A は欠測値を示しており，Not Applicable（該当なし）または Not Available（利用不可）を意味しています。データファイルでは「NA」と表記されていることもあります。Excel にも似た表記「#N/A」があります。こちらは No Assign（割当なし）と説明され，参照先に適切な値がないことを意味します。つまり，「使用可能な値がない」ことを意味しており，データが欠測していることから生じるエラーです。金融でも N/A が使われることがあります。こちらは，No Account（取引なし）です。no account には「取るに足らない」や「無能な」といった意味があり，take no account of… は「… を無視する」という意味です。

練習問題

2-1 日本野球機構 NPB（https://npb.jp/）の「シーズン成績・個人打撃成績」を利用して選手を選び，その選手の出塁率と長打率から OPS を計算してみましょう。

2-2 総務省統計局（https://www.stat.go.jp/）「家計調査」の標本抽出（調査世帯の選定）方法について調べてみましょう。

2-3 東京大学社会科学研究所の SSJ データアーカイブの検索システムを利用して，「東大社研・若年パネル調査」（JLPS-Y）の 2007 年版を探し，調査番号，調査対象，サンプルサイズを調べてみましょう。

2-4 内閣府経済社会総合研究所（https://www.esri.cao.go.jp/）の「国民経済計算（GDP 統計）」ページで最新の統計を探し，フロー編「国内総生産勘定」とストック編「統合勘定」の Excel ファイルを入手してみましょう。

第3章 データを見る

Introduction

第2章では，データの探し方や利用上の注意について解説しました。しかし，これだけではデータを使いこなすことはできません。せっかく集めたデータを有効に活用したいのであれば，データの見方のコツを学ぶ必要があります。本章の前半では，比較という視点を重視しながら，データを見る勘所を確認します。後半では，統計学でよく用いられる基本的な指標データの代表値としての平均値など，ばらつきの指標としての標準偏差などが登場します。ここには数式も出てきますが，よく見れば難しくないと思いますので，どうか食わず嫌いせず学んでください。本章の最後には，図表を利用して，データの分布特性を見る方法を解説しています。

1 「眺める」か「見る」か

グラフ化の落とし穴

表3-1は2009年から2021年までの日本プロ野球の観客動員数を示したものです。2012年にかけて少し減りましたが，その後は増加傾向にあることがわかります。言うまでもないと思いますが，2020年と2021年は新型コロナ感染症の影響で激減しています。このようなデータの増減を理解するためには，グラフを用いた視覚化がしばしば有効です。データの推移を時系列で見たい場合，**棒グラフ**や**折れ線グラフ**

表 3-1　日本プロ野球 12 球団の観客動員数合計（単位：万人）

年	人数
2009	2,240
2010	2,214
2011	2,157
2012	2,137
2013	2,205
2014	2,286
2015	2,424
2016	2,498
2017	2,514
2018	2,555
2019	2,654
2020	482
2021	784

（出所）　日本野球機構（NPB）「セ・パ公式戦 入場者数」。

を利用することが多くあります。そこで，表 3-1 のデータを棒グラフに加工してみましょう。ただし，2020 年と 2021 年はコロナの影響で外れ値と考えて，2019 年までを作図の対象とします。すると，図 3-1 のようなグラフが描けます。このグラフから，2012 年を底にして，観客動員数がかなり急激に増えていると見ることができるでしょう。ところが，表 3-1 のデータは図 3-2 のようにグラフ化することもできます。このグラフからは観客動員数はそれほど増えているようには見えません。

図 3-1 と図 3-2 をよく見ると，縦軸の目盛りのとり方が大きく異なっていることに気づきます。つまり，2009 年から 2012 年にかけて観客動員数が 103（= 2240 − 2137）万人だけ減少し，2012 年

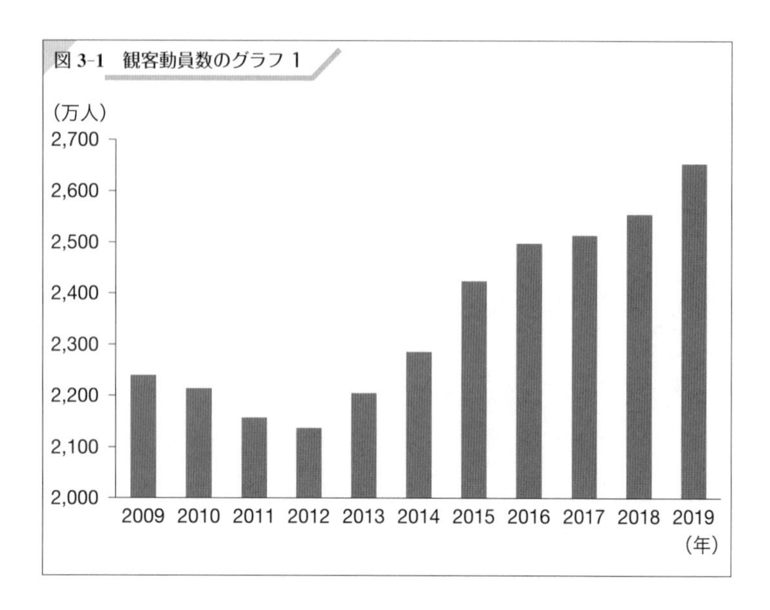

から 2019 年にかけて観客動員数が 517（= 2654 − 2137）万人増えたという事実は変わらないのに，その増加を評価するための基準（縦軸の目盛り）が不確定なことが問題なのです。グラフ化による分析はわかりやすいのですが，このように曖昧な側面を持っており，理解を誤る可能性をはらんでいます。このような危険性は昔から指摘されており，グラフの作り方によって印象が大きく左右されることについては，歴史的な名著，

ダレル・ハフ／高木秀玄訳（1968）『統計でウソをつく法——数式を使わない統計学入門』講談社ブルーバックス。

の第 5〜6 章にわかりやすい事例と解説があります。

別の例を考えてみましょう。2019 年までについて，表 3-1 の数

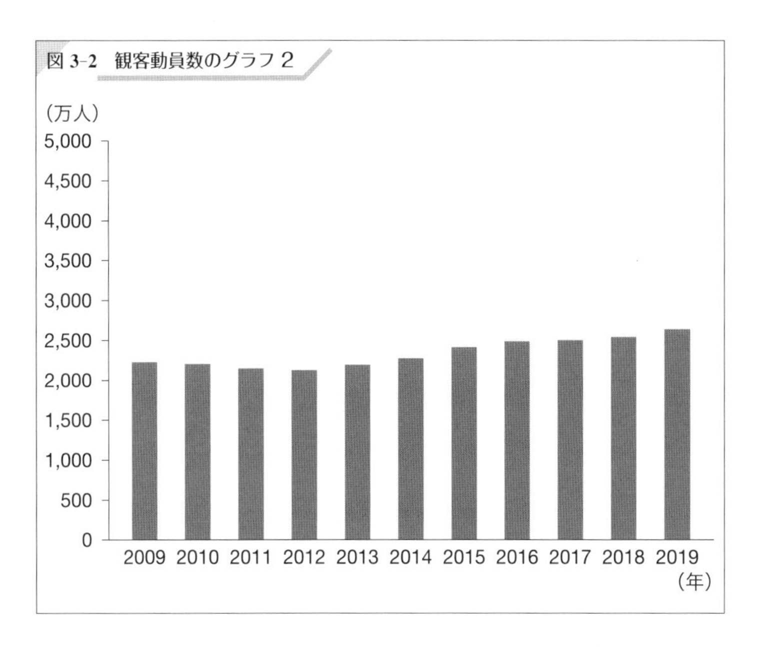

字から 2000（万）を差し引いて，仮想的なデータを作成すると，表 3-2 の右列の数値が得られます。新しく作成されたデータも 2009 年から 2012 年にかけて観客動員数が 103 万人だけ減少し，2012 年から 2019 年にかけて 517 万人増加したことを示すことに変わりはなく，目盛り幅は 100 のままで，上限と下限を工夫すれば，図 3-1 と同じイメージで図 3-3 のようにグラフ化できます。

では，水準（絶対的な人数）の違いは別にしても，これら 2 つのデータの増減の意味は同じであると結論づけてよいのでしょうか。もちろん，そんなはずはありません。2 つのデータを比べて，このような結論が適切であると考える人はいないでしょう。2240 万から 2137 万に減少することと 240 万から 137 万に減少することが持つ意味は異なりますし，2137 万から 2654 万に増加することと 137

表 3-2　観客動員数と仮想データ（単位：万人）

年	観客動員数	仮想データ
2009	2,240	240
2010	2,214	214
2011	2,157	157
2012	2,137	137
2013	2,205	205
2014	2,286	286
2015	2,424	424
2016	2,498	498
2017	2,514	514
2018	2,555	555
2019	2,654	654

万から 654 万に増加することの持つ意味も異なるからです。

「眺める」から「見る」へ

以上で見たような落とし穴の発生は，グラフによる分析を行うケースに限りません。なぜなら，問題の本質は視覚化の過程にあるのではなく，「数字の変化を評価するためのモノサシが定まっていない」ことにあるからです。では，2009 年から 2012 年にかけての 103 万人の減少，2012 年から 2019 年にかけての 517 万人の増加について検討する際には，どのようなモノサシを使ったらよいのでしょうか。また，どのようなモノサシを使えば，2240 万から 2137 万に減少することと 240 万から 137 万に減少すること，2137 万から 2654 万に増加することと 137 万から 654 万に増加することの違いを明らかにできるのでしょうか。

このようなとき，しばしば利用されるのが比の概念です。比とは，2 つの数値を相対化したものであり，倍，%，割などの単位で

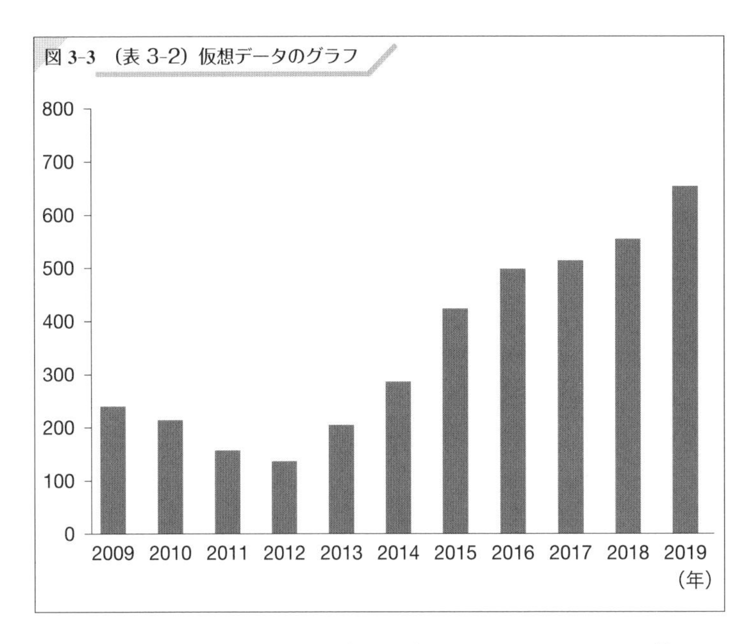

図 3-3 （表 3-2）仮想データのグラフ

表現されます。この考え方に従えば，2137 万は 2240 万の約 0.95 倍，137 万は 240 万の約 0.57 倍ということになります。試しに，2009 年の値を基準として，表 3-2 のデータを比（倍）に直してみると，表 3-3 が得られます。生の数字のままで分析した場合に比べて，2 つのデータの推移が異なる意味を持っていることが明瞭になっているはずです。

グラフは便利ですが，ただ眺めているだけではデータの持つ意味を見誤ることになりかねません。単位や目盛りに注意し，必要に応じて比に加工するなど，慎重にデータを見る努力が大変重要です。さまざまな比の概念や計算方法については次章で詳しく見ることにしましょう。

表 3-3　2009 年を 1 とした比（単位：倍）

年	観客動員数	仮想データ
2009	1.00	1.00
2010	0.99	0.89
2011	0.96	0.65
2012	0.95	0.57
2013	0.98	0.85
2014	1.02	1.19
2015	1.08	1.77
2016	1.12	2.08
2017	1.12	2.14
2018	1.14	2.31
2019	1.18	2.72

2　比べる対象でデータの種類が決まる

何かと比べなければ

OECD（経済協力開発機構）による「学習到達度調査」（PISA：Programme for International Student Assessment）は，数十カ国で 3 年ごとに実施される大規模な学力テストで，15 歳の子どもたちを対象としています。2018 年に行われた結果によると，日本の平均点は数学 527 点，読解力 504 点，科学 529 点でした。読者の皆さんは，これらの得点を眺めてどのように評価するでしょうか。この調査を知っていれば，日本の順位がかなり高いこと，過去に比べて順位が変動したことなどに言及できるかもしれません。しかし，これらの数字だけでは評価できないというのが正直なところではないでしょうか。

もう1つ例を出しましょう。内閣府「県民経済計算」によると，2019年度の福井県の県内総生産は3兆6394億円でした。読者の皆さんは，この数字をどのように評価するでしょうか。この情報だけで評価することは難しいのではないでしょうか。他の都道府県と比較したり，福井県の過去の数字と比較したりしなければ，3兆6394億円が多いのか少ないのかわかるはずがありません。

統計データを分析しようとするとき，私たちは単一のデータを見るのではなく，複数のデータを比較しています。このようにデータを比較する場合，比較の軸（方向）は2つに大別できます。1つは時間軸，いま1つは空間軸です。時間軸に沿って時間順に整理されたデータを**時系列（タイムシリーズ）データ**と呼びます。空間軸に沿って整理されたデータを**横断面（クロスセクション）データ**と呼びます。

時系列データと期種

時系列データを見るうえで，気をつけなければならないのが，時間軸の目盛りです。日々のデータもあれば，月々のデータもあります。年々のデータかもしれません。データを作成・整理するための時間軸の目盛りを期種と言い，日次，週次，月次，四半期，年次などが代表的です。特に，月次，四半期，年次は頻繁に目にすることでしょう。四半期は，1年を4区分したものであり，第1四半期が1〜3月，第2四半期が4〜6月，第3四半期が7〜9月，第4四半期が10〜12月となっています（表3-4参照）。

期種を年次にする場合，注意を要するのは暦年と年度の違いです。暦年がカレンダー通りの1〜12月で構成されるのに対して，日本の学校では年度が4月に始まり3月で終わります。このような年度のことを学校年度と呼びます。役所の会計業務の区切りも

表 3-4　月次と四半期の対応関係

月	1	2	3	4	5	6	7	8	9	10	11	12
四半期	第 1			第 2			第 3			第 4		

表 3-5　暦年と日本の年度

四半期	第 1	第 2	第 3	第 4	第 1	第 2	第 3	第 4	第 1	第 2	第 3	第 4
暦　年	2020 年				2021 年				2022 年			
年　度		2020 年度				2021 年度				2022 年度		

4 月に始まり 3 月に終わりますが，こちらを会計年度と呼びます。学校年度と会計年度は必ずしも一致するとは限りませんが，日本の場合には同じです。データ処理上で重要なことは，暦年と年度の間でズレが生じるという点です（表 3-5 参照）。暦年ベースのデータと年度ベースのデータを比較することは厳密には正しくないということになります。また，年度の区切りは国によって異なるので，国際比較を行う場合には気をつける必要があります。たとえば，会計年度は，日本やインド，イギリス，カナダなどでは 4 月（第 2 四半期）始まりですが，フィリピン，スウェーデン，オーストラリアなどでは 7 月（第 3 四半期）始まり，アメリカやタイなどでは 10 月（第 4 四半期）始まり，ヨーロッパ諸国や中国・韓国では 1 月（第 1 四半期）始まりです。学校年度は，日本では 4 月始まりですが，アメリカやヨーロッパ諸国では 9 月始まり，韓国では 3 月始まりです。

統計によっては，会計年度のデータのみが提供されるケースもあります。財政データなどは，統計の性質上，そのようなケースが多くなります。また，国民経済計算では，主要なデータで暦年と年度の両方に対応しています。国民経済計算は，多くのデータについて四半期データも公開しているので，分析者自身で暦年の数値や年度の数値を集計して計算することも可能です。ただし，国民経済計算のストック編で公開されているのは，暦年末の数値のみです。フロー変数とストック変数を組み合わせて使用する場合には注意が必要です。

横断面データ

時系列データが，同一主体（特定の個人，企業，地域，国など）の異時点における数字を対象とするのに対して，横断面データは，同一時点の異なる主体を対象としたものです。つまり，時系列データが時点間の比較を念頭に置いているのに対して，横断面データは主体間の比較を念頭に置いていることになります。

横断面データは，対象となる主体の集計レベルによって分類することができます。どのレベルのデータを用いるかによって，比較の軸が異なります。代表的な例は以下のようなものです。

個　票

個人や個別企業別に調査されたデータです。**ミクロ・データ**や**マイクロ・データ**と呼ばれることもあります。個票データをもとにして，より集計度の高いデータが作成されることもあります。第2章で述べたように，2009年に新統計法が施行されるまで，日本の公式統計では個票の情報が原則非公開で，個票データが必要な場合には多額の費用と大きな労力を払ってアンケート調査を実施する必要がありました。しかし，近年では，学術研究の用途であれば，個票データの提供サービスが拡充されてきています。また，第2章で紹介した東京大学社会科学研究所のSSJデータアーカイブなどが整備され，公式統計以外の個票データ利用も容易になりつつあります。第10〜12章では，個票データを用いた分析の例を紹介しています。

属　性

個人や企業の属性ごとにデータを集計したものです。個人属性の例としては，年齢，性別，所得階級など，企業属性の例としては，産業，企業規模などが挙げられます。多くの統計は，このような属性別の集計レベルで入手できます。このタイプのデータ例として，第7章で厚生労働省「賃金構造基本統計調査」(通称，賃金センサス)を用いた分析を紹介します。

地　域

都道府県や市区町村といった地域別に得られるデータです。かなり多くの統計は，都道府県別集計に対応しています。これに対して，市区町村レベルの集計に対応している統計はそれほど多くありません。また，都道府県別データも，時系列で長期間を入手しようとすると，最新年次のものしか見つからなかったり，各年次が1つのファイルに統合されていなかったりなど，さまざまな困難に直面することが多く見受けられます。第5〜6，8〜9章では都道府県別データを利用しています。

国

テーマによっては，国際比較を行いたい場合があるでしょう。このようなとき，国別のデータを入手する必要がありますが，多くの国について対応するデータを得ることは意外に難しいはずです。とりわけ，発展途上国においては統計制度が未整備で，国連などの国際機関の推計に頼らざるをえない場合が多く，それさえも最近時点に限られることが多くあります。

有用なデータベースを提供する国際的な公共機関として以下の2つを挙げておきましょう。

IMF（国際通貨基金）（https://www.imf.org/）
OECD（経済協力開発機構）（https://www.oecd.org/）

いずれも各組織の加盟国について多くのデータを検索したり，ダウンロードしたりすることができるシステムとなっていますが，英語が苦手な場合には苦労するかもしれません。何とか日本語で探したい読者には，

総務省統計局「世界の統計」（https://www.stat.go.jp/data/sekai/index.htm）

を紹介しておきます。掲載されているデータは最近に限られており，これだけで十分な分析を行うことは難しいと思いますが，データの原典が記載されているので，データ探しの出発点としては有益です。代表的な指標がわかれば十分という読者には，

「世界経済のネタ帳」（https://ecodb.net/）

内にある「ランキング」も参考になるでしょう。主要な指標の国際比較が簡単に行えて，しかもデータの原典も明記されています。

学術研究に利用する場合，少し長めの時系列データや換算レートに配慮したデータが必要になることがあります。そのような点に配慮して，人口や総生産といった基本的なデータについて，国別に長期時系列データを整備することを試みた貴重な研究として次の2つが挙げられます。

Angus Maddison (2007), *The World Economy: A Millennial Perspective/Historical Statistics* (Development Centre Studies), OECD Publishing.

Robert C. Feenstra, Robert Inklaar and Marcel P.Timmer (2015) "The Next Generation of the Penn World Table," *American Economic Review*, Vol.105(10), pp.3150–3182.

アンガス・マディソン教授は惜しくも2010年に亡くなりましたが，その生涯をかけた研究成果であるデータセットは下記サイトで入手可能です。Penn World Tableもオンラインで入手可能ですが，異なるバージョンが異なるサイトで提供されているので，最新版の入手には注意を要します。

Maddison Historical Statistics（https://www.rug.nl/ggdc/historicaldevelopment/maddison/）

Penn World Table 10.0（https://www.rug.nl/ggdc/productivity/pwt/）

Version 9.0（https://fred.stlouisfed.org/categories/33402）

Version 8 以前（https://cid.econ.ucdavis.edu/pwt.html）

パネルデータ　個票を対象に追跡調査を行い，同一個人の時系列データを収集したものをパネルデータと呼びます。同一個人を対象にしないものの，同一集団（たとえば，第1章の出生コーホート）を対象にして時系列データを構成する場合もあります。このように横断面データを時系列方向に拡張したものを，総称して**縦断調査**と呼ぶことがあります（第8章 *Column* ⑫も参照）。縦断調査を意図していなくても，都道府県データを継続的に収集すれば，都道府県を対象とした時系列データを構成することができます。同一個人・主体を対象とせず，横断面データを時系列方向に拡張したデータのことを疑似パネルデータと呼ぶことがあります。第8〜9章で利用しているデータはこれにあたります。

3 データの中心を見る

多くの数字が集まったデータの特徴を効果的に理解するための方法はグラフ化だけではありません。私たちはしばしばデータの特徴を知るために，平均値を計算します。データを代表する数字（代表値），すなわちデータの中心を見ることによって，データの特徴を理解しようとしているわけです。以下では，データの中心を見る方法を紹介しましょう。

算術平均　最も一般的に使われる平均で，データに含まれる値を合計してデータの観察数（サンプルサイズ）で割れば計算できます。より厳密には，x_1〜x_n で表される n 個の値を含むデータの場合，x_1〜x_n を合計し，データの観察数 n で割った値が算術（相加，単純）平均（arithmetic mean または単に mean）です。**算術平均**を $\bar{x}$ とすると，

$$\bar{x} = \frac{x_1 + x_2 + \ldots + x_n}{n} = \frac{\sum_{i=1}^{n} x_i}{n}$$

で表されます。ここで，Σ（シグマ）は総和（合計）を意味する数学記号です。つまり，$\sum_{i=1}^{n} x_i$ は，x_1〜x_n を合計することを意味しています。Excel 上の「オート SUM」または SUM 関数と言えばわかりやすいでしょうか。

表 3-6　試験の得点の算術平均

学生	A	B	C	D	E	合計点	平均点
得点	95	89	72	60	45	361	72.2
x_i	x_1	x_2	x_3	x_4	x_5	$\sum_{i=1}^{5} x_i$	$\bar{x}$

以上の考え方に従えば，学生 5 人（A〜E）の試験成績が表 3-6 のような場合，算術平均で表される平均点は 72.2 点となります。

加重平均

データにより個数が異なる場合，そのまま平均してしまうと，分析を誤ってしまう可能性があります。**加重平均**（weighted mean）はこのようなケースにおいて有効であり，ウエイトを考慮した算術平均と考えればよいでしょう。

たとえば，800 円の新書と 2000 円の単行本の算術平均は 1400 円です。しかし，新書が 50 冊売れているのに対して，単行本が 10 冊しか売れていない場合，書店にとって意味のある平均値は，総売上高 6 万円を総売上冊数 60 で割って得られる平均売上高 1000 円でしょう。このように，調査対象によって個数が異なる場合，加重平均と呼ばれる概念が有効です。加重平均は n 個のデータの値に個数（ウエイト）を掛けた値を合計し，個数の総和で割った値となります。データ x_1〜x_n の個数がそれぞれ w_1〜w_n で表されるとき，加重平均 $\bar{x}^w$ は，

$$\bar{x}^w = \frac{w_1x_1 + w_2x_2 + \ldots + w_nx_n}{w_1 + w_2 + \ldots + w_n} = \frac{\sum_{i=1}^{n} w_ix_i}{\sum_{i=1}^{n} w_i}$$

のように計算できます。表 3-7 には，定食 5 種（A〜E）の価格と販売量（個数）が示してあります。このデータによると，平均価格

表 3-7　定食 5 種の平均価格と平均売上高

定食	A	B	C	D	E	合計	平均	
価格	350	420	480	550	670	2470	494.0	算術平均
x_i	x_1	x_2	x_3	x_4	x_5	$\sum_{i=1}^{5} x_i$	$\bar{x}$	(平均価格)
販売量	5	10	12	8	5	40		
w_i	w_1	w_2	w_3	w_4	w_5	$\sum_{i=1}^{5} w_i$		
売上額	1750	4200	5760	4400	3350	19460	486.5	加重平均
$w_i x_i$	$w_1 x_1$	$w_2 x_2$	$w_3 x_3$	$w_4 x_4$	$w_5 x_5$	$\sum_{i=1}^{5} w_i x_i$	$\bar{x}^w$	(平均売上高)

は 494 円ですが，加重平均により求めた平均売上高は 486.5 円となります。

幾何平均

データの平均をとるとき，データの総和をデータ数で割るという算術平均の手順が常に適切であるとは限りません。いま，ある年に Z 円の借り入れを行ったとしましょう。i 年目の利子率を $r_i \times 100\%$ とすると，まったく返済しなかった場合の n 年後の借金残高 Z_n は，

$$Z_n = Z(1+r_1)(1+r_2)(1+r_3)\cdots(1+r_n)$$

となります。ここで，この期間の平均利子率を $r \times 100\%$ と表すと，

$$Z_n = Z(1+r)^n$$

が成り立つはずです。これら 2 つの式の左辺は等しいはずですから，2 式を連立させると，

$$(1+r)^n = (1+r_1)(1+r_2)(1+r_3)\cdots(1+r_n)$$

となり，両辺を $\frac{1}{n}$ 乗すると，

$$1+r = [(1+r_1)(1+r_2)(1+r_3)\cdots(1+r_n)]^{\frac{1}{n}}$$

となります。ここで，$1+r$ を $\bar{x}^G$，$1+r_i$ を x_i と書き直せば，

$$\bar{x}^G = (x_1 x_2 x_3 \cdots x_n)^{\frac{1}{n}} = \left(\prod_{i=1}^{n} x_i\right)^{\frac{1}{n}}$$

が得られます。このようなケースでは，算術平均でなく，全データの積の n 乗根が平均値として適切となります。このように計算された平均を**幾何**（相乗）**平均**（geometric mean）と呼んでいます。なお，Π（パイ）は積を表す数学記号で，総乗または相乗積と呼ばれます。Excel にも対応する PRODUCT 関数があります。

調 和 平 均

走る速度を考えてみましょう。最初の d m（m は単位で，メートルのことです）を秒速 x_1 m，残りの d m を秒速 x_2 m で走るとき，平均の速さは秒速何 m になるでしょうか。x_1 と x_2 の算術平均 $(x_1+x_2)/2$ は正しい答えでしょうか。読者の皆さんも小学校で習ったと思いますが，速さは距離/時間で表されます。いま，走行距離は $2d$ m，所要時間は $(d/x_1)+(d/x_2)$ ですから，平均速度 $\bar{x}^H$ は，

$$\bar{x}^H = \frac{2d}{\frac{d}{x_1}+\frac{d}{x_2}} = \frac{1}{\frac{1}{2}\left(\frac{1}{x_1}+\frac{1}{x_2}\right)}$$

となります。この値は，一般に算術平均と等しくなりません。たとえば，前半を秒速 5 m，後半を秒速 3 m としたとき，算術平均を

適用すると秒速4 mであるのに対して，正しく計算された平均速度$\bar{x}^H$は秒速3.75 mです。このような平均のことを**調和平均**（harmonic mean）と呼びます。

中央値

平均値は極端に大きい，あるいは小さい値（つまり，第1章で説明した外れ値）によって大きく影響されるため，中心の尺度として適切でない場合があります。たとえば，1000万円の所得を稼ぐ人々10人で構成されるリリパット国と，1億円を稼ぐ1人と5万円しか稼げない9人とで構成されるブレフスキュ国を比較してみましょう。このとき，リリパット国の平均所得は1000万円，ブレフスキュ国の平均所得は1004.5万円ですから，ブレフスキュ国のほうが平均的に豊かだと言えるでしょうか。このような場合，ブレフスキュ国の中では例外的と考えられる1億円の影響を除き，多数派の9人を重視した指標を考えたほうがよいかもしれません。

n個のデータを昇順（小さい順），または降順（大きい順）に並び替えたとき，順番が中央に位置している値を**中央値**（**中位値**：median）と呼びます。中央値$\bar{x}^M$は，データ数nが奇数のとき，

$$\bar{x}^M = x_{(n+1)/2}$$

と表せ，nが偶数のとき，

$$\bar{x}^M = \frac{x_{(n/2)} + x_{(n/2)+1}}{2}$$

と表せます。nが偶数のときには，順番が中央に位置する2つのデータの算術平均を中央値とするわけです。表3-8にデータ数nが奇数の例と偶数の例を記しました。算術平均による平均点が55.4であるのに対して，いずれのケースでも中央値は平均より低い値と

表 3-8 試験の得点の中央値と平均点

データ数 n が奇数のとき

学生	A	B	C	D	E	F	G	中央値	平均点
得点 x_i	94 x_1	87 x_2	50 x_3	43 x_4	41 x_5	38 x_6	35 x_7	43 $\bar{x}^M$	55.4 $\bar{x}$

データ数 n が偶数のとき

学生	A	B	C	D	E	F	G	H	中央値	平均点
得点 x_i	94 x_1	87 x_2	55 x_3	50 x_4	43 x_5	41 x_6	38 x_7	35 x_8	46.5 $\bar{x}^M$	55.4 $\bar{x}$

なっています。

4 データのばらつき

範　囲

データを見るうえで，中心と並んで大事なのがばらつきです。たとえば，表 3-9 の 2 組のデータ X と Y を比べてみると，平均・中央値はともに 16.5 で等しいのですが，受ける印象は大きく異なります。表を眺めるだけで，X に比べて，Y のデータは小さな値や大きな値が目立つことに気づきますし，最小値と最大値が異なることは一目瞭然です。

データの最小値と最大値の差を範囲と呼びます。たとえば，松，竹，梅の 3 組の生徒各 5 人（A〜E）の試験の成績が表 3-10 の通りだったとしましょう。松組と竹組では，平均点は等しいのですが，範囲が大きく異なり，ばらつきに差があることは一目瞭然です。し

表 3-9　平均は同じでも……

X	11	12	13	14	15	16	17	18	19	20	21	22
Y	1	4	7	10	13	16	17	22	23	26	28	31

表 3-10　組別の平均点と範囲

	A	B	C	D	E	平均点	範囲
松	64	61	58	53	49	57	15
竹	95	83	51	32	24	57	71
梅	95	56	55	55	24	57	71

かし，範囲の値により，竹組と梅組を区別することはできません。これは，範囲が最大値と最小値のみに注目し，それ以外のデータに注意を払っていないからです。

分位数

n 個のデータを昇順（小さい順），または降順（大きい順）に並び替え，4 等分することを考えます。境界線上となる，$n/4$，$2n/4(=n/2)$，$3n/4$ 番目のデータ値をそれぞれ**第 1 四分位数**，**第 2 四分位数**，**第 3 四分位数**と呼びます。それぞれ，最初の 25%，50%，75% の区切りに対応します。すでに気づいたと思いますが，第 2 四分位数は中央値と同じです（ウェブサポートページのコラム：四分位数も参照）。

もう一度表 3-9 を例に考えてみましょう。4 等分すると 3 つずつのデータに分かれるので，第 1 四分位は 3 番目と 4 番目の間，第 2 四分位は 6 番目と 7 番目の間，そして第 3 四分位は 9 番目と 10 番目の間に位置します。したがって，X の第 1 四分位数は 13.5（13 と 14 の平均），第 2 四分位数は 16.5（16 と 17 の平均），第 3 四分位数は 19.5（19 と 20 の平均）です。同様に，Y の第 1 四分位数は 8.5，第 2 四分位数は 16.5，第 3 四分位数は 24.5 となります。第 1 四分位数と第 3 四分位数の値を比較することにより，X に比べて Y でばらつきが大きいことがわかるはずです。

このような分位数の考え方は，4 等分だけでなく，一般化して m 等分について適用することができます。よく使われるのは，五分位数，十分位数，百分位数などです。百分位数の区切りのことを**パーセンタイル**または**パーセント点**と呼びます。大学受験の模試を受けて，上位 5% や下位 5% の得点ラインが示されていたら，それがパーセンタイル値です。ところで，得点が平均値のところで偏差値 50 となることはよく知られていますが，偏差値 60（40）のパーセンタイルは上位（下位）およそ 16%，70（30）のパーセンタイルは上位（下位）およそ 2.3% 程度と言われています。実際には，得点分布の形状によってパーセンタイルは変化しますが，偏差値から順位を確認するための参考として役に立つはずです。

偏差と偏差平方和

各データが平均からどのくらい離れているかを示す値が偏差です。i 番目のデータ x_i に関して考えると，偏差はデータと算術平均値の差として，

$$偏差_i = x_i - \bar{x}$$

のように計算できます。データのばらつきが大きいほど，平均からの乖離が大きくなるはずですから，偏差を見ることによりばらつきをチェックできないでしょうか。しかし，偏差はデータの個数だけ存在するので，データ数が多くなるとすべてを把握するのは至難の業です。

では，足し合わせてみたらどうでしょうか。偏差の総和は次式の

ように分解できます。

$$\sum_{i=1}^{n}(x_i - \bar{x}) = \sum_{i=1}^{n} x_i - \sum_{i=1}^{n} \bar{x}$$

ところが，右辺第1項は，平均の定義から $n\bar{x}$，右辺第2項も $\bar{x}$ を n 個足し合わせた $n\bar{x}$ となり，偏差の総和は次のように0となってしまいます。

$$\sum_{i=1}^{n} x_i - \sum_{i=1}^{n} \bar{x} = n\bar{x} - n\bar{x} = 0$$

これは，正の値をとる偏差と負の値をとる偏差が互いに相殺されるためです。そこで，負の符号を除去し，平均からの乖離の程度のみを表すために，偏差を2乗して合計してみましょう。この値を**偏差平方和**と呼び，

$$\text{偏差平方和} = \sum_{i=1}^{n}(x_i - \bar{x})^2$$

のように表されます。データの個数が同じであれば，ばらつきが大きいほど偏差平方和は大きくなります。ただし，ばらつきの程度が同じでも，データの個数が多いと偏差平方和は大きくなることに注意が必要です。

分　散

データの個数の影響を除き，ばらつきの程度のみが意味を持つような指標にするためには，偏差平方和をデータ数 n で割ればよいでしょう。こうして得られた指標が分散です。分散 σ^2 は，

表 3-11　組別の偏差平方和と分散

		A	B	C	D	E	偏差平方和	分散
松	得点	64	61	58	53	49		
	偏差	7	4	1	**−4**	**−8**		
	偏差の 2 乗	49	16	1	16	64	146	29.2 (36.5)
竹	得点	95	83	51	32	24		
	偏差	38	26	**−6**	**−25**	**−33**		
	偏差の 2 乗	1444	676	36	625	1089	3870	774.0 (967.5)
梅	得点	95	56	55	55	24		
	偏差	38	**−1**	**−2**	**−2**	**−33**		
	偏差の 2 乗	1444	1	4	4	1089	2542	508.4 (635.5)

$$\sigma^2 = \frac{\text{偏差平方和}}{n} = \frac{\sum_{i=1}^{n}(x_i - \bar{x})^2}{n}$$

のように表されます。この指標は，データが平均のまわりにどのように散らばっているかを示す分布の尺度の 1 つであり，ばらつきの程度が大きければ分散は大きな値をとります。また，分散は偏差の 2 乗の平均として解釈することもできます。

表 3-10 のデータを使って分散を計算すると，松組では 29.2，竹組では 774.0，梅組では 508.4 となり，範囲を用いた場合と異なり，竹組と梅組の区別が可能となります。なお，分散には，

$$s^2 = \frac{\text{偏差平方和}}{n-1} = \frac{\sum_{i=1}^{n}(x_i - \bar{x})^2}{n-1}$$

のように定義される s^2 もあります。σ^2 を**母分散**，s^2 を**（不偏）標本分散**と呼んで区別しています（n で割っても標本から計算されていれば標本分散とし，$n-1$ で割ったものを不偏分散と表記する場合もありま

す)。表3-11の分散のカッコ内が標本分散です。生徒数5で割らずに，1を引いた4で割っている点が異なります（*Column* ⑥参照)。

標準偏差

分散を計算する過程で偏差を2乗するため，この指標は平均値との乖離を表す偏差とかけ離れた大きな値となってしまいます。そこで，偏差と対比可能なように，分散の平方根をとったものを**標準偏差**と呼び，ばらつきの尺度として用います。母分散をもとにした**母標準偏差** σ は，

$$\sigma = \sqrt{\frac{\sum_{i=1}^{n}(x_i - \bar{x})^2}{n}}$$

として，(不偏) 標本分散をもとにした**標本標準偏差** s は，

$$s = \sqrt{\frac{\sum_{i=1}^{n}(x_i - \bar{x})^2}{n-1}}$$

と表されます。データのばらつきが大きいほど，いずれの標準偏差も大きな値をとります。表3-11をもとに標準偏差を計算すると，松組5.4(6.0)，竹組27.8(31.1)，梅組22.5(25.2)となります。ここで，カッコ外の数値が母標準偏差，カッコ内の数値が標本標準偏差です。

Column ⑥　2つの分散

n で割る母分散と $n-1$ で割る（不偏）標本分散の2つがあるのはなぜでしょうか。いま，母集団の平均（母平均）が μ，分散（母分散）が σ^2 であるとしましょう。この母集団から n の数だけの標本をランダムに抽出するものとし，抽出された標本の各データを x_i (i は $1\sim n$) と表記します。

標本 x_i の総変動は，母平均 μ の変動分と母平均 μ からの乖離に分解できます。総変動を分散の形式，すなわち平方和で書けば，データ n 個

分の総変動は，

$$\sum_{i=1}^{n} x_i^2 = \sum_{i=1}^{n} \mu^2 + \sum_{i=1}^{n} (x_i - \mu)^2$$
$$= n\mu^2 \quad + n\sigma^2$$

です。右辺第 1 項は母平均 μ の動き，第 2 項は母平均 μ からの乖離，すなわち母分散に対応しています。さらに，右辺第 2 項の母平均 μ からの乖離 $n\sigma^2$ は，母平均と標本平均の乖離，標本平均と個々のデータの乖離に分解できます。母平均と標本平均の乖離は標準誤差と呼ばれ，σ^2/n であることが知られており（証明はウェブサポートページにある「コラム：2 つの分散」を参照），標本全体では $\sigma^2(= n\sigma^2/n)$ となります。したがって，残る標本平均と個々のデータの乖離は $(n-1)\,\sigma^2$ です。結局，総変動は以下のように 3 つに分解できます。

$$\sum_{i=1}^{n} x_i^2 = \sum_{i=1}^{n} \mu^2 + \sum_{i=1}^{n} (\overline{x} - \mu)^2 + \sum_{i=1}^{n} (x_i - \overline{x})^2$$
$$= n\mu^2 \quad + \sigma^2 \qquad\qquad + (n-1)\,\sigma^2$$

右辺第 1 項は母平均 μ の動き，第 2 項は母平均と標本平均の乖離，第 3 項は標本平均と個々のデータの乖離です。標本平均と個々のデータの乖離部分を取り出すと，

$$\sum_{i=1}^{n} (x_i - \bar{x})^2 = (n-1)\,\sigma^2$$

です。これを σ^2 について解くと，

$$\sigma^2 = \frac{\sum_{i=1}^{n} (x_i - \bar{x})^2}{n-1}$$

となり，標本と標本平均による偏差平方和 $\sum_{i=1}^{n} (x_i - \bar{x})^2$ を $n-1$ で割ると，母分散 σ^2 をうまく推定できることがわかります。

ポイントは標本平均の使用にあります。平均として母平均を使えれば，初めに示した 2 つの分解ですむのですが，一般に母平均は不明のため，代わりに標本平均を使用することになります。ところが，標本平均は母平均と一致するとは限らず，標本平均を使用して分散を計算すると，標本平

均と母平均の乖離分だけ分散は過小になります。そこで，$n-1$ で割ることで調整しているのです。

5 分布を見る

平均や標準偏差といった指標は便利ですが，データの持つ情報のうちの一側面を見ているにすぎません。そこで，1つの指標に絞らず，データの分布そのものを見ることも有効な方法です。

度数分布表

データの分布の理解を助けるための方法として，**度数分布表**が便利です。ここでは，2019年に実施された厚生労働省「国民生活基礎調査」（調査対象は2018年の1年間）の所得階級別世帯数を使って，度数分布表を作成してみます。この統計では，所得1000万円までは50万円の階級幅で，それ以降は階級幅が大きくなりますが，所得を25の階級に分けて，各階級に属する世帯数がわかります（表3-12参照）。したがって，このデータにより所得の分布を分析することができます。度数分布表を作成する手順は以下の通りです。

階級幅を決める

「国民生活基礎調査」の階級幅をそのまま用いる場合には追加的判断は必要ありません。階級数が25では多すぎる場合には，いくつかの階級を統合する必要があります。たとえば，所得1000万円までの階級幅を100万円にすると，階級20までの階級数が半減するので，全体の階級数は15になります。逆に，階級数をもとの数

（ここでは 25）より増やすことはできません。

適切な階級数がどの程度になるのかは，統計の調査規模や分析の目的によって異なります。詳細な分布を知りたければ階級は細かいほどよいのですが，細かくするほど各階級の世帯数は少なくなり，誤差を無視できなくなります。後に見るヒストグラムで分布が不自然な場合には，階級幅を調整したほうがよいかもしれません。

度数を計算する

「国民生活基礎調査」のケースでは，各階級の世帯数がそのまま各階級の度数となります。個票データなどから度数分布表を作成する場合には，各階級の標本をカウントする必要があります。統計処理ソフトを利用するか，Excel などの表計算ソフトで簡単にカウントすることが可能です。詳細は省きますが，Excel の場合，ピボットテーブル，フィルタ機能，`VLOOKUP` 関数などを利用すればよいでしょう。R には `hist( )` というコマンドが標準で装備されていますので，簡単にヒストグラムを作成することができます。

次に，**相対度数**，**累積度数**，**累積相対度数**を計算します。相対度数とは度数が標本の合計（＝度数の合計）に占める割合のことで，% 表示されることが多いようです。累積度数とは，階級を昇順（小さい順）に並べたときに，各階級以下に含まれる度数の合計のことで，累積相対度数とは累積度数が標本の合計に占める割合のことです。定義により，相対度数の総和，および最終階級の累積相対度数は 100% となります。このようにして計算された結果は表 3-12 に示されています。表 3-12 を度数分布表と呼びます。ただし，元の「国民生活基礎調査」の表では世帯総数が 10000 となっていましたが，各階級の世帯数合計値は 9998 でした。ここでの計算には 9998 を使用しています。

表 3-12　世帯所得の度数分布表

階級	階級幅		世帯数		割合（%）	
	下限	上限	度数	累積度数	相対度数	累積相対度数
1	0	50	120	120	1.2	1.2
2	50	100	519	639	5.2	6.4
3	100	150	631	1270	6.3	12.7
4	150	200	632	1902	6.3	19.0
5	200	250	689	2591	6.9	25.9
6	250	300	666	3257	6.7	32.6
7	300	350	711	3968	7.1	39.7
8	350	400	574	4542	5.7	45.4
9	400	450	555	5097	5.6	51.0
10	450	500	491	5588	4.9	55.9
11	500	550	488	6076	4.9	60.8
12	550	600	380	6456	3.8	64.6
13	600	650	463	6919	4.6	69.2
14	650	700	344	7263	3.4	72.6
15	700	750	329	7592	3.3	75.9
16	750	800	288	7880	2.9	78.8
17	800	850	260	8140	2.6	81.4
18	850	900	232	8372	2.3	83.7
19	900	950	216	8588	2.2	85.9
20	950	1000	185	8773	1.9	87.7
21	1000	1100	313	9086	3.1	90.9
22	1100	1200	194	9280	1.9	92.8
23	1200	1500	382	9662	3.8	96.6
24	1500	2000	211	9873	2.1	98.7
25	2000		125	9998	1.3	100.0

（注）階級幅の下限は「以上」，上限は「未満」を意味する。
ただし，最後の階級 25 には上限がない。

（出所）厚生労働省「令和元年国民生活基礎調査」。

ヒストグラム

データ分析において度数分布表は非常に有用ですが，階級が多くなると全体の把握が難しくなります。そこで，度数分布表を視覚的にとらえるために用いられるのが**ヒストグラム**（**柱状図**）です。このようなグラフ化により，分布の特徴（分布の型，中心の位置，ばらつきなど）を直観的に把握することが可能となります。

ヒストグラムは，横軸に階級，縦軸に相対度数（累積相対度数）をとったものです。相対度数と累積相対度数は別グラフにしても，同じグラフ内に描いてもかまいません。同じグラフ内に作成する場合は，相対度数を棒グラフで，累積相対度数を折れ線で区別し，左縦軸に相対度数，右縦軸に累積相対度数の目盛りを別にとると見やすくなります。また，階級幅の処理に工夫が必要です。所得1000万円までは階級幅が50万円でしたが，階級幅の変わる1000万円以上についても，形式的に50万円の幅に変更する必要があります。このとき，形式的に作成した各階級に相対度数を割り当てなければなりません。たとえば，1000〜1100万円と1100〜1200万円はそれぞれ2階級に分割しますので，相対度数を2で割って均等に分割します。1200〜1500万円は6階級に分割することになるので，相対度数を6で割って分割し，1500〜2000万円は10で割って分割することになります。最上位階級の2000万円以上のように上限がない場合には，1つ前の階級に従うのが一般的です（このケースでは10で割って分割する)。

表3-12の度数分布表をもとに，以上の処理を施して作成したヒストグラムが図3-4です。分布の様子がよくわかると思います。また，「国民生活基礎調査」に掲載されている所得の平均値（552.3）と中央値（437）を示しておきました。一般的に所得分布のグラフ

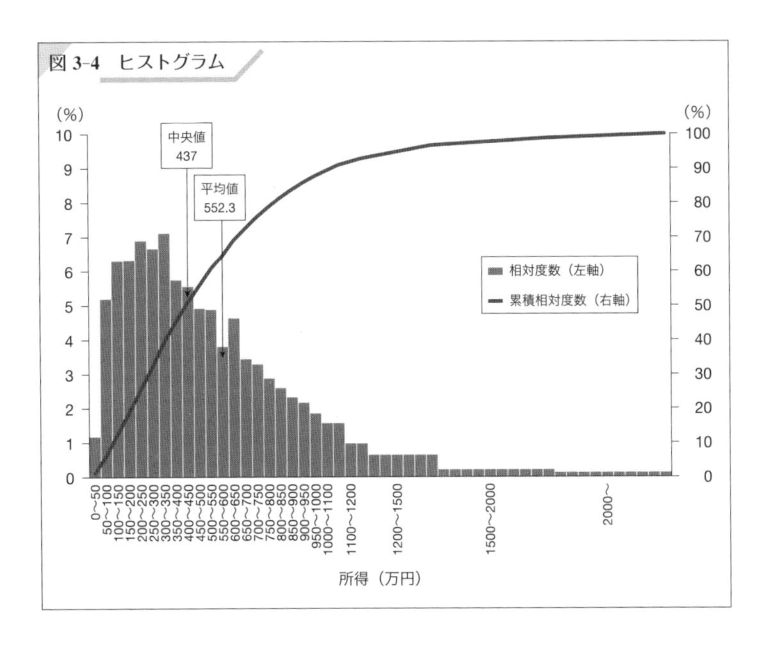

図 3-4　ヒストグラム

は右裾が長い（右に歪んだ，左に偏った）形状となりますが，右裾部分に位置する高所得の影響で平均値は高めに計測され，中央値は平均値よりかなり低くなっています。このような分布では，平均値は中位層の状況をうまく反映できず，中央値が好まれます。さらに，最も相対度数の大きな階級は300〜350万円であり，多数派という意味では300万円台前半が所得の代表値と言えるかもしれません。度数ないし相対度数が最大となるような値のことを**最頻値**と呼び，平均値や中央値とあわせて用いることがあります。

ローレンツ曲線

分布の図示をうまく利用する方法はヒストグラムだけではありません。格差について議論する際によく利用される**ローレンツ曲線**も便利です。上で利用した「国民生活基礎調査」の所得分布について考えてみましょう

表 3-13　ローレンツ曲線の準備

階級	階級幅			世帯数		総所得		
	下限	上限	階級値	度数	累積相対度数	額	相対度数	累積相対度数
1	0	50	25	120	1.2	3,000	0.05	0.05
2	50	100	75	519	6.4	38,925	0.71	0.77
3	100	150	125	631	12.7	78,875	1.44	2.21
4	150	200	175	632	19.0	110,600	2.03	4.24
5	200	250	225	689	25.9	155,025	2.84	7.08
6	250	300	275	666	32.6	183,150	3.36	10.43
7	300	350	325	711	39.7	231,075	4.23	14.67
8	350	400	375	574	45.4	215,250	3.94	18.61
9	400	450	425	555	51.0	235,875	4.32	22.93
10	450	500	475	491	55.9	233,225	4.27	27.20
11	500	550	525	488	60.8	256,200	4.69	31.90
12	550	600	575	380	64.6	218,500	4.00	35.90
13	600	650	625	463	69.2	289,375	5.30	41.20
14	650	700	675	344	72.6	232,200	4.25	45.46
15	700	750	725	329	75.9	238,525	4.37	49.83
16	750	800	775	288	78.8	223,200	4.09	53.91
17	800	850	825	260	81.4	214,500	3.93	57.84
18	850	900	875	232	83.7	203,000	3.72	61.56
19	900	950	925	216	85.9	199,800	3.66	65.22
20	950	1000	975	185	87.7	180,375	3.30	68.53
21	1000	1100	1050	313	90.9	328,650	6.02	74.55
22	1100	1200	1150	194	92.8	223,100	4.09	78.64
23	1200	1500	1350	382	96.6	515,700	9.45	88.08
24	1500	2000	1750	211	98.7	369,250	6.76	94.85
25	2000		2250	125	100.0	281,250	5.15	100.00

(表 3-13)。

世帯の所得分布について考えるためのローレンツ曲線において，横軸は世帯数の累積相対度数，縦軸は各階級の総所得の累積相対度

図 3-5 ローレンツ曲線

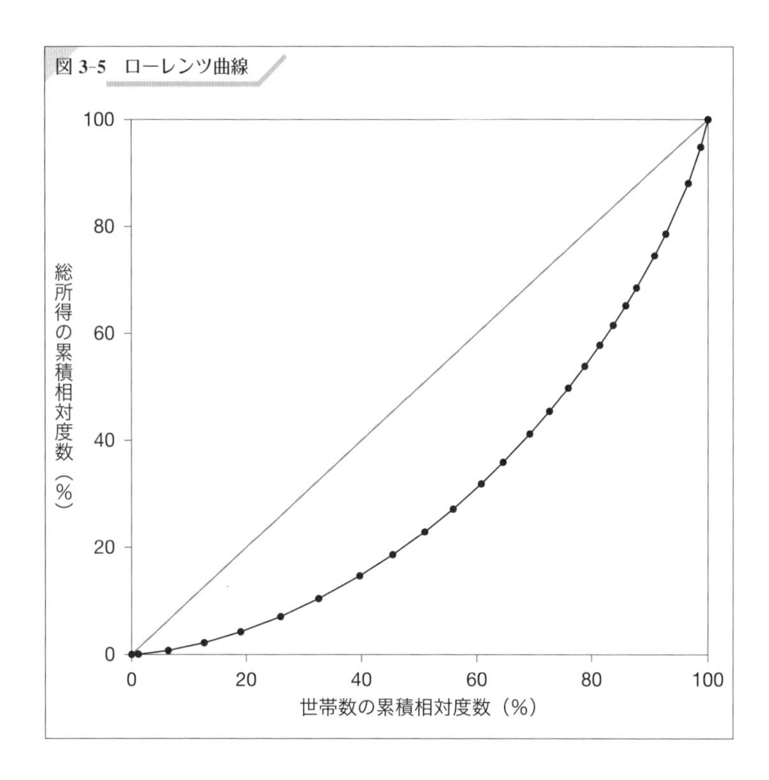

数になります。横軸には表 3-12 の累積相対度数をそのまま使います。次に，各階級の所得の総和を計算しますが，ここでは世帯数に各階級の所得代表値を掛け合わせたものを使用しましょう。各階級の所得代表値は階級幅の下限と上限の平均値とします。ただし，上限のない最上位階級については，1 つ前の階級に倣って 2250 万円としました。こうして得られた所得代表値と世帯数を掛け合わせると，階級別の総所得額が得られます。後は，前と同様の手順で，総所得について相対度数と累積相対度数を求めます。

表 3-13 の累積相対度数を用いて描いたローレンツ曲線が図 3-5

です。所得の分布が完全に平等であれば，ローレンツ曲線は45度線に一致しますが，現実のローレンツ曲線は45度線より下側に膨らんだ形状となるはずです。しかも，不平等の程度が大きいほど，ローレンツ曲線は下側へ大きく膨らむことになります。言い換えると，45度線とローレンツ曲線に挟まれた領域の面積が大きいほど，より不平等な状態と判断することができます。また，45度線とローレンツ曲線に挟まれた領域の面積を2倍したものは**ジニ係数**と呼ばれます。ただし，%ではなく，元の小数値で計算します。たとえば，100%は1，10%は0.1として計算します。このとき，ローレンツ曲線が45度線と一致したときのジニ係数は0，最も不平等でローレンツ曲線が図上の右下の点（座標100%,0%）を通るような型の線となるときのジニ係数は1です。つまり，ジニ係数は0から1の間をとり，その値が大きいほど不平等度が高いという指標と言えます。

練習問題

3-1 内閣府経済社会総合研究所（https://www.esri.cao.go.jp/）の「県民経済計算」のページで47都道府県の「1人当たり県民所得」と「総人口」を入手しましょう。

3-2 「1人当たり県民所得」の算術平均を計算しましょう。

3-3 「総人口」をウエイトとして「1人当たり県民所得」の加重平均を計算しましょう。**3-2** の算術平均と比較してください。

3-4 「1人当たり県民所得」と「総人口」の分散および標準偏差を計算しましょう。

3-5 表3-13の数字を用いてジニ係数を計算しましょう。

第4章 データを加工する

Introduction

第3章では，データを見るために必要な基本を学びました。ここまで読み進めてきた読者の皆さんは，データの種類や平均・分散といった基本概念を修得できているはずです。しかし，まだ十分とは言えません。統計を十分に利用するには，元データのまま利用するだけではなく，さまざまな加工について知っておく必要があります。統計データを使おうとすると，指数や変化率など，普段の生活ではあまり使わない指標がたくさん登場するのです。本章では，データ分析で有用と考えられる基本的な指標を紹介し，いくつかの指標について応用した例を解説します。また，本章の最後に登場するダミー変数は第II・III部で回帰分析をマスターするために欠かせないものです。本章でダミー変数の基礎を学び，第7章で使いこなすための準備としてください。

1 母集団のはなし

この章では**時系列データ**がたくさん登場します。時系列データの代表は一国の経済指標であり，GDPや経済成長率，物価やインフレ率，株価や為替レートなどが挙げられます。これらの時系列データの母集団とは一体何を指すのでしょうか。章の初めに母集団の話題を取り上げ，時系列データに関する理解を深めておきましょう。

全数調査に統計学はいらない？

第2章で母集団と標本の話をしました。第3章では，標本から母分散や母標準偏差を推定する計算式を学びました。一般に母集団の情報は未知であり，限られた標本から母集団の様子を適切に推し量るためには，さまざまな工夫が必要なのです。これらの工夫の蓄積が統計学という学問体系を形作ったと考えてよいでしょう。逆に考えると，母集団をすべて調べることができるのであれば，統計学に基づく推定は必要なくなるはずです。標本誤差がないのですから，得られたデータのありのままを見ればよいということになります。

たとえば，選挙の投票率は最終的に**全数調査**になっています。選挙途中の出口調査は**標本調査**なので，それらの投票率や当選確実などの情報には誤差があり，推定値にすぎないことは言うまでもありません。しかし，選挙が終わり，開票がすべて済んだ後には，公表された投票率や当選の情報は推定値ではありません。つまり，これらの選挙データに対して統計学的分析を適用する必要はないはずです。

調査統計の王様と言っても過言ではない**国勢調査**も全数調査です。国勢調査からはさまざまな情報が得られますが，その代表は人口です。国勢調査の人口に誤差はないはずですから，このデータに統計学的分析を適用することも無意味なのでしょうか。人口に限らず，国レベルの時系列データを扱う場合，そのデータは標本でしょうか。それとも母集団そのものでしょうか。日本の 2017 年の GDP はただ1つしかないと考えれば，GDP データは全数調査であり，統計学的分析の関与する余地はないようにも思えます。また，市町村を分析対象とする場合，すべての市町村データを入手したら，それは全数調査でしょうか。これらのデータが全数調査だとしたら，国レベルのデータや全市町村のデータについて統計学的に分析することは意味がないのでしょうか。

非標本誤差

全数調査だとしても，誤差が生じるという指摘があります。**測定誤差**と呼ばれるものです。生年月日や性別のように回答が変化するはずのない質問もありますが，多くの質問はそうではありません。内閣支持などは，質問のたびに回答が変わる人もいるかもしれません。幸福度のように，周囲の状況によって影響を受ける可能性のある質問では，その日の天気のような偶然が回答に作用する可能性もあります。これらの論点については，社会学者の太郎丸博氏のブログ記事，

「ランダム効果の意味，マルチレベル・モデル，全数調査データ分析」2011年9月30日（http://sociology.jugem.jp/?day=20110930）

や同じく社会学者の井出草平氏のブログ記事，

「表層研究における検定の必要性——全数調査に検定は必要か」2012年12月11日（https://ides.haterablog.com/entry/20121211/1355176603）

などが深い洞察を与えてくれることでしょう。

これに加えて，GDPなどの加工統計には，そもそも計算過程で誤差が生じている可能性があります。また，全数調査と考えられている国勢調査でも回収率は100%ではありませんし，回収分についても選択肢として「不詳」が選ばれるケースが増えていることが指摘されています。この点については次の学術論文で詳しい分析を

見ることができます。

小池司朗・山内昌和（2014）「2010 年の国勢調査における『不詳』の発生状況——5 年前の居住地を中心に」『人口問題研究』第 70 巻第 3 号，325-338 頁。

このような回収率の危機に対応するため，2010 年の国勢調査で試験的に導入されたインターネット調査が，2015 年の調査では全国展開されることとなりました。詳細は以下の記事，

丸山洋平「平成 27 年国勢調査を終えて」福井県立大学地域経済研究所メールマガジン（コラム），2015 年 10 月 30 日（https://www.fpu.ac.jp/rire/publication/column/001609.html）

に詳しく記されています。このような状況を考えると，国勢調査はすでに全数調査とは言えないのかもしれません。

胡蝶の夢・邯鄲の夢

紀元前，中国の思想家・荘子の説話である「胡蝶の夢」について知っている方は多いと思います。夢の中で蝶として羽ばたいていたが，夢から目覚めて，自分が蝶になった夢を見ていたのか，蝶が自分の夢を見ていたのかという話です。類似の逸話として，唐代の小説家・沈既済による「邯鄲の夢（邯鄲の枕）」があります。古代中国のある若者が，夢が叶うという枕で立身出世を果たしますが，すべて夢だったという内容です。いずれも故事成語辞典では，人生のはかないことのたとえとして解説されています。

これらのストーリー構成は現代では「夢オチ」と表現されますが，少々異なる視点から見ると，いずれの故事も何が現実なのか明確でない状況を表しています。現代の SF 小説の世界ではパラレル

ワールドということになるでしょうか。少しずつ異なる世界が並行して存在するというアレです。

たとえば，SF 界の巨匠アイザック・アシモフによる唯一の時間テーマ SF に『永遠の終り』という作品があります。〈永遠（エターニティ)〉は時間を管理する組織です。人類にとっての最大多数の最大幸福を名目に，その障害となる時間の流れを矯正する役割を担っており，この組織の時間に対する介入によって，人類に災厄をもたらす大事故が未然に防がれます。〈永遠（エターニティ)〉は介入に際して，さまざまな状態の実現可能性を計算し，そのシミュレーションを行い，最も人類にとって望ましいと思われる現実を選んで，その実現のために時間の流れに介入するのです。この世界では，実現前に，多くの状態が確率的に存在し，あたかもパラレルワールドのような状況にあります。これらパラレルワールドを母集団として，たった1つの現実が標本として実現するというわけです。

母集団のベイズ統計学的解釈

国レベルの時系列データに，上のような考え方を適用するとどうなるでしょうか。つまり，実現可能性のある無数の状態が確率的に存在しており，実際に実現した現実はその中の1つにすぎないと考えるのです。母集団は無数の未実現の状態，標本は実現した現実ということになります。

母集団の**未知母数**をたった1つの真の値で特定できると考える伝統的な（**頻度主義**）**統計学**に対して，近年注目されている**ベイズ統計学**は未知母数さえ確率分布すると考えます。ベイズ統計学の推定対象は，未知母数の確率なのです。パラレルワールドを母集団として，現実はその標本であると考えるアプローチは，母集団のベイズ統計学的解釈と整合的であると言えるでしょう。

次節以降で多くの時系列データが登場しますが，これらの時系列データにも標本誤差があると考えてください。同様に，市町村を分析対象とする場合，すべての市町村データを入手しても，未実現の状態を母集団と考えれば，それは全数調査にはなりません。確定した選挙データも同じことです。現実の状態は，多くの未実現の可能性を母集団として，たまたま実現しただけなのかもしれないからです。

2 動的比率

異時点における同じ種類のデータを比較する比率のことを動的比率と呼びます。動的比率のうち，特に重要なのが指数と変化率です。

指　数

時系列データの推移を見たいとき，指数の考え方はとても役に立ちます。分析対象となる t 時点の数値を x_t，基準となる時点の数値を x_0 とおくと，単純指数は x_t/x_0 で表されます。この指標は，基準時点に比べて何倍になったかを計算しており，基準時点（$t=0$）の値は 1 となります。しばしば，基準時点の値が 100 となるように，$\frac{x_t}{x_0} \times 100$ とすることがあります。

1 つのデータだけを対象として，指数を作成するケースは稀でしょう。国や地域の物価水準や生産活動の変化を知りたい場合，むしろ対象となる財（商品）が数多く存在することが普通です。このようなとき，平均的な生産量を表す指数はどのように計算すればよいでしょうか。最も単純なのは，各財の指数の平均を計算する方法です。このとき，食料，衣料品，電気機器など，さまざまな財の生産量から計算された指数が単純に平均されることになります。しかし，生産活動に占める各財の相対的な重要性は均一ではないはずですから，このような**単純平均**は一般に適切ではありません。仮に，生産活動のうち 90% を食料部門が占めているならば，食料の生産量が増えることの影響と電気機器の生産量が増えることの影響は異なるはずです。

以上のような問題点を克服するためには，各財の重要性を考慮して，**加重平均**を求めるほうが望ましいでしょう。指数データの代表である**物価指数**は個別の財の値段を指す価格の加重平均として定義されます。つまり，牛肉，カメラ，自動車といった異なる財の価格を単純平均するのではなく，各財の数量（消費量や生産量）に応じたウエイト付けを施して平均するわけです。数量の与え方には 2 通りの方法があります。1 つは基準時点の数量を使用する方法で，**ラスパイレス（物価）指数**と呼ばれます。いま 1 つは対象時点の数量を使用する方法で，**パーシェ（物価）指数**と呼ばれます。ラスパイレス指数の代表例として総務省統計局が調査している消費者物価指数が有名です。パーシェ指数の代表例として GDP デフレーターがありましたが，現在では連鎖方式と呼ばれる計算方法に転換しています。

ところで，ラスパイレス指数が基準時点のウエイトを 1 回だけ調査すればよいのに対して，パーシェ指数は毎年のようにウエイトを調査する必要があります。したがって，多くの統計では，調査が楽なラスパイレス指数が利用されることが多いのです。しかし，ラスパイレス指数はウエイトを基準時点のデータで固定しているため，対象時点が基準時点から離れるほど，対象時点の実態とかけ離れる傾向があります。

消費者物価の例を考えてみましょう。一般的な消費者は，価格上昇の激しい財については購入を控え，価格上昇の緩やかな（または価格の低下した）財については購入量を拡大するので，価格上昇の激しい財のウエイトは小さくなり，価格上昇の緩やかな財のウエイトは大きくなります。このようなとき，対象時点のウエイトを用いるパーシェ指数は，個別の価格の上昇幅から受ける印象ほどには上昇しません。しかし，ラスパイレス指数のウエイトは基準時点のものですから，価格変動の影響を緩和するような消費者の行動の変化を考慮しないことになります。つまり，個別の価格の上昇幅を過剰に反映してしまいます。多くの場合，ラスパイレス方式による物価指数は，パーシェ方式による物価指数よりも高くなる傾向が見られるのです。

ラスパイレス指数が実態から乖離しすぎていないかをチェックするために，適当な間隔をおいてパーシェ指数を計算し，両者を比較するパーシェ・チェックと呼ばれる方法があります。両者に大きな乖離が発生していたら，基準時点の変更を考慮すべきです。現実には，多くの統計で一定期間ごとに基準時点を変更することが慣例となっています。このような理由から，指数データを用いる際には基準時点を確認することが重要です。

変化率

変化率は，増加率や成長率とも呼ばれ，経済分析においてきわめて重要な概念です。いま，x というデータの t 時点の数値を x_t，$t+i$ 時点の数値を x_{t+i} とします。t 時点から $t+i$ 時点にかけての x の変化分は

$$x_{t+i} - x_t$$

です。しかし，このままでは，100 から 105 への変化も，10000 から 10005 への変化も同じ +5 として評価されてしまうことはすでに述べました（第 3 章第 1 節「「眺める」か「見る」か」)。そこで，変化分と x_t との比率をとることにより，相対化して評価するのが，

$$\frac{x_{t+i} - x_t}{x_t}$$

で表される変化率です。この式は，

$$\frac{x_{t+i}}{x_t} - 1$$

のように書き換えることができます。これは指数から（基準となる）1 を引いたものに相当します。つまり，変化率とは，基準を超えて変化した分と考えることができます。

実際の分析では，時間の経過を表す i は 1 であることが多いでしょう。すなわち，1 期間の変化率を計算するわけです。このような変化率を，年次データでは対前年比，四半期データでは対前期比，月次データでは対前月比と呼びます。また，このようなとき，変化分 $x_{t+1} - x_t$ を Δx_t と表現し，変化率を，

$$\frac{\Delta x_t}{x_t}$$

と書くこともしばしばあります。さらに，時間 t が連続的で，微分 (d) を用いることができる場合には，変化率は，

$$\frac{dx_t/dt}{x_t}$$

と表されます。分子は，時間 t の微小な変化に対する x_t の変化を

意味します。

自然対数と変化率

変化率は**自然対数**と深い関係にあります。自然対数とは，$e = 2.71828\cdots$ を底とする対数ですが，e を利用すると，1 に比べて非常に小さな値をとる r について，

$$1+r=e^r$$

の関係が近似的に成り立ちます（近似的に等しいことを ≈ や ≃ や ≒ で表すこともあります)。いま，x_t から x_{t+1} への変化率を r_t とし，1 に比べて十分に小さいと仮定しましょう。このとき，

$$x_{t+1} = (1 + r_t)\, x_t$$

が成立しています。上述した近似式をこの式に当てはめると，

$$x_{t+1} = e^{r_t} x_t$$

となり，両辺について自然対数をとると，

$$\ln x_{t+1} = \ln e^{r_t} + \ln x_t = r_t + \ln x_t$$

が得られます。ただし，$\ln(\log_e)$ は自然対数を表し，**常用対数** $\log$ ($\log_{10}$) と区別されます。上の式を変形すると，変化率は，

$$r_t = \ln x_{t+1} - \ln x_t$$

のように，x_{t+1} と x_t の自然対数の差分を計算したものにほぼ等しくなるわけです。自然対数の差分を利用する際には，変化率との対応が近似的にしか成り立たないことに注意してください。実際に変化率の式で計算した場合と，自然対数の差分で計算した場合の比較

表 4-1　変化率と自然対数の差分（%）

変化率	自然対数の差分
1.00	1.00
2.00	1.98
3.00	2.96
4.00	3.92
5.00	4.88
6.00	5.83
7.00	6.77
8.00	7.70
9.00	8.62
10.00	9.53
11.00	10.44
12.00	11.33
13.00	12.22
14.00	13.10
15.00	13.98

は，表 4-1 に示されています。この表から，10% を超えると，小数点以下を四捨五入しても，1% の位が等しくならないことがわかります。

同様の結論は，微分法に従っても得られます。自然対数を微分すると，微分公式から次式が成立します。

$$\frac{d\,(\ln x_t)}{dx_t} = \frac{1}{x_t}$$

両辺に dx_t/dt を掛けると，

$$\frac{d\,(\ln x_t)}{dx_t} \cdot \frac{dx_t}{dt} = \frac{1}{x_t} \cdot \frac{dx_t}{dt}$$

となるので，

$$\frac{d(\ln x_t)}{dt} = \frac{dx_t/dt}{x_t}$$

が得られます。すなわち，x_t の自然対数を時間 t について微分すると，(右辺の) 変化率と等しくなるわけです。

3 静的比率

静的比率は，同一時点において異なる種類のデータを比較するものです。静的比率は，時系列での変化とは関係ないように思われるかもしれませんが，静的比率を上手に利用すると，生のデータを使う場合に比べて，時系列の変化に関する豊かな情報が得られることが多くあります。ここでは，静的比率の範囲を広くとり，実質化や1人当たりへの換算についても取り扱います。

実質化

実質化とは，金額表示された名目データを物価 (価格) データで除すことを意味します。一般に，データとして得られる名目金額 M は，価格 P と数量 Q によって次式のように表されます。

$$M = P \cdot Q$$

したがって，得られた金額データを価格で除すと，

$$Q = \frac{M}{P}$$

が成立することになります。つまり，実質化とは，数量を算出することにほかなりません。金額の増減ではなく，個数や台数などの数量の変化を知りたいときには，必ず必要となる作業です。

ところで，個別品目の場合を除き，物価データは指数です。この場合，物価指数を PI と書けば，実質化は，

$$R=\frac{M}{PI}$$

のように行われます。M が名目値と呼ばれるのに対して，R は実質値と呼ばれます。R が実質化されたデータです。基準年においては，$PI=1$ ですから，$R=M$ が成り立ちます。指数を 100 倍している場合（基準年において $PI=100$）は，R を計算する際に 100 倍換算（$R=\frac{M}{PI}\times 100$）が必要となります。以上をまとめると，R は物価が基準年の状態であると想定した場合の金額であり，物価変動の影響が取り除かれることになります。

1 人当たり

1 人の国民が 5 万円持っているリリパット国と，2 人の国民が合計で 10 万円持っているブレフスキュ国を比べると，どちらが豊かでしょうか。国としてはブレフスキュ国ですが，個人レベルの比較では同じというのが答えでしょう。データを使って分析を行う場合，個人レベルの比較を必要とするケースは多く見られますが，得られるデータは合計の数値であることも多くあります。このようなとき，適切な人数で除すことによって，1 人当たりの数字に直す作業が必要となります。

得られた合計のデータを Y，人数を N とすれば，1 人当たりの数字 y は，

$$y=\frac{Y}{N}$$

のように計算されます。なお，N として適切なデータは，分析の視点によって異なります。たとえば，世帯数で除せば，1 世帯当たりの数値を得ることになります。

構　成　比

非常に頻繁に用いられる静的比率として，構成比があります。あるデータCがn個の要素から構成されているとしましょう。つまり，第i番目の構成要素のデータをC_iと書くとすると，

$$C_1 + C_2 + \cdots + C_n = \sum_{i=1}^{n} C_i = C$$

のような関係が成立しています。このとき，構成比は，全体をCで除すことにより得られ，

$$\frac{C_1}{C} + \frac{C_2}{C} + \cdots + \frac{C_n}{C} = \frac{\sum_{i=1}^{n} C_i}{C} = 1$$

の関係が成り立ちます。すなわち，構成比の合計は常に1（100%）になるわけです。

図 4-1　就業者の産業構成（2020 年）

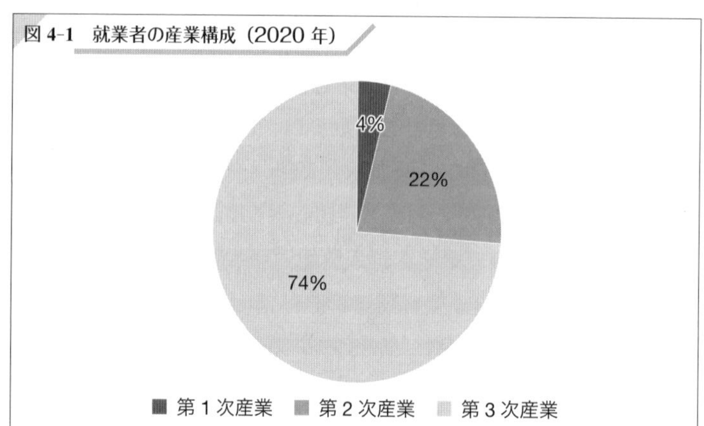

（注）　第 1 次産業：農林水産業，第 2 次産業：鉱業＋製造業＋建設業，第 3 次産業：上記以外

（出所）　内閣府『国民経済計算年報』。

図 4-2　就業者の産業構成（時系列）

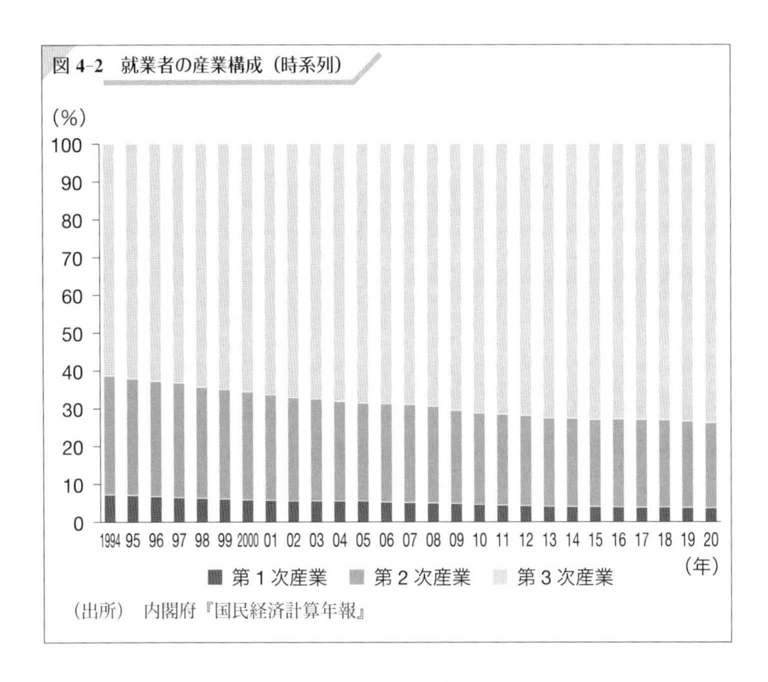

（出所）　内閣府『国民経済計算年報』

構成比を見たいとき，しばしば，図 4-1 のような円グラフが用いられます。図 4-1 は，就業者を産業別に分類して，その構成比を示したものです。ただし，円グラフでは，1 時点の状態しか確認できないため，時系列での変化を見たいときには，図 4-2 のような棒グラフや面グラフを利用するとよいでしょう。

経済学的な意味を持つ比

以上のような一般的な比率以外にも，各学問分野において重要な意味を持つ比率が存在します。たとえば，労働力率は，

$$労働力率 = \frac{労働力人口}{15 歳以上人口}$$

と定義されます。ここで，労働力人口は就業者と失業者から構成

され，就業の意志を持つ人々を指しています。つまり，労働力率とは，労働可能な 15 歳以上の人々のうち，どれくらいの割合が就業の意志を持っているのかを示す指標です。また，失業率は，

$$失業率 = \frac{失業者数}{労働力人口}$$

と定義され，就業の意志を持つ人々のうち，職に就いていない人々の割合を示しています。さらに，有効求人倍率は，

$$有効求人倍率 = \frac{求人数}{求職者数}$$

で表され，職探しをしている人々の数に対して，何倍の求人があるのかを明らかにしてくれます。この指標が大きければ（小さければ），相対的に就職が容易な（困難な）環境であると言えるでしょう。

この種の指標は数限りなく存在しますが，利用する際には，背景となる考え方に留意し，指標の持つ意味をよく理解して分析を行うべきです。特に，分母となる変数が何なのかは正確に確認することが重要です。

静的比率の応用：低所得者＝困っている人？

日本の消費税は 1989 年に税率 3% で導入されました。その後，税率は 1997 年に 5% へ引き上げられ，2014 年に 8%，2019 年からは 10% となっています。税率引き上げのタイミングで必ず議論となるのは消費税の逆進性です。一般に，高所得になるほど所得に占める消費の割合が低下するので，所得に対する消費税負担割合も低下します。言い換えると，低所得者ほど税の負担割合が高いのは問題であるというわけです。2014 年に開催された内閣府「今後の経済財政動向等についての点検会合」における荻上チキ

氏提供資料の5枚目の図がわかりやすいので参照してみましょう。

荻上チキ「消費税増税について」今後の経済財政動向等についての点検会合，第1回，2014年11月4日（https://www5.cao.go.jp/keizai-shimon/kaigi/special/tenken2014/01/shiryo02.pdf）

その背後にある哲学は単純ですが強力です。「困っている人に優しくしたい」というわけです。この哲学に基づくと，消費税は困っている人に冷たいからけしからんということになります。しかし，この議論には大きな事実誤認があります。誤認は言い過ぎかもしれませんが，少なくとも重要なファクターが抜け落ちているのです。

荻上氏の資料と同様に家計調査の力を借りましょう。ただし，少々視点を変えます。消費支出や消費税額に注目する代わりに，収入階級別の世帯主年齢構成を見るのです。図4-3によると，低所得層の多数派は高齢者です。最も低所得の第I分位では76.3%が60歳以上，第II分位で78.0%，第III分位で72.1%，第IV分位で68.5%と，ここまで3分の2を超える割合を示します。このことが何を表しているかは，少し考えれば自明です。低所得層の相当数はすでに引退または第2の人生に進んでおり，現時点では少額の労働所得しか受け取っていないのです。しかし，このことは必ずしも彼らが貧しいことを意味しません。現役時代には十分な所得があり，老後の蓄えとして資産を保有しているかもしれません。所得階層によって年齢構成が大きく異なる場合，現在の1時点における所得は課税標準としてふさわしくないのです。（真の豊かさを表す）生涯所得または生涯所得を反映すると考えられる消費こそが課税標準として望ましいことになります。所得の少ない高齢者も消費

図 4-3　年間収入十分位階級別の世帯主年齢構成比（総世帯）

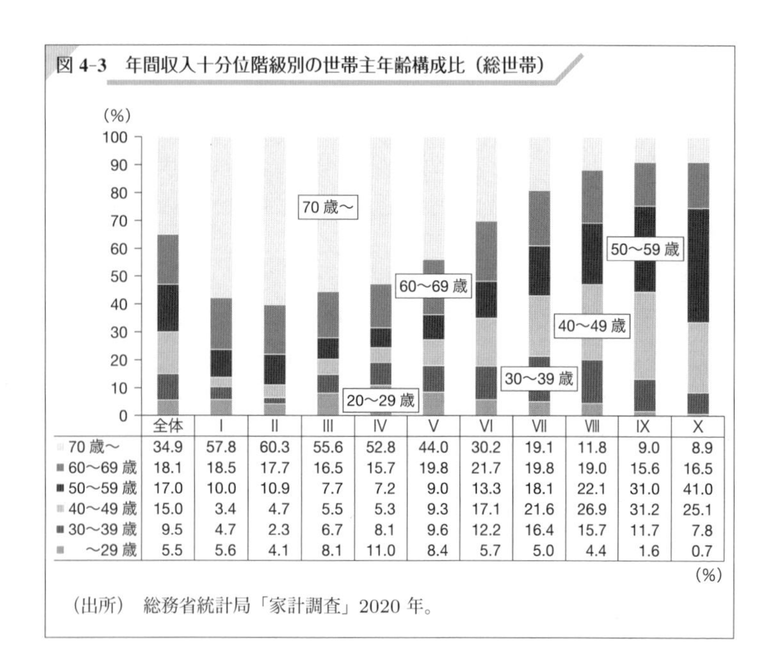

	全体	I	II	III	IV	V	VI	VII	VIII	IX	X
70 歳〜	34.9	57.8	60.3	55.6	52.8	44.0	30.2	19.1	11.8	9.0	8.9
60〜69 歳	18.1	18.5	17.7	16.5	15.7	19.8	21.7	19.8	19.0	15.6	16.5
50〜59 歳	17.0	10.0	10.9	7.7	7.2	9.0	13.3	18.1	22.1	31.0	41.0
40〜49 歳	15.0	3.4	4.7	5.5	5.3	9.3	17.1	21.6	26.9	31.2	25.1
30〜39 歳	9.5	4.7	2.3	6.7	8.1	9.6	12.2	16.4	15.7	11.7	7.8
〜29 歳	5.5	5.6	4.1	8.1	11.0	8.4	5.7	5.0	4.4	1.6	0.7

(%)

（出所）　総務省統計局「家計調査」2020 年。

は行うというわけです。

　つまり，荻上氏の資料をもとに低所得者に配慮すべきだと議論することは，乱暴に言えば高齢者に配慮しろと主張しているのに等しいのです。別言すれば，（高所得の）現役層に課税して困っている人を助ける（社会保障にまわす）べきということです。しかし，世代間の公平性の観点から考えれば，このような主張は是認されません。古い世代が得をして，新しい世代が損をしていることが最大の問題だからです。世代間の公平性を取り戻すためには，むしろ高齢者に負担してもらう必要があります。そのためには，現時点では一見低所得に見える高齢者に対して，低所得だからといって課税しないわけにはいかないのです。すでに現役を退いている高齢者に対して労働所得税は無力です。この世代に課税するために消費税はきわめて有効な手段です。社会保障制度の世代間公平性を改善するためには，1時点では逆進的に見える課税があえて必要かもしれません。

とは言え，低所得層の中に本当に困っている人が含まれることは疑いようがありません。低所得層のうち十分に資産形成の進んでいない若年層はやはり保障の対象です。第Ⅰ・Ⅱ分位で20％少々，第Ⅲ・Ⅳ分位までで30％程度は現役層（60歳未満）です。また，高齢者にも年金や貯蓄が十分でない層はいるでしょう。たとえば，荻上氏のTwitter上の言葉を援用すれば，「40歳未満・地方在住・女性」というターゲットが浮かび上がります。社会保障のターゲットは（見かけの）低所得層全体ではなく，その一部なのです。そのような本当に困っている人々を重点的に助けるためには控除制度や手当が有効です。このように考えていくと，消費税によって見かけ上低所得の人々にも（高所得の人々にも）課税し，このような控除や手当で本当に困っている人々に再分配を行うことは社会保障の精神と矛盾しないと思われます。

4 時系列データの分析

インフレ率の単回帰分析

消費者物価指数（持家の帰属家賃を除く総合）の対前年変化率を計算し示したものが図4-4です。このように計算された物価の変化率のことをインフレ率と呼んでいます。第二次世界大戦後の日本のインフレ率は，1960年頃から1980年頃までは高めに推移し，とりわけ1970年代中盤に極端に高くなったことが知られています。1990 年代半ば以降はデフレの時代となり，インフレ率がマイナスとなった年もあります。

図 4-4 のように，最近ほど傾向的にインフレ率が低下しているとき，破線のような傾向線を描くことが可能です。このような傾向線が表す動きをタイムトレンド，または単にトレンドと呼んだりします。ここで，時点を表す t を 1955〜2021 の値とし，(100 倍せずに小数で表した) インフレ率を π と表すことにしましょう。次章で詳述する単回帰分析を適用すると，次の関係式が得られます。

$$\begin{array}{llll} \pi_t = & 2.0785^{***} & -0.00103153t^{***} & +\hat{u}_t \\ & (0.4567) & (0.0002297) & \\ & \{4.551\} & \{-4.491\} & \\ & [0.0000] & [0.0000] & \\ \multicolumn{4}{l}{N = 67, \quad R^2 = 0.2368} \end{array}$$

このとき，左辺の π を被説明変数 (従属変数)，右辺の t を説明変数 (独立変数) と呼びます。この関係式は π_t と t の 1 次式 (直線関係) となっており，右辺第 1 項は定数項，右辺第 2 項の t に掛かる数値は傾きとなっています。図 4-4 の破線はこの関係式を図示したものです。*印や 3 種類のカッコ，その下の記述については次項の説明を待ってください。

ところで，上式の左辺 π の横に小さな t が付いていることに気付いたでしょうか。ここでの π は時点によって異なるため，小さな t で区別しているのです。t は 1955〜2021 の値ですから，たとえば 2021 年の π は π_{2021} ということになります。このように区別のために添えられた小さな t のことを「添え字」と呼んでいます。また，右辺の最後にある $\hat{u}_t$ は残差と呼ばれるものです。実際の π の動きを上式ですべて説明できるわけではないので，説明できない

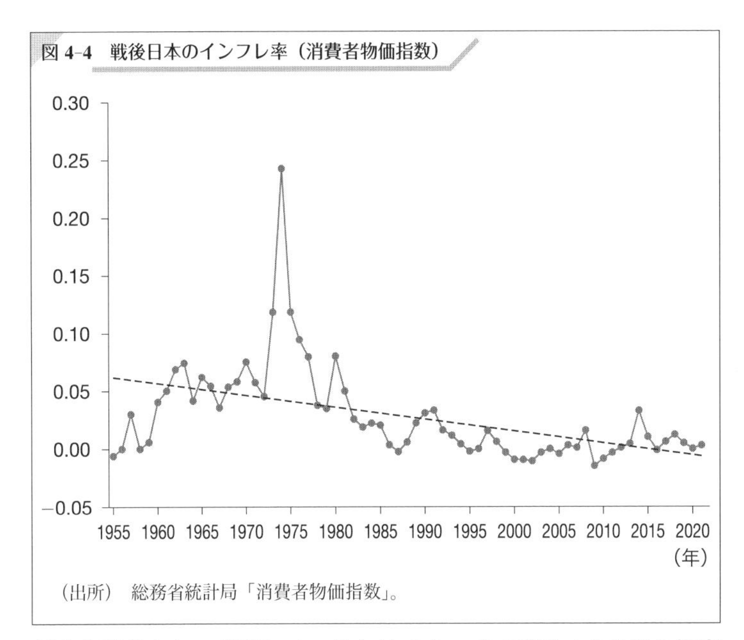

（出所）　総務省統計局「消費者物価指数」。

部分を残差として表現しているわけです。式で説明できる値を推定(予測) 値と呼び，

$$\hat{\pi}_t = 2.0785 - 0.00103153t$$

のようにハット（^）を付けて表すことがあります。この場合には残差項 $\hat{u}_t$ を書く必要がなくなります。また，上の 2 つの式から

$$\hat{u}_t = \pi_t - \hat{\pi}_t$$

が成り立つことは明らかでしょう。つまり，残差は観察値と推定値の差に等しいのです。第 2 章で取り上げた誤差との違いに注意してください。誤差は観察値と（母集団の）真の値との差でした。もし推定値が母集団の真の値を正しく反映していれば，残差は誤差に

等しくなりますが，一般に残差は誤差と異なるのです。

さて，上の単回帰分析では t がタイムトレンド項にあたりますが，初期時点（この場合は 1955 年）を 0 として 1 ずつ増やしたタイムトレンド項を用いることもよくあります。このようなタイムトレンド項を大文字 T（$= t - 1955$，$0 \sim 66$）と表すことにしましょう。説明変数を t から T に代えて単回帰分析を適用すると，

$$
\begin{array}{lll}
\hat{\pi}_t = & 0.06184^{***} & -0.00103153T^{***} \\
 & (0.008786) & (0.0002297) \\
 & \{7.038\} & \{-4.491\} \\
 & [0.0000] & [0.0000] \\
\multicolumn{3}{l}{N = 67, \quad R^2 = 0.2368}
\end{array}
$$

という関係式が得られます。左辺が推定値なので，右辺に残差がないことに注意してください。ここで，$T = t - 1955$ を代入すると，

$$
\begin{aligned}
\hat{\pi}_t &= 0.06184 - 0.00103153\,(t - 1955) \\
&= 0.06184 + 0.00103153 \times 1955 - 0.00103153t \\
&= 2.0785 - 0.00103153t
\end{aligned}
$$

となり，t を説明変数とした関係式と同じになることがわかります。

最小二乗法

上の回帰分析は，**最小二乗法**（Least Squares method：LS）と呼ばれる方法で計算されます。最小二乗法にはさまざまな亜種が存在しますが，最も標準的な計算方法は通常最小二乗法（Ordinary Least Squares），略して OLS と呼ばれます。最小二乗法の直感的な考え方は簡単です。当てはまりの良い直線関係を導出するため，観察値と推定値の差である残差をできるだけ小さくしようとするのです。ただし，残

差は正と負の値をとり，単純に合計すると打ち消しあってしまいます。そこで，残差を2乗してから合計したものを**残差平方和**と定義します。前述のインフレーションの単回帰分析の例では，

$$残差平方和 = \sum_{t=1955}^{2021} \hat{u}_t^2 = \sum_{t=1955}^{2021} (\pi_t - \hat{\pi}_t)^2$$

のようになります。読者の皆さんは，第3章で学んだ偏差平方和の式とよく似ていることに気付くことでしょう。ここで，単回帰分析で計算する定数項を b，傾きを a とすると，残差平方和は

$$残差平方和 = \sum_{t=1955}^{2021} [\pi_t - (b + at)]^2$$

のように b と a を含む式で表されるので，残差平方和が最小になるように b と a を決めればよいのです。

前項の単回帰式の定数項と傾きの下に付されている数値は，(　) 内が標準誤差，{　} 内が t 値，[　] 内が p 値です。標準誤差は推定値（ここでは定数項と傾きの推定値）の精度を表し，第1章で解説した帰無仮説の統計的検定に利用します。回帰分析における一般的な帰無仮説は，定数項や傾きが0であるというものです。t 値は定数項ないし傾きを標準誤差で除したもので，推定値が0から標準誤差のいくつ分離れているのかを表しています。ここでの推定値の分布は正規分布でなく，t 分布に従うことが知られています。t 分布は観察数 N（厳密には自由度 $N-2$）に応じて変化しますが，観察数（自由度）が非常に大きくなると，正規分布に近づいていきます。観察数が極端に小さいケースを除けば，推定値が標準誤差 ± 2 つ分（t 値 $= \pm 2$）の幅におよそ95% の確率で収まると考えて差し支え

ありません。p 値は，推定値が t 値の幅に収まらない確率を表しています。たとえば，t 値 $= \pm 2$ であれば，（観測数・自由度によりますが）p 値はおよそ 5%（0.05）程度ということになります。定数項や傾きの横に上付きの添え字で付されている $*$ 印は p 値に対応しています。本書でのルールは p 値が 1% 以下のとき $*3$ つ，5% 以下のとき $*2$ つ，10% 以下のとき $*1$ つですが，分野や研究者によって異なります。印のつけ方のルールについては，表の注などに書くのがよいでしょう。

単回帰式の最下段の N はデータの観測数，R^2 は決定係数を意味します。ここで使用したデータは 1955 年から 2021 年の各年データなので，$N = 67$ となっています。R^2 は回帰式の当てはまりの程度を表しており，観察値に対して推定値の当てはまりが良好であるほど高くなります。第 5 章で見るように決定係数にはいくつかのバリエーションが存在しますが，回帰分析においては以下のように考えればよいでしょう。すなわち，

観察値の全変動の平方和 $=$ 回帰変動の平方和 $+$ 残差平方和

として，両辺を観察値の全変動の平方和で割ると，

$$1 = \frac{\text{回帰変動の平方和}}{\text{全変動の平方和}} + \frac{\text{残差平方和}}{\text{全変動の平方和}}$$

です。この式の右辺第 1 項が回帰式で説明できる割合を示しており，R^2 にあたります。つまり，R^2 は次式

$$R^2 = \frac{\text{回帰変動の平方和}}{\text{全変動の平方和}} = 1 - \frac{\text{残差平方和}}{\text{全変動の平方和}}$$

で表され，全変動の平方和に占める残差平方和の割合を 1 から差し引いたものです。この定義による決定係数 R^2 は 0 から 1 の間の値をとります。

ここで書いたことの一部は第6章でもう一度解説します。重なる部分も多いのですが，大事なことだからこそ何度も出てくると思って読んでください。

一時的な環境変化とダミー変数

図4-4を見ると，1970年代半ばにインフレ率の急上昇が生じていることに気付くと思います。この時期は第1次オイルショックに該当し，1973年に始まった第4次中東戦争に伴う石油価格の急上昇が高インフレの原因と言われています。このような一時的な環境変化は，インフレ率を破線で表したタイムトレンドから大きく乖離させます。一時的な変動をフォローするためには，ダミー変数が有効です。ダミー変数は0または1をとります。上記のオイルショックを表現するためには，オイルショックの時期に1を入力し，その他の時期に0を入力した変数を作成することになります（表4-2）。たとえば，最も インフレ率の高い1974年のみで1となる D_{1974} というダミー変数を追加して回帰分析を行うと，

$$
\begin{array}{llll}
\hat{\pi}_t = & 0.05499^{***} & +0.2053D_{1974}^{***} & -0.0009168T^{***} \\
 & (0.0065) & (0.0267) & (0.0002) \\
 & [0.0000] & [0.0000] & [0.0000] \\
\multicolumn{4}{l}{N = 67, \quad R^2 = 0.6027}
\end{array}
$$

が得られます。このように説明変数が複数となる回帰分析を重回帰分析と呼んでいます。ここで，(　) 内は標準誤差，[　] 内は p 値，t 値は定数項や傾きの推定値と標準誤差から計算できるため省きました。

上式を用いると，1974年以外では $D_{1974}=0$ なので，1974年以外（通常期間）のインフレ率は，

表 4-2　ダミー変数（D_{1974}，$D_{1973-75}$，D_{1980}）

年	D_{1974}	$D_{1973-75}$	D_{1980}
1955	0	0	0
⋮	⋮	⋮	⋮
1972	0	0	0
1973	0	1	0
1974	1	1	0
1975	0	1	0
1976	0	0	0
1977	0	0	0
1978	0	0	0
1979	0	0	0
1980	0	0	1
1981	0	0	0
⋮	⋮	⋮	⋮
2021	0	0	0

$$(\text{通常期間})\ \hat{\pi}_t = 0.05499 - 0.0009168T$$

として求めることができます。1974 年については，$D_{1974} = 1$ を代入すると，

$$(1974\,\text{年})\ \hat{\pi}_t = 0.2603 - 0.0009168T$$

が得られます。2 つの式で定数項（切片）が異なることがわかります。

ダミー変数が 1 となる期間は複数時点にわたってもかまいません。オイルショックの時期を 1973〜75 年と考えれば，その 3 年間について 1 をとる $D_{1973-75}$ のようなダミー変数を作成することも可能です（表 4-2）。D_{1974} の代わりに $D_{1973-75}$ を用いて回帰分析

を行うと，

$$\hat{\pi}_t = \underset{\substack{(0.0063)\\[0.0000]}}{0.04919^{***}} \underset{\substack{(0.0152)\\[0.0000]}}{+0.1263D^{***}_{1973-75}} \underset{\substack{(0.0002)\\[0.0000]}}{-0.0008198T^{***}}$$

$$N = 67,\quad R^2 = 0.6331$$

を得ます。前と同様に，オイルショック期間（1973〜75 年）とそれ以外で切片が異なる式を求めることができます。

$$(\text{通常期間})\ \hat{\pi}_t = 0.04919 - 0.0008198T$$

$$(1973\text{〜}75\ \text{年})\ \hat{\pi}_t = 0.1755 - 0.0008198T$$

図 4-5 に 1974 年ダミーのケースと 1973〜75 年ダミーのケースを描きました。破線は通常期間の関係式，年を付した線が第 1 次オイルショック時期の関係式です。つまり，ダミー変数の利用は切片の変化として現れることになり，第 1 次オイルショックの影響を直線関係のシフトとして表現できることになります。

複数個のダミー変数を作成しても構いません。政治経済や現代史の授業で学ぶように，オイルショックはもう一度発生します。1980 年の第 2 次オイルショックです。そこで 1980 年に 1 をとる D_{1980} というダミー変数を作成して回帰分析の右辺にさらに追加してみると，

$$\hat{\pi}_t = \underset{\substack{(0.0062)\\[0.0000]}}{0.04774^{***}} \underset{\substack{(0.0148)\\[0.0000]}}{+0.1274D^{***}_{1973-75}} \underset{\substack{(0.0250)\\[0.0384]}}{+0.05282D^{**}_{1980}} \underset{\substack{(0.0002)\\[0.0000]}}{-0.0008011T^{***}}$$

$$N = 67,\quad R^2 = 0.6574$$

を得ます。通常期間，第 1 次オイルショック期間（1973〜75 年），第 2 次オイルショック期間（1980 年）の 3 期間で切片が異なる式を

図 4-5　第 1 次オイルショックのダミー変数

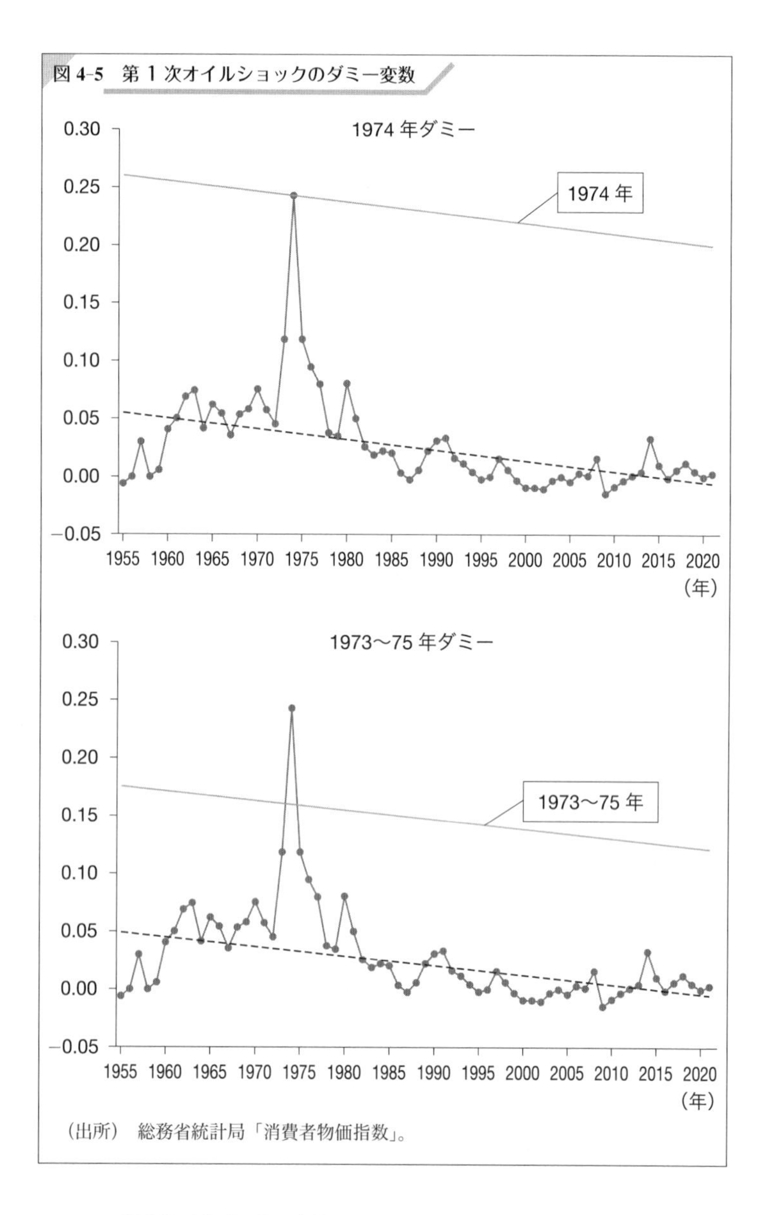

（出所）　総務省統計局「消費者物価指数」。

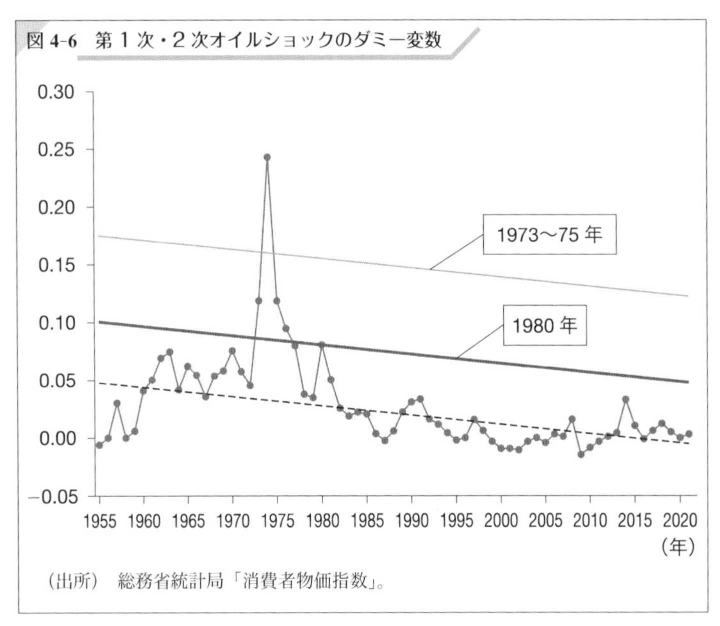

図 4-6　第 1 次・2 次オイルショックのダミー変数

（出所）　総務省統計局「消費者物価指数」。

求めることができます。

$$(\text{通常期間})\ \hat{\pi}_t = 0.04774 - 0.0008011T$$

$$(1973\sim75\ \text{年})\ \hat{\pi}_t = 0.1751 - 0.0008011T$$

$$(1980\ \text{年})\ \hat{\pi}_t = 0.1006 - 0.0008011T$$

図 4-6 に対応する 3 つの直線を描きました。破線は通常期間の関係式，年を付した線が第 1 次オイルショック期間と第 2 次オイルショック期間の関係式です。前と同様に，直線関係のシフトとして 2 つのオイルショックの影響を理解することができます。

練習問題

4-1 内閣府経済社会総合研究所（https://www.esri.cao.go.jp/）の「国民経済計算」で暦年の国内総生産（GDP）について名目値と実質値を入手してみましょう。

4-2 上記 **4-1** で入手した名目値と実質値を 2000 年 = 100 の指数に変換してみましょう。

4-3 上記 **4-1** で入手した名目値と実質値の対前年変化率を計算してみましょう。

4-4 上記 **4-3** で計算した対前年変化率を被説明変数に，初期時点を 0 とするトレンド項を説明変数として，回帰分析を実行してみましょう。

4-5 2009 年に 1 をとるダミー変数を作成し，上記 **4-4** の回帰式の説明変数にこのダミー変数を加えて回帰分析を実行してみましょう。

第5章 関係性を読み解く

Introduction

第I部では，データから仮説を探す方法，データを探す方法，データを見る方法，データを加工する方法を学んできました。これらの総まとめとして，本章では2変数間の関係性，とりわけ相関分析の具体的な方法と注意点を解説します。関係性を検証するための最重要ツールである回帰分析については第4章の最後で紹介しましたが，そこでの説明変数はトレンドでした。それに対して，本章の目的は2つの異なる変数間の関係を掘り下げることにあります。章の後半では，2つの応用例を紹介し，相関分析における思考の進め方を学びます。サッカー・ワールドカップと高校野球という親しみやすい題材を見て，多くの読者が相関分析に魅力を感じてくれることを願っています。

1 相関分析

相関分析とは

ドラマや映画のホームページを見ると，人物相関図を見つけることは難しくないと思います。ご存知の通り，人物相関図とは登場人物たち（例：Xさん，Yさん，Zさん）の間の関係を1つの図に表したもので，血縁関係，恋愛関係，友情関係，ライバル関係などの状況が一目でわかるようになっています。

人物相関図の登場人物をデータの変数（例 X，Y，Z）に置き換えてみると，相関分析をイメージしやすくなるはずです。つまり，相関分析とは，X，Y，Z のような分析対象となる変数間の関係を読み解く目的で行われるものです。もちろん，変数間の関係は，血縁関係，恋愛関係，友情関係，ライバル関係のように表現されるわけではありません。これらの関係を特徴づけるために，統計学は多くの道具を用意してくれています。

自分で好きなドラマや映画の人物相関図を作成することを想像してみてください。まず，ドラマや映画を見ながら，登場人物の置かれた状況やその時々の気持ちを読み解く必要があります。次に，読み解いたことを1枚の図に簡潔にまとめます。相関分析でも同様の手順が踏まれます。変数に気持ちはありませんが，代わりに数字で表される特性があります。これらの特性を読み解き，特性に基づいて変数間の関係を簡潔にまとめるわけです。この章では，変数間の関係を簡潔にまとめるための方法を学びます。このための統計学的手法が相関分析です。

相関関係

散布図に記された点が，図5-1(1)のような右上がりの集団を形成しているとき，X と Y の間に正の相関があると言います。逆に，図5-1(2)のような右下がりの集団となるとき，負の相関があると言います。正の相関と負の相関は，いずれも2変数間の大小に対応関係が存在しており，これらの変数の間に何らかの関連があることをうかがわせます。これに対し，図5-1(3)や(4)のように，X と Y の大小関係に明確な対応がない場合，2つの変数間には関連性がないと推測され，無相関と呼ばれます。

このような視覚化によって明瞭な関係性が確認できることもあり

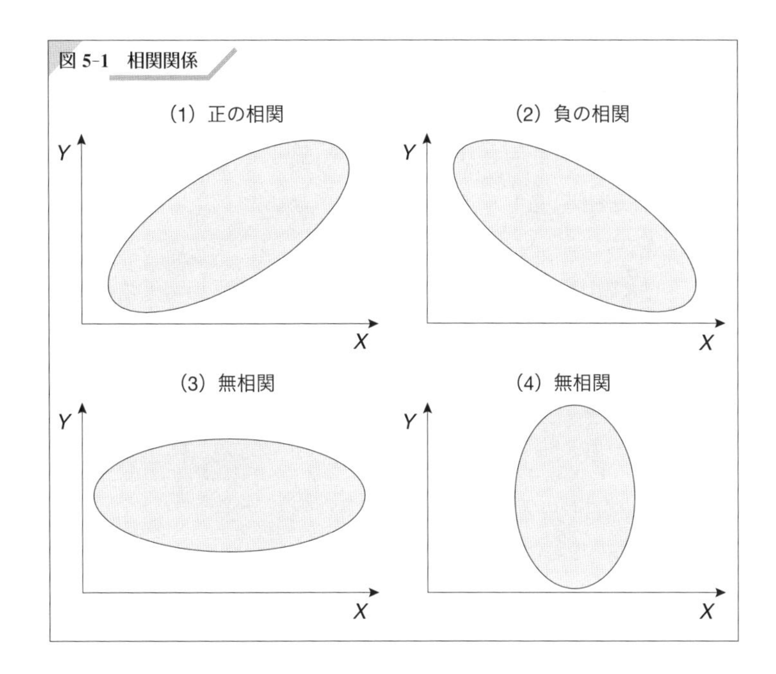

ますが，実際には判断が難しいことも多くあります。また，右上がり，ないし右下がりの関係が確認できたとして，さらに関係性の強さを量的に知りたい場面もしばしば出てきます。そのために，統計学では**相関係数**と呼ばれる指標が用意されています。

相関係数

新聞の経済記事を読んでいると，相関係数が現れることがあります。たとえば，2022年3月20日付の『日本経済新聞』朝刊に「円安 → 株高，薄れる連動 輸入物価高が業績に影」という記事があり，その中に，

> 日経平均と円の対ドル相場の値動きの連動性を示す相関係数を求めると，21年10月の約0.4から3月中旬には約0.15ま

で低下した。

という一文がありました。「日経平均」とは株価を，「円の対ドル相場」とは外国為替レートのことを指しています。つまり，この記事は，株価と外国為替レートの相関係数が 0.15 に低下したと言っているわけです。

直感的な説明は後回しにして，（ピアソンの積率）相関係数の算出方法を確認しましょう。いま，観察数（サンプルサイズ）を n，データ X と Y の平均値を，それぞれ $\bar{X}$，$\bar{Y}$ とします。このとき，次式で定義される共分散

$$Cov_{XY} = \frac{1}{n}\sum_{i=1}^{n}\left(X_i - \bar{X}\right)\left(Y_i - \bar{Y}\right)$$

は，正（負）の相関が強いとき正値（負値）となります。なぜなら，X と Y が正（負）の相関関係にあるとき，$\left(X_i - \bar{X}\right)$ が正であれば，$\left(Y_i - \bar{Y}\right)$ も正（負），$\left(X_i - \bar{X}\right)$ が負であれば，$\left(Y_i - \bar{Y}\right)$ も負（正）の可能性が高く，このとき $\left(X_i - \bar{X}\right)$ と $\left(Y_i - \bar{Y}\right)$ の積は正（負）になる傾向があるからです。

この共分散を X と Y の標準偏差 s_X と s_Y の積で除すと，X と Y の相関係数 R_{XY} が得られます。

$$R_{XY} = \frac{Cov_{XY}}{s_X s_Y}$$

相関係数 R_{XY} は -1 から 1 の間の値をとります。R_{XY} が 1（-1）に近いほど正（負）の相関が強く，無相関の場合には絶対値が小さくなります。ただし，相関係数がどの程度の値であれば，強い関係と言えるのかは一概に決められません。絶対値で 0.7 を超えれば強

い相関関係，0.4 から 0.7 の間でそれなりの相関関係，0.2 から 0.4 は弱い相関関係，0.2 を下回ると無相関であるというような指針はありますが，研究者によって，教科書によってその数字は微妙に異なります。

統計的検定による相関係数の評価

相関係数を用いて関係の強さを見ることはできないのでしょうか。ここでは統計的検定の考え方を紹介しておきましょう。すでに第 1 章でみたように，統計的検定は帰無仮説（H_0）を評価する手法です。また具体的な手順は第 4 章第 4 節の回帰分析の箇所で示しました。改めて手順をまとめると，以下のようになります。

(1)　帰無仮説を設定する。

(2)　データから検定統計量（t 値など）を計算する。

(3)　検定統計量を対応する確率分布にあてはめて，その出現確率と p 値を求める。

(4)　得られた p 値を有意水準（5%，1% など）と比較する。

(5)　p 値が有意水準より小さければ帰無仮説を棄却する。

そこで，まず帰無仮説として無相関を考えます。つまり，相関係数が 0 となる状況を帰無仮説と設定するわけです。サンプルサイズを n，相関係数を R と書くと，

$$t = \frac{R\sqrt{n-2}}{(1-R^2)}$$

が自由度 $n-2$ の t 分布に従うことが知られています。データから上式の値を求めて検定統計量とし，t 分布表で自由度 $n-2$ の p 値を求めればよいのです。帰無仮説を棄却できれば，相関係数は「有意に 0 と異なる」と判断され，無相関でないという結論が得られます。

相関係数と決定係数

相関係数 R の2乗，すなわち R^2 の値は0から1の間をとります。X と Y の間に(正負にかかわらず) 完全な対応関係があれば $R^2 = 1$，完全に無相関であれば $R^2 = 0$ となるわけです。つまり，X（Y）の動きを Y（X）でよく説明できると R^2 は大きくなり，説明できないと R^2 は小さくなります。第4章で出てきた回帰分析では，R^2 のことを**決定係数**と呼びました。決定係数は回帰分析の説明力を表していると考えてよいでしょう。

ただし，決定係数は必ずしも相関係数の2乗ではないことに注意してください。狐につままれましたか。たとえば，Kvålseth (1985) によると，決定係数の定義には8つもの種類があり，相関係数の2乗という定義はその5番目に登場します。

Tarald O. Kvålseth (1985) "Cautionary Note about R^2," *American Statistician*, Vol. 39, No. 4, Part 1, pp.279-285.

つまり，相関係数を2乗したものは決定係数の1つにすぎないのです。ですから，相関係数を2乗したものは決定係数ですが，決定係数は必ずしも相関係数の2乗とは限りません。次の記事にわかりやすい説明があるので，この話に興味がある読者は読んでみるとよいでしょう。

井口豊「決定係数 R2 の誤解——必ずしも相関の2乗という意味でなく，負にもなるし，非線形回帰には使えない」生物科学研究所 井口研究室（https://biolab.sakura.ne.jp/r2.html）

2 相関の落とし穴

散布図と相関関係

皆さんは「失われた20年」と言われて，どのようなことを思い浮かべるでしょうか。発端は1990年代初頭のバブル崩壊でした。バブル崩壊とは，株価と地価の急落，それに伴うマクロ経済の落ち込みを指しています。いまの大学生はバブル崩壊以降に誕生していますので，バブル（1980年代後半〜1990年代初頭）は歴史的事実として教科書で習うもののようです。一般的なイメージとして，羽振りのよいビジネスパーソン（当時はサラリーマンと呼んだ）がお金を湯水のように使い，帰りは皆タクシーといった感じでしょうか。バブル期のステレオタイプなイメージは，2007年に公開された阿部寛・広末涼子主演の『バブルへGO!! タイムマシンはドラム式』という映画で，面白おかしく見ることができます。

このようなイメージから考えると，バブル崩壊以降の日本経済は停滞気味で，消費も抑制されていると考えることでしょう。そこで，図5-2に，国民経済計算から入手した民間最終消費支出とGDPの比を時系列で示しました。意外にも，GDPに占める消費支出の割合はバブル崩壊以降，2013年ごろまで上昇を続けていることがわかります。もちろん，GDPの伸びが停滞気味なので，消費支出も額では抑制気味ですが，それにしても人々はなぜ，所得が停滞しているなか，消費支出に向ける割合を減らそうとしなかったのでしょうか。しかも，2〜3年程度の期間ならともかく，長い期間にわたり続いています。

1つの可能性として，政府の借金が原因であると考えてみましょう。政府の借金とは国債（地方債）のことです。政府が支出（歳出）を税金で賄えず，不足分を国債発行で賄っているわけです。このような財政運営により，人々は本来負担するべき課税額より少ない税負担で多くの政府サービスを受けることができます。一時的には国民は経済的に豊かになるわけです。もちろん，借金はいつか返す必要があります。将来の政府が借金返済（国債償還）を行うためには，増税するか，政府サービスを削減するかの選択に迫られるはずですから，長期で見れば国民は豊かになりません。国民が長期では豊かにならないことを認識していれば，国債発行により課税が少なくなっても，人々の消費行動は変わらないはずです。しかし，一時的な

図 5-3　一般政府負債／GDP と民間消費／GDP の相関関係

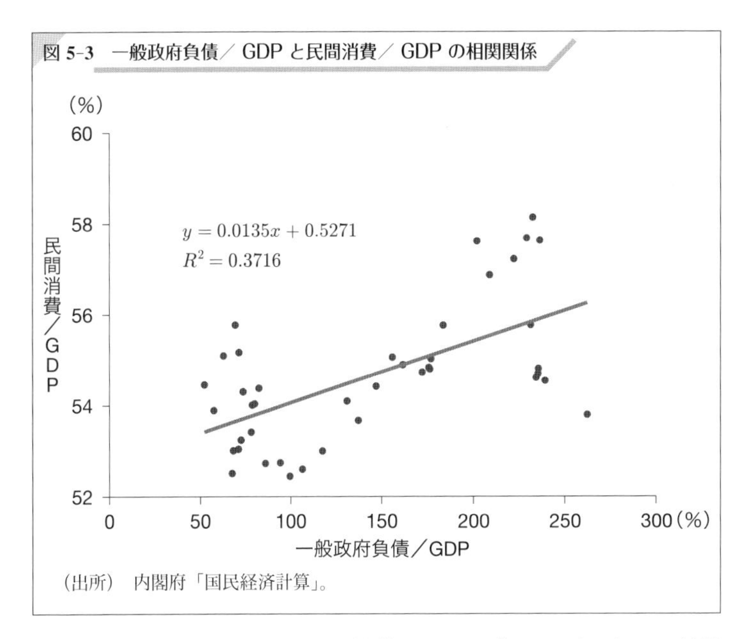

（出所）内閣府「国民経済計算」。

税負担の軽減で豊かになったと錯覚する人が多ければ，人々が所得から消費にまわす割合は上昇するかもしれません。

このことを確認するために，横軸に一般政府の負債を GDP で除したもの，縦軸に図 5-2 で示した民間消費／GDP をとって散布図を描いてみました（図 5-3）。データはいずれも国民経済計算から入手したもので，期間は暦年で 1980 年から 2020 年，バブル期とバブル崩壊以降を含んでいます。散布図を見ると，これら 2 つの変数の間には強くはありませんが正の相関関係（相関係数 0.61）を確認できます。図 5-3 中の直線は Excel の「近似曲線の追加」機能により描画した回帰直線です。オプション設定により回帰直線の式や決定係数を図中に表記することもできます。

相関関係と因果関係　**散布図**はインパクトの強い分析手法ですが，作成した散布図を全面的に信用してはいけません。使用するデータの処理には十分な注意を払うべきです。たとえば，実質化の必要はないでしょうか。データの種類によっては1人当たりに直す必要があるかもしれません。対数値や変化率が好ましいケースもあるでしょう。図5-3のケースでは，消費データとして何が望ましいかも考える必要があります。一口に消費といっても，カバーする範囲の異なるさまざまな指標が存在するのです。第2章で述べたようにデータ利用上の注意をよく読み，いくつかの代替的指標から適切な指標を選ぶことが肝要です。また，消費やGDPはフローデータですが，一般政府の負債はストックデータなので，時点を定める必要があります。国民経済計算のストックデータは暦年末で示されていますが，消費を考えるうえでは年初に存在する残高を考慮すべきかもしれません。そうであれば，負債のデータ時点を1期ずらして，ある年の消費データに対して前年末の負債データを当てはめるべきです。

また，相関分析によって相関関係が確認されたとしても，解釈を行ううえでは細心の注意が必要です。特に，確認された相関関係から，短絡的に**因果関係**を類推してはなりません。因果関係の可能性は1つとは限らないからです。Xが原因で，Yが結果の可能性もあるし，逆にYが原因で，Xが結果の可能性もあるのです。また，原因は他にあり，XとYはいずれも結果かもしれません。第1章でも述べましたが，直接的な関係がないにもかかわらず，他の要因の影響により相関関係が確認される現象を，特に疑似相関（見せかけの相関）と呼びます。

このことを確認するために，内閣府「県民経済計算」から入手し

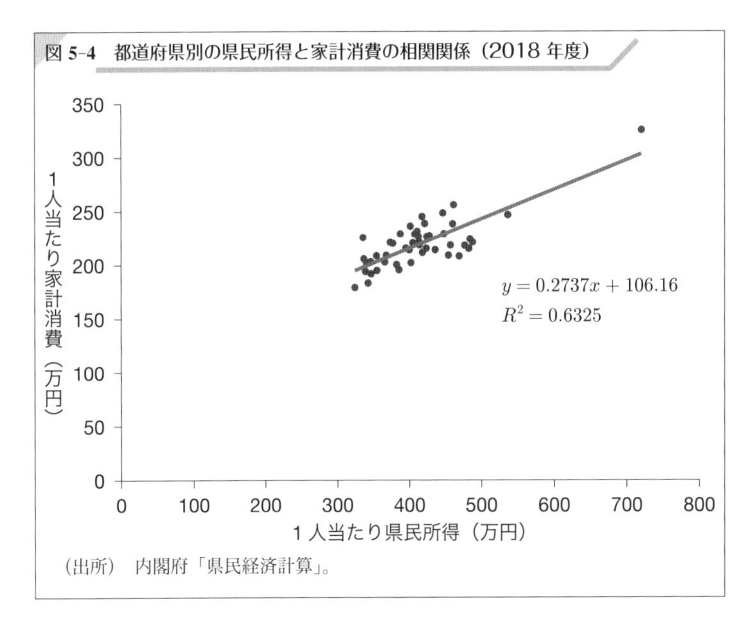

図 5-4　都道府県別の県民所得と家計消費の相関関係（2018 年度）

（出所）内閣府「県民経済計算」。

た都道府県別の県民総所得と家計消費支出のデータを用いて作図してみましょう。県民経済計算は最新の2018年度を利用し，1人当たりに直すために総務省「住民基本台帳人口」の総人口で除しました。横軸を1人当たり県民総所得，縦軸を1人当たり家計消費として，47都道府県を散布図にプロットしたものが図5-4です。決定係数は0.63（相関係数は0.80）と，ある程度高い水準となっており，県民所得と家計消費の間には正の相関関係があることを確認できます。しかし，この相関関係の背後にあると予想される因果関係の可能性は1つではありません。1つは，所得が多い都道府県では，それだけ多くの消費が可能となっているというものです。2つめに，消費が多い都道府県では，企業の販売が好調で，労働者の稼ぎが多くなっていると考えることも可能です。両者では因果関係が逆転するわけです。

対数線形

2変数間の関係は必ずしも直線上（線形）に現れるとは限りません。右上がりや右下がりの曲線を描く可能性もありますし，もっと複雑な形状となるかもしれません。図5-5(1)は，横軸に都道府県別人口，縦軸に都道府県別のスターバックス店舗数をとった散布図です。人口は2021年の「住民基本台帳人口」（1月1日時点）を用いました。スターバックス店舗数は，スターバックスのホームページでその時点の情報を確認することができますが，ここでは2021年6月現在の店舗数を利用しました（*Column* ⑦参照）。

図5-5(1)によると，スターバックスの出店状況は，人口規模でかなり説明できるように見えます。実線で表された回帰直線の決定係数は0.8を超えています。しかし，読者の皆さんは，右上に位置する点が回帰直線から外れていることに気づくことでしょう。言うまでもなく，この点は東京都を表しています。東京都を外れ値と考えることもできますが，破線で表されるような曲線の関係を想定することもできそうです。このようなとき，**対数**が有効です。図5-5(1)の横軸・縦軸の目盛りを常用対数目盛に変換したのが図5-5(2)です。きれいな直線関係を確認できます。このように対数変換すると線形関係となるものを**対数線形**と呼んでいます。対数目盛への変換はExcelで簡単にできますので，読者の皆さんもぜひ試してください。

対数の計算については第4章でも変化率との関係を示しましたが，目盛りで視覚的にとらえ直すと，理解が容易になるかもしれません。常用対数では，底が10なので，目盛り1つ分は数値が10倍になることを意味します。底が2であれば，1目盛りで2倍にな

図 5-5　都道府県別人口とスターバックス店舗数の相関関係（2021 年）

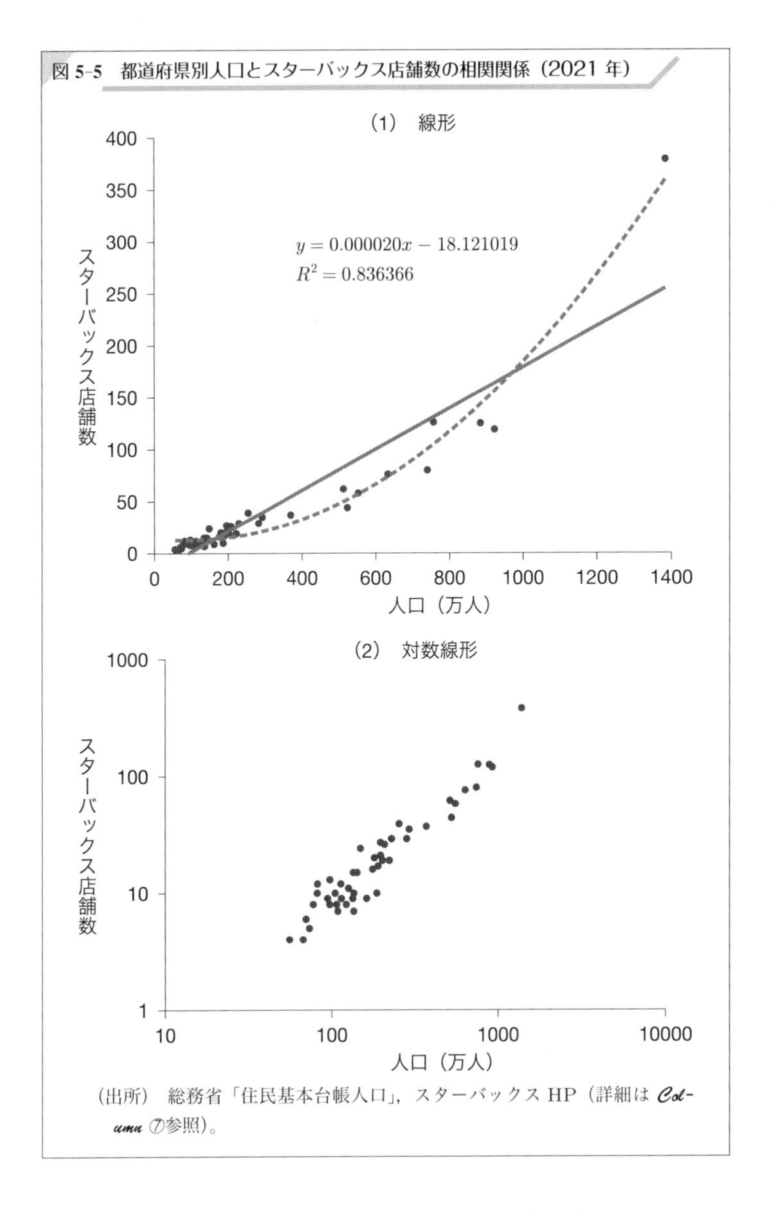

（出所）　総務省「住民基本台帳人口」，スターバックス HP（詳細は Column ⑦参照）。

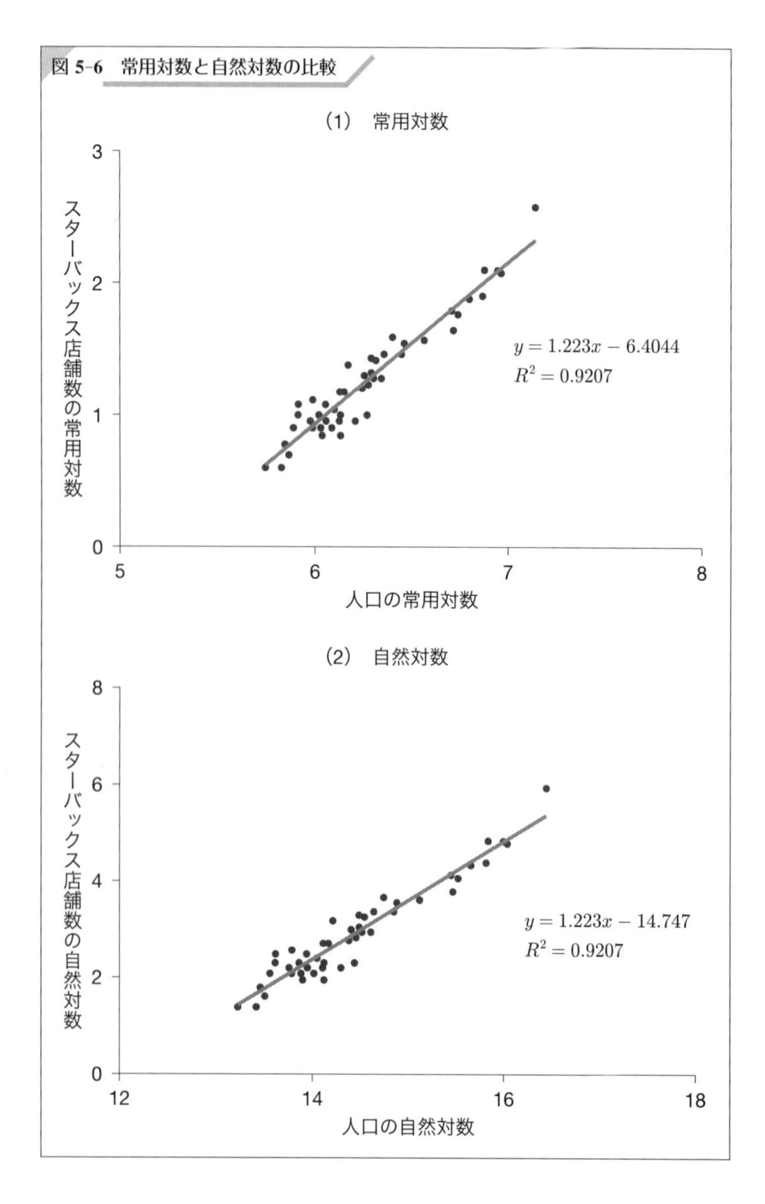

図 5-6　常用対数と自然対数の比較

っていきます。ちなみにパソコンやUSBのメモリのバイト数は底が2の対数目盛に対応しています $(2, 4, 8, 16, 32, 64, 128, 256, \cdots)$。

常用対数の代わりに自然対数を用いた場合も同様の結果が得られます。このことを簡単に確認します。まず，対数線形の図に回帰直線を描いてみましょう。Excelでは，図5-5(2)のような対数目盛の図に，線形の近似曲線を描くことができないので，あらかじめ対数変換を施したデータを用いて散布図を作成し，回帰直線を追加しました（図5-6)。常用対数と自然対数で，切片以外の結果がまったく同じになっています。このことは以下のように確認できます。$\log_{10}$ を常用対数，Y をスターバックス店舗数，X を人口とすると，常用対数に基づく回帰直線は，

$$\log_{10} Y = 1.2230 \times \log_{10} X - 6.4044$$

と書けます。ここで，対数の底の変換公式を利用すると，

$$\frac{\log_e Y}{\log_e 10} = 1.2230 \times \frac{\log_e X}{\log_e 10} - 6.4044$$

$$\log_e Y = 1.2230 \times \log_e X - 6.4044 \times \log_e 10$$

が得られます。$\log_e 10$ は約2.3026の定数であり，自然対数 $\log_e$ を ln で書き直せば，自然対数に基づく回帰直線を表す式，

$$\ln Y = 1.2230 \times \ln X - 14.7467$$

が得られます。

Column ⑦ スターバックス店舗数はデータ@クラウド

スターバックスの店舗数はスターバックスのホームページ内の「店舗検索」で確認することができます。「都道府県から探す」こともできますので，都道府県別の店舗数もわかります。ただし，統計データの提供ではないので，店舗数は自分でカウントする必要があります。また，その時点の最新情報を確認することしかできないので，過去に遡って特定時点の店舗数を調べることはできません。

そこで，上記の方法により店舗数を調べたと思われるネット上の記事を探し，いくつかの時点について都道府県別店舗数を入手しました。

● 2021 年 6 月（日は不明）

「都道府県別スタバ店舗数ランキング 2021！ 鳥取・島根には 4 店舗，次いでスタバが少ない県は……？」All About News，2021 年 6 月 24 日。（https://news.allabout.co.jp/articles/o/29687/）

● 2020 年 7 月 16 日

「スタバの数で都道府県の戦闘力が分かるって本当？ → 検証してみたらマジだった」J タウンネット編集部，2020 年 7 月 26 日。（https://j-town.net/2020/07/26308234.html）

● 2017 年 12 月（日は不明）

「日本全国都道府県別！ スタバの店舗数ランキング」甘党コーヒータイム，2017 年 12 月 21 日。（https://www.sweetcoffee-times.net/post/post-83/）

● 2017 年 11 月（日は不明）

「スターバックスコーヒー店舗数の都道府県別ランキングを作ってみた｜2017 秋」mitok（ミトク），2017 年 11 月 19 日。（https://mitok.info/?p=108726）

● 2014 年 10 月 30 日

「都道府県の強さの新基準？ 都道府県別スタバの店舗数」マイナビウーマン，2014 年 11 月 13 日。（https://woman.mynavi.jp/article/141113-67/）

● 2013 年 1 月 1 日

「スターバックスに見る都会度ランキング／人口比出店数だと千葉が埼玉より上位に」リトルウィング，2013 年 1 月 17 日。（https://kana-

kana.at.webry.info/201301/article_5.html）

人気店のスターバックスなればこそだと思いますが，毎年のように誰かが店舗数を調べており，過去データの入手はそれほど難しくありません。第 2 章で見たように，これまで統計は苦労して集めるものでしたが，ネット上で活躍する多くの人々が自らの好みに基づいて収集した情報が，多くの人々にデータとして活用される時代が間近に迫っているのかもしれません。既存の統計が使いやすい形式でネット（クラウド）上にアップされているのとは異なり，これらのデータはクラウドから上手に加工して取り出す必要があります。差し詰め，データ@クラウドといったところでしょうか。

非 線 形

対数線形であれば，データに対数変換を施すことで，分析手法としては線形モデルを利用することができます。しかし，現実のデータでは，もう少し複雑な関係が見られることもあります。そのようなケースでは，散布図による視認はとても重要です。

図 5-7 は，横軸に 1 人当たり県民所得，縦軸に生活保護世帯割合をとり，47 都道府県をプロットしたものです。1 人当たり県民所得は内閣府「県民経済計算」(2019 年度)，生活保護世帯割合は厚生労働省「被保護者調査」(2019 年度) による被保護実世帯数を総務省「住民基本台帳世帯数」(2019 年) で除して算出しました。図 5-7(1) のように回帰直線を引くと，弱い負の関係を確認できますが，決定係数は 0.0381 にすぎません。ただし，右方に大きく外れている東京都を対象から外すと，決定係数は 0.2049 に上がります。ここで，図 5-7(2) のように曲線を描いてみました。この曲線は 2 乗項を含む 2 次関数ですが，こちらの曲線のほうが点の散らばり

図 5-7　1 人当たり県民所得と生活保護世帯割合の相関関係（2019 年度）

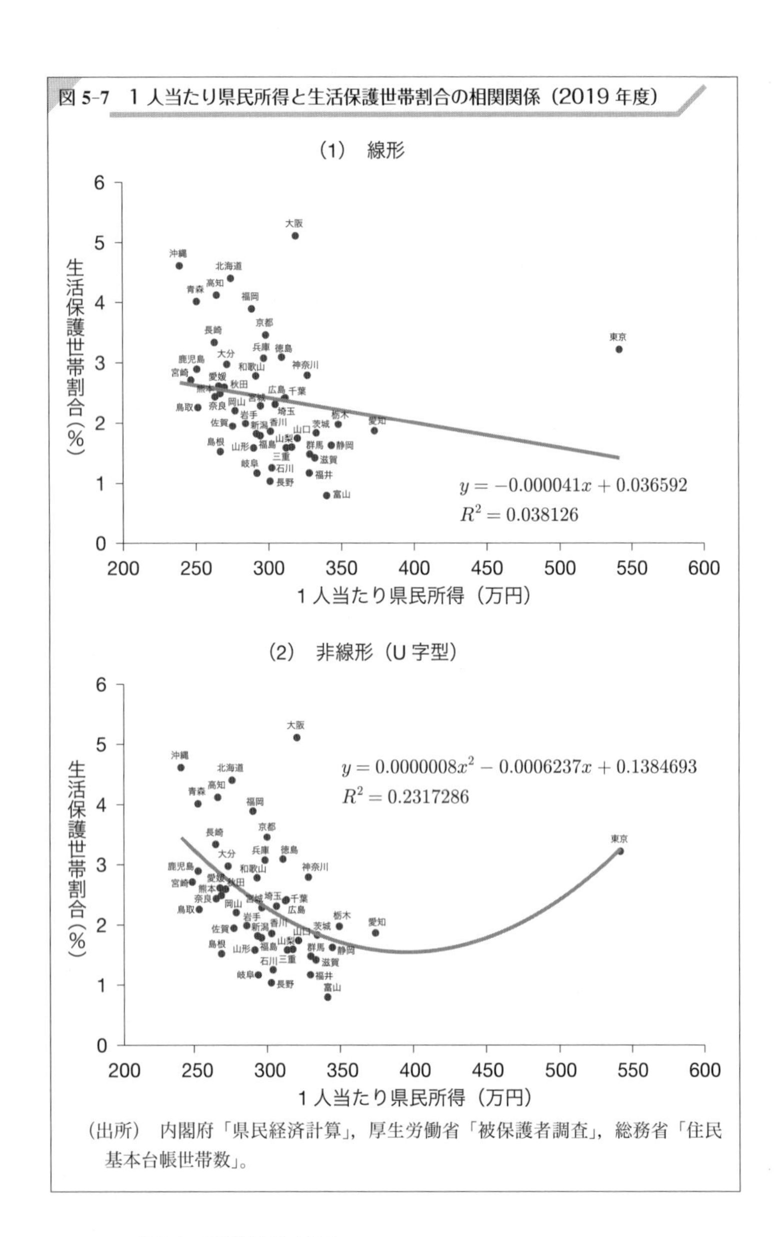

（出所）　内閣府「県民経済計算」，厚生労働省「被保護者調査」，総務省「住民基本台帳世帯数」。

に対して適切な関係性を示しているようにも見えます。このような非線形の関係が当てはまる場合，機械的に計算された相関係数の値は小さくなることがあるので注意が必要です。2 乗項を含む回帰分析については第 6 章も参照してください。

3 散布図の応用

少子化対策

2022 年の参議院選挙が間近に迫った頃，数多くの世論調査が実施されました。NHK が 6 月前半に実施した世論調査によると，参院選で最も重視する政策課題は経済対策（42%），外交・安全保障（17%），社会保障（15%），新型コロナ対策（7%），などでした。2021 年の合計特殊出生率は 1.30 と低迷していますが，少子化対策は主要な争点になっていないようです。たしかに，経済学の考え方に従えば，人口減少（少子化）が生じているからといって，直ちに公的介入すべきであるという結論にはなりません。個人や家計の自由な意思決定に任せておくと適正な人口規模が選ばれない場合に，初めて公的介入の必要性が議論されるのです。論点は，①少子化に関わる結婚・出産・育児などの意思決定について市場の失敗が生じているか，②人口について規模の経済が存在するか，の 2 つです。

市場の失敗を重視する立場は，以下の資料がわかりやすいと思います。

滋野由紀子（2000）「少子化対策の経済学的合理性」『経済学雑誌』（大阪市立大学経済学会）別冊第 101 巻第 1 号。

(https://dlisv03.media.osaka-cu.ac.jp/contents/osakacu/kiyo/111C0000004-10101-2.pdf)

要するに，賦課方式の社会保障制度が子供財に外部性をもたらすというのです。自身の若い時に老後の給付分を積み立てておく積立方式に対して，賦課方式では同じ時代に生きる若年世代の負担によって高齢者の給付を賄っており，後世代への依存が発生しやすい状況となります。賦課方式を通じた依存性は自分の直接の子孫以外にも生じるため，他者の出生行動へのただ乗りを誘い，出生率は過小になります。結局，何らかの理由で賦課方式を維持せざるをえないとすれば，(市場の失敗としての) 人口減少に対する公的介入が必要となるのです。市場の失敗や社会保障制度については次のテキストを参照してください。

畑農鋭矢・林正義・吉田浩 (2015)『財政学をつかむ (新版)』有斐閣。

規模の経済

豊かさの指標として重要なのは1人当たりGDPであり，国のGDPではないという主張はマクロ経済学の基本です。そうだとすれば，豊かさにとって人口の規模は重要な問題ではなくなるのでしょうか。1人当たりGDPの重要性を強調した議論は以下で読むことができます。

原田泰「過去最大の下げ幅でも人口減少恐るるに足らず」Wedge ONLINE，2012年5月14日。(https://wedge.ismedia.jp/articles/-/1875)

つまり，「国のGDP = 1人当たりGDP × 人口」の右辺「1人当たり GDP」に注目するのであれば，人口規模は重要でないというわけです。しかし，ことはそれほど単純ではありません。右辺の1人当たり GDP と人口に正の相関があるかもしれないからです。つまり，人口規模が大きいと，経済的に何らかのプラス要因が働いて1人当たり GDP が高くなるという可能性です。このような現象を規模の経済と呼びます。

そこで，IMF の World Economic Outlook Database のデータを用いて，2019年の195カ国（地域）について確認してみます（図5-8(1)，横軸・縦軸ともに常用対数目盛）。図5-8(1)を見る限り，人口と1人当たり GDP の間に明瞭な相関関係は確認できません。しかし，先進国と途上国を同列に扱うのは適切ではないかもしれません。そこで，IMF の統計で先進国（地域）に分類されている40カ国について作図してみましたが，やはり明瞭な相関関係は確認できません（図5-8(2)，横軸のみ常用対数目盛）。

人口減少でワールドカップに出場できなくなるか？

原田氏も人口に関する規模の経済には否定的ですが，唯一スポーツに関する危惧を表明しています。人口減少が進むと，サッカーや野球の国際競争力が低下するのではないかというのです。原田氏の言葉を借りれば，「人口が半分になって，ワールドカップに出場できなくなるのは怖い」ということです。

> 原田泰「人口減少で怖いこと」大和総研コラム，2006年1月4日。(https://www.dir.co.jp/report/column/060104.html)

ワールドカップに出場できるか否かは国民の幸福に重大な影響を与えるかもしれません。そこで，2019年8月の FIFA（国際サッカー連盟）ランキングから男子サッカーのランキング・ポイント

図 5-8 人口規模と 1 人当たり GDP（2019 年）

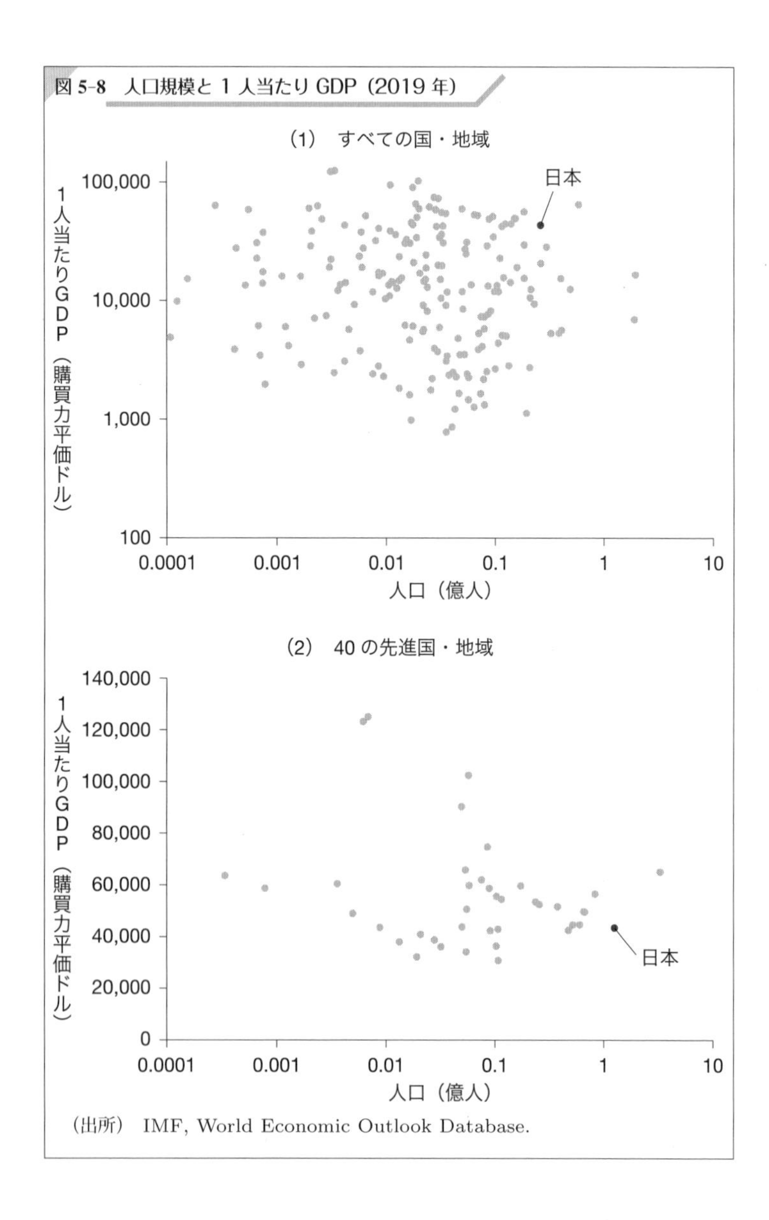

（出所） IMF, World Economic Outlook Database.

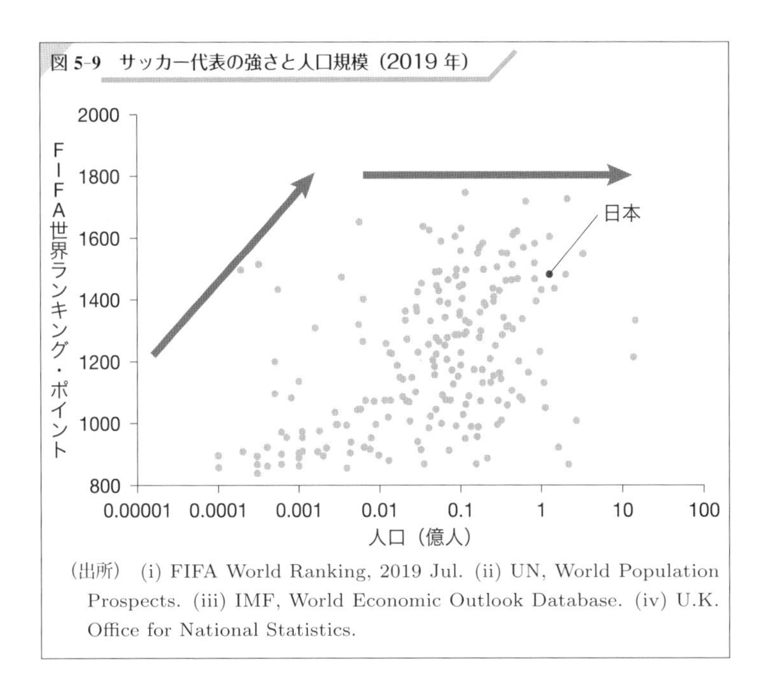

図 5-9　サッカー代表の強さと人口規模（2019 年）

（出所）(i) FIFA World Ranking, 2019 Jul. (ii) UN, World Population Prospects. (iii) IMF, World Economic Outlook Database. (iv) U.K. Office for National Statistics.

（縦軸：大きいほど強い）と 2019 年の人口（横軸：対数目盛）について散布図を作成してみました（図 5-9）。データの出所は以下の通りです。

FIFA ランキング・ポイント：FIFA World Ranking (Men's Ranking).

国・地域別人口：United Nations, Database.（一部の国・地域は，IMF, World Economic Outlook Database.）

イギリスの地域（イングランド，ウェールズ，スコットランド，北アイルランド）別人口：U.K. Office for National Statistics, CENSUS 2021.

図5-9から，人口が多くても弱い国があることは一目瞭然です。ただし，興味深いのは別の点です。人口が100万人（横軸目盛り0.01）程度までは，人口規模の拡大に応じてランキング・ポイントの上限が上がっていくのです。つまり，数十万人規模の人口小国がサッカーで強くなることは簡単ではないということです。しかし，数百万人規模を超えると，ランキング・ポイントの上限は人口規模に依存しません。人口が1000万（横軸目盛り0.1）でも1億（横軸目盛り1）でも，ランキング・ポイントの上限はほとんど変わりません。

人口が半分になってもワールドカップ出場の扉は開いたままです。同じ人口規模でも強い国もあれば弱い国もあることを考えると，数百万人以上の人口を有する国々においてサッカーの強弱を決めるのは人口以外の要因ということになります。サッカーにおいても，（一定の規模を超えていれば）人口に関する規模の経済は存在しないのです。

都道府県人口減少は甲子園で勝つことを難しくするか？

2014年の夏，私は全国市町村国際文化研修所に向かう新幹線の中で資料を作成していました。これから行う講義の受講生のことを考えながらです。受講生は全国市町村の公務員です。国レベルの人口問題ももちろんですが，地方の高齢化や過疎の問題に興味があるに違いありません。そのとき，ふと思ったことは，都道府県の人口規模は高校野球の全国大会（以下，甲子園）に影響しないのだろうかということです。人口規模の小さな県は甲子園で不利ということはないのでしょうか。

そこで，まず総務省統計局の人口推計（各年10月1日付）により都道府県別人口を集めました。ただし，甲子園大会の出場地区区分は47都道府県ではありません。夏の甲子園（全国高等学校野球選手権大会）では，北海道が北北海道と南北海道に，東京が東東京と西東京に分かれるからです。より厳密には，北海道の区分は2006年までと2007年以降で若干異なります。2006年までは空知支部が南北に分割されていましたが，2007年以降は北北海道にすべて編入されました。しかし，人口への影響はそれほど大きくないので，ここでは空知支部を一貫して北北海道に含めました。また，2012年までは世田谷区が東東京に，中野区が西東京に区分されていましたが，2013年以降は世田谷区が西東京に，中野区が東東京にと区分が変更されました。ここでも，この区分変更に沿って人口を案分しています。そこで，北海道のホームページから振興局（支庁）別人口を，東京都のホームページから東京都の区市町村別人口を入手し，北海道の人口を南北に，東京都の人口を東西にそれぞれの構成比に応じて分けました。ただし，北海道の振興局別住民基本台帳人口は2013年まで各年3月31日付，2014年以降は各年1月1日付，東京都の区市町村別住民基本台帳人口は各年1月1日付の数値で，10月1日付の都道府県別人口と時点が異なる点に注意を要します。

甲子園における勝率は，夏の甲子園（全国高等学校野球選手権大会）と春の甲子園（選抜高等学校野球大会）を対象として，2001年春大会から2022年春大会までについて勝利数と敗北数を主催者（夏の甲子園は朝日新聞社，春の甲子園は毎日新聞社）の記録に従ってカウントし算出しています。なお，2008年夏（第90回）大会については埼玉県・千葉県・神奈川県・愛知県・大阪府・兵庫県の6府県から2校選出，2018年夏（第100回）大会については以上6府県に加えて福岡県からも2校選出となっています。また，春の甲子園は同一都道府県から複数校が選出されることもあります。これらの

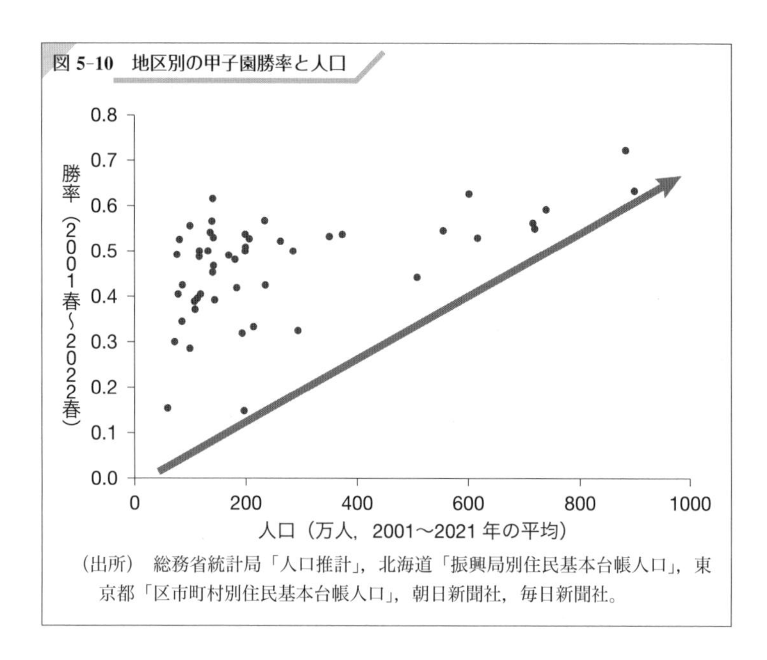

図 5-10　地区別の甲子園勝率と人口

（出所）総務省統計局「人口推計」，北海道「振興局別住民基本台帳人口」，東京都「区市町村別住民基本台帳人口」，朝日新聞社，毎日新聞社。

ケースは2校とも当該都道府県分としてカウントしました。

2001〜2021年の各地区の人口の平均値を横軸，2001年春の甲子園〜2022年春の甲子園まで（夏の甲子園21回＋春の甲子園22回）についての勝率を縦軸として描いたのが図5-10です。一見して明らかなように，人口の多い地区に勝率の低いところはありません。しかし，人口の少ない地区には高勝率のところと低勝率のところが混在しています。つまり，人口が減ったからといって甲子園で弱くなるとは限りませんが，人口が多くなると甲子園での勝率は一定以下にはなりません。甲子園での勝率という観点からは，やはり人口減少をむやみに恐れる必要はないのです。他の要因次第で，甲子園での強さを維持することは十分に可能です。

4 片相関から重回帰分析へ

片相関

サッカーFIFAランキングでも，高校野球の甲子園大会でも，強さ（FIFAランキング・ポイント，甲子園勝率）と人口の関係性は厳密な意味での正の相関ではありませんでした。国別サッカー代表にとって，人口増加で必ず強くなるとは限りませんが，人口減少は間違いなく強さを奪います。高校野球の各地区代表校にとって，人口増加によって高い甲子園勝率を予想できるようになりますが，人口減少で必ず勝率が下がるとは限りません。このような関係性の様子を

「社会実情データ図録」(https://honkawa2.sakura.ne.jp/index.html)

の管理人・本川裕氏は「片相関（かた）」と呼びます。直線的な正の相関や負の相関とは一線を画す重要な概念です。ですから，データ分析を行うにあたって散布図を作成して眺めることはとても重要で，すぐに回帰分析などの多変量解析に飛びつく姿勢は褒められたものではありません。片相関に興味のある読者は，以下の記事が興味深いと思います。

「データに騙されないための3つの方法――『社会実情データ図録』管理人に聞く　本川裕×飯田泰之」SYNODOS 2014年8月27日（https://synodos.jp/opinion/society/10412）

また，本川氏の「社会実情データ図録」の中にいくつか片相関の

事例があります。

「幸せはお金で買えるか（所得水準と幸福度の国別相関）」(https://honkawa2.sakura.ne.jp/9482.html)

「都道府県別のボランティア活動者率（2016年）」(https://honkawa2.sakura.ne.jp/3001.html)

「女性が充実した生活を送るためには子供が必要か（2000年）」(https://honkawa2.sakura.ne.jp/1548.html)

片相関，傾き，切片

それでは，片相関はどのような場合に生じるのでしょうか。まず，直線的な正の相関関係を考えましょう。縦軸をY，横軸をXとして，切片をC，傾きを$a(>0)$で表せば，

$$Y = C + aX$$

と書けます。しかし，片相関のケースでは，この直線から離れた右下（サッカーの例）や左上（高校野球の例）の領域にも点が存在します。そこで，図5-11を見てください。図5-11には片相関の典型例として，①と②の三角形を描きました。①は図5-9で示したサッカーの散布図の形状に似ており，②は図5-10で示した高校野球の散布図の形状に似ています。$Y{=}C + aX$という直線の右下の領域に点が存在するケースとして，aより小さな傾きの$Y = C{+}a'X$や傾きが0となる$Y{=}C$の関係を描いてあります。また，$Y{=}C + aX$より左上の領域には，切片の異なる$Y{=}C'$が描かれています。このように，切片や傾きが異なる関係式を考慮すれば，片相関の関係をうまく説明することができそうです。

まず図の①のようなケースを考えましょう。この領域は，$Y{=}C$

図 5-11　片相関，傾き，切片

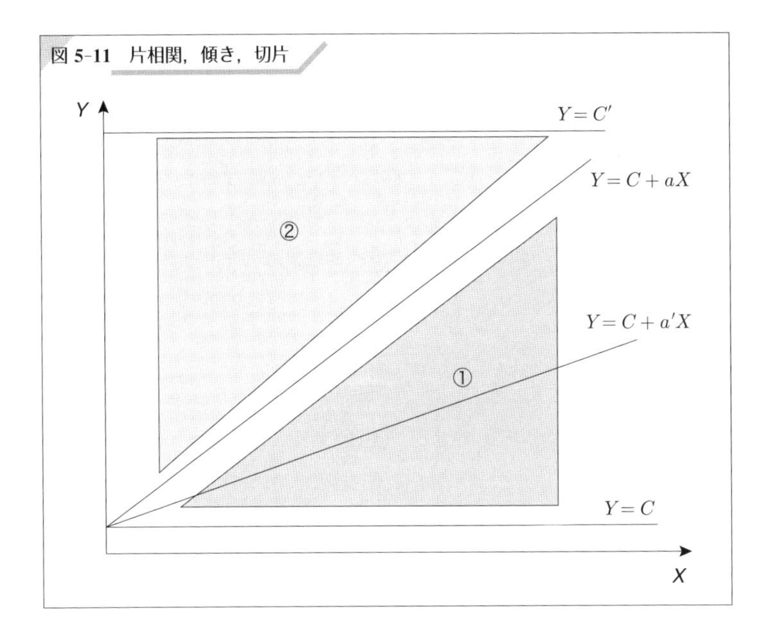

と $Y=C+aX$，およびその挟まれた領域を組み合わせると表現できます。つまり，定数項 C は共通で，傾き a が異なる関係式を考えるのです。$Y=C$ は $a=0$ のケースと考えることができます。傾きに影響を及ぼす要因を表すダミー変数 D を導入すると，

$$Y=C+\beta D\cdot X$$

という係数ダミーを用いた定式化によって，上の2式を包含することができます。つまり，この式における X の傾きは $a=\beta D$ であり，D によって異なります。$D=0$ のとき $\beta D=0$ であり，$D=1$ のとき $\beta D=\beta$ となるわけです。D のように傾きに影響を及ぼすダミー変数のことを係数ダミーと呼びます。複数のダミー変数を導入したり，傾きに影響を及ぼす要因を連続変数とすれば，傾きのパ

ターンをより複雑にすることも可能です。係数ダミーについては第7章で詳しく解説します。

次に②のケースについて考えましょう。この領域は，$Y=C'$ と $Y=C+aX$，およびその挟まれた領域を組み合わせると表現できます。つまり，定数項 C と傾き a が変化する関係式を考えるのです。傾きに影響を及ぼす要因を表す変数 D に加えて，定数項を変化させるダミー変数 Z を導入すると，

$$Y = C + \alpha Z + \beta D \cdot X$$

という定式化によって上の2式を包含することができます。Z は4章で説明した直線の平行移動を表現するためのダミー変数となっており，定数項ダミーと呼ばれます。α は定数項ダミーの係数です。定数項ダミーについても第7章で詳しく解説します。

いずれの片相関でも，新たな説明変数（D や Z）が登場していることが注目されます。片相関は，現象の説明要因が1つではなく，複数であることを示唆しているのです。複数の説明変数を含む回帰分析のことを重回帰分析と呼んでいます。第II部以降で重回帰分析について詳しく学んでいきましょう。

練習問題

第3章の練習問題で入手した内閣府経済社会総合研究所「県民経済計算」の「1人当たり県民所得」と「総人口」を使用します。

5-1 上記2変数の標準偏差，共分散，相関係数を求めましょう。

5-2 「総人口」を横軸，「1人当たり県民所得」を縦軸にして散布図を作成しましょう。

5-3 上記 **5-2** の図を対数目盛に変更した散布図を作成しましょ

う。ただし，横軸のみ対数目盛，縦軸のみ対数目盛，横軸・縦軸の両方とも対数目盛の 3 種類を作成します。

5-4 本書のウェブサポートページにある都道府県別スターバックス店舗数のデータを被説明変数とし，「総人口」と「1 人当たり県民所得」を説明変数として回帰分析を実行しましょう。また，本文中の「総人口」のみを説明変数とした回帰分析と比較しましょう。ただし，すべての変数は自然対数に変換してください。

第 II 部

回帰分析を使いこなす

Contents

第6章 原因から結果にせまる

Introduction

第5章では，単回帰分析の基本について学びました。しかしながら，世の中に1つの原因で説明しきれる現象はそれほどないでしょう。そこで第6章では，複数の原因で結果を説明する重回帰分析について学びます。厳密には，回帰分析で因果関係が必ずしも明確になるわけではありませんが，そういったモチベーションで分析に取り組みます。本章では，都道府県別に集められたデータを使い，高校卒業者の進学率に対するいくつかの要因の影響について分析します。

1 複数の原因で分析する

重回帰分析とは

ある被説明変数（従属変数）Y に対し，複数の説明変数（独立変数）X を用いて行う回帰分析を**重回帰分析**，または多重回帰分析などと呼びます。重回帰分析では，母集団において，以下のような k 個の説明変数が被説明変数に影響する**母回帰直線**を考えます。

$$Y = \alpha + \beta_1 X_1 + \beta_2 X_2 + \cdots + \beta_k X_k + u$$

α と β は，ともに母回帰直線の**パラメータ（係数）**です。α は**切片**，**定数項**など，β は**傾き**，**係数**など，u は**誤差項**，**撹乱項**などと呼ばれます。

重回帰分析の係数 β_1 は，他の説明変数 X_2 から X_k の影響を取り除いた後の，X_1 と Y の関係を示しています。あるいは，少し違う表現をすると，係数 β_1 は他の説明変数 X_2 から X_k までの値が変化しない場合に，説明変数 X_1 が 1 単位増加したときの Y への影響を示しています。

このように説明変数は増えますが，推定方法は単回帰分析と同じで最小二乗法を使用します。実際の計算手順は煩雑ですが，統計ソフトが自動で行ってくれますので，ここでは詳細は示さないでおきます。

変数と記述統計

本章では以下の変数を使用します。いずれも 2015 年のデータで，総務省統計局の「社会生活統計指標—都道府県の指標—」から取得しています。

- 進学率（%）：「学校基本調査」（文部科学省）。高等学校卒業者のうち，大学，短大，高等学校専攻科への進学者の割合。
- 実質世帯収入（千円）：「家計調査」（総務省）。1 世帯（2 人以上の世帯のうち勤労者世帯）当たり 1 カ月の実収入。世帯員全員の現金収入（税込み）を合計したもので，勤め先収入，事業・内職収入，他の経常収入などの経常収入と，受贈金などの特別収入からなる。都道府県間の物価差を考慮するため，「消費者物価指数」（総務省）の消費者物価地域差指数（家賃を除く総合）を使い実質化して使用する。
- 大学数（人口 10 万人当たり，校）：「学校基本調査」（文部科学省）。大学数を人口総数で除して 10 万を乗じたもの。
- 生徒数（教員 1 人当たり，人）：「学校基本調査」（文部科学省）。高等学校生徒数を高等学校教員数で除したもの。
- 人口密度（1km^2 当たり，人）：「国勢調査」（総務省）等。人口総

表 6-1　記述統計

変数	平均値	標準偏差	最小値	最大値
進学率	51.1	6.6	39.2	66.5
実質世帯収入	528.6	54.0	402.2	636.6
大学数	0.58	0.22	0.24	1.30
生徒数	13.21	1.56	9.48	16.47
ln 人口密度	6.84	0.76	5.48	9.16

N=47

数を可住地面積（km²）で除したもの。分布が歪んでいるため対数（変数名の頭に ln）をとって使用する。

以上の変数の記述統計を表 6-1 に示しました。論文を執筆する際には，回帰分析の推定結果を示す前に，使用する変数の平均値などを示しておく必要があります。データの基本的な情報を確認しておくことは，おかしなデータを使っていないかの確認や，結果を解釈するうえで大切な作業の 1 つです。

推定モデルと検証する仮説

最初に以下の (6.1) 式の重回帰モデルを推定します。

$$\text{進学率} = \alpha + \beta_1\,\text{実質世帯収入} + \beta_2\,\text{大学数} + \beta_3\,\text{生徒数} + u \quad (6.1)$$

推定の前に，係数の符号の正負を（経済学的に）予想する必要があります。簡単ではありますが，以下のような感じになるでしょうか。

仮説 1　実質世帯収入：予算の拡大を通じて教育投資（塾に通う，多くの教材を購入するなど）が増加し，学力が高まる。したがって正の符号が予想される。

仮説 2　大学数：居住する都道府県内に大学が多い場合，自宅から通える可能性が高くなり，通学費，住居費を考慮すると予想される進学コストが低下する。したがって正の符号が予想される。

仮説 3　生徒数：教員 1 人当たり生徒数が多いと，教員が生徒にかける資源（時間，労力）が減少し教育効果が低下する。したがって負の符号が予想される。

経済学的に考えると，**仮説 1** は進学率（学力）がどのように生産されるかということになります。一般的な財・サービスの**生産関数**は以下のように表現されます。

$$Y = F(K, L) = F(\text{資本}, \text{労働力})$$

つまり資本と労働力の投入によって財・サービス（Y）が生産されると考えます。ここでは，進学には資本として親からの投資による教材などがあります。また，高校生自身の労働力の投入ということで，勉強時間のデータもあれば使えるでしょう。

仮説 2 は財・サービスとしての大学の価格ということです。りんごの価格が上がるとあまり買われなくなるのと同じように，進学の費用（コスト）が高くなれば，魅力的な選択肢ではなくなり，進学率は下がるかもしれません。ただし，どこの大学に進学するのかわからないので，あくまで予想（可能性）としての進学コストになります。

仮説 3 は生産の効率性に関するものです。生産技術（生産関数の形状）によって，同じ水準の投入量でも成果は異なります。図 6-1

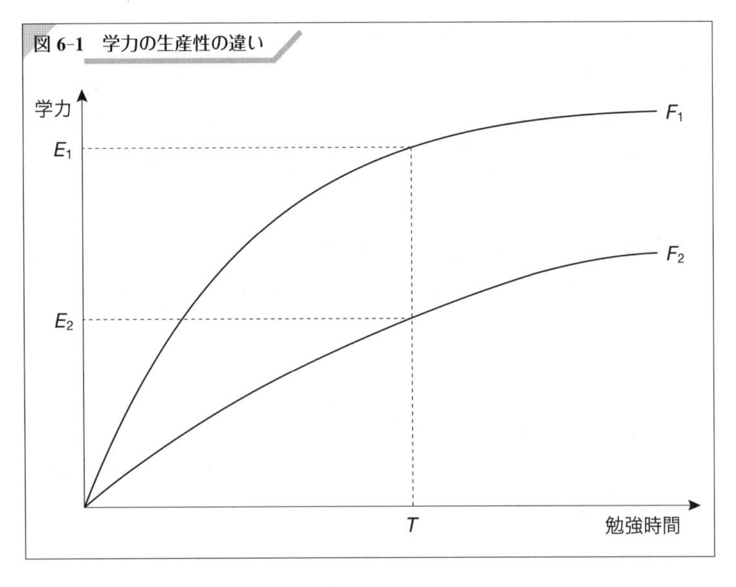

を見てください。学校で同じ時間（T）の勉強をしたとしても，少人数教育（F_1）のほうが多人数教育（F_2）より効率的に学力を上げることができるかもしれません（$E_1 > E_2$）。そのための指標として教員１人当たりの生徒数を使っています。また，私立高校（F_1）のほうが公立高校（F_2）に比べて生産技術が高いとすると，私立高校に関する情報（たとえば全高校に占める私立の割合）も説明変数になるかもしれません。

このように根拠に基づいて変数を選択すると，分析に説得力が出ますし，結果の解釈もしやすくなります。また，このように理論的に考えることで，他にどのような変数を使えるのかのアイデアも浮かんできます。たとえば，財・サービスの価格という点では，直接的には大学の学費などもあるでしょう。

Column ⑧ データ選び

都道府県別集計データでは，分析目的に合うデータを選ぶ必要があります。ここでは，子どもの学力を考えるうえで世帯の経済力が適切であろうということで，「家計調査」（総務省）の世帯収入を使用しました。ただし，この指標は世帯の子どもの人数を考慮していないので，子ども1人あたりにかけられる経済力を正確には反映していません。その他の経済力の指標としては，総務省統計局の「社会生活統計指標—都道府県の指標—」には，「県民経済計算」（内閣府）の「1人当たり県民所得」や「賃金構造基本統計調査」（厚生労働省）の「きまって支給する現金給与額」もありますが，いずれも本章のねらいに完全に合致したものとは言えません。集計データ利用の難しいところではありますが，分析にあたってどのようなデータが適切なのか，データの定義を確認して利用しましょう。

2 重回帰分析の実例

係数の推定値

それでは実際に推定してみましょう。(6.1) 式の推定結果は以下のようになります。この推定された式の説明変数に特定の値を入れると被説明変数の**予測値**が得られるので，進学率には ˆ（ハット）がついています。

$$\begin{aligned}\widehat{\text{進学率}} = &\underset{\substack{(8.001)\\ [0.990]}}{0.097} + \underset{\substack{(0.012)\\ [0.159]}}{0.017}\,\text{実質世帯収入} + \underset{\substack{(3.034)\\ [0.007]}}{8.674}\,\text{大学数}^{***}\\ &+ \underset{\substack{(0.412)\\ [0.000]}}{2.800}\,\text{生徒数}^{***}\end{aligned}$$

$N = 47$, $R^2 = 0.620$, Adj-$R^2 = 0.594$。( ) 内は標準誤差，[ ] 内は p 値。
***, **, * はそれぞれ 1%，5%，10% 水準で有意であることを示す。

最初に各説明変数の効果について見ていきましょう。(6.1) 式の $\beta_1 \sim \beta_3$ について，**推定値**が数字として示されています。これらの数字は，説明変数が1単位増えたときの被説明変数の変化分で，**限界効果**と呼ばれます。

実質世帯収入の係数の推定値 $\hat{\beta}_1$ は 0.017 です。実質世帯収入は千円単位（1の位が千円）なので，実質世帯収入が千円（1単位）増加すると，進学率は 0.017% ポイント増加することを意味しています。符号は予想通りの正となっています。なお，進学率は % のデータでしたので，その効果を表現するときは % ポイントを使います。

大学数の係数の推定値 $\hat{\beta}_2$ は 8.674 です。これは，10万人当たり大学数が1校増えると，進学率は 8.674% ポイント増加することを示しています。こちらも符号は予想通り正となっています。

生徒数の係数の推定値 $\hat{\beta}_3$ は 2.800 で，教員1人当たり生徒数が1人増えると，進学率が 2.8% ポイント増加すると言えます。少人数教育の効果から符号は負になると予想していたので，逆の結果となりました。このように，予想とは逆の結果になることもあります。この点については後で確認します。

説明変数の有意性

先ほどは係数の推定値から，限界効果について述べました。しかしながら，実際に母集団において効果があると言えるのか，についてはまだ評価していません。その点について見ていきましょう。

回帰分析においては，説明変数が被説明変数に影響しているかどうか（実際には統計的に関係があるかどうか）を確認するために**仮説検定**を行います。たとえば実質世帯収入については，以下のような**帰無仮説** H_0 と**対立仮説** H_1 を設定します。この仮説検定のねらいは，

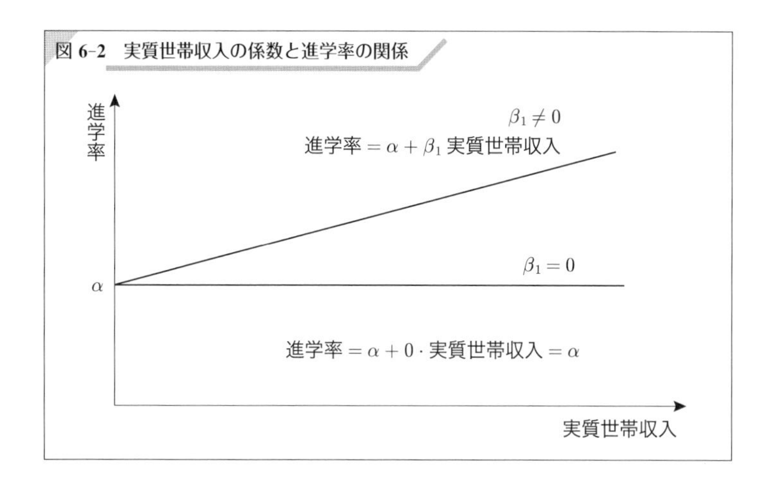

帰無仮説を統計的に棄却することによって，対立仮説を採択し，実質世帯収入は進学率に影響する，という結論を得ることにあります。

$$H_0 : \beta_1 = 0 \quad \text{実質世帯収入の影響なし}$$

$$H_1 : \beta_1 \neq 0 \quad \text{実質世帯収入の影響あり}$$

上の仮説で，なぜ係数 β_1 が 0 かどうかを確認しているかは，図 6-2 で示した通りです。ここでは単回帰分析のイメージ（他の説明変数は変化しない）になっています。係数が 0 の場合，水平な直線になることは高校までの数学で学んだかと思います。つまり係数が 0 の場合，実質世帯収入の水準にかかわらず，進学率に変化はないことになります。すなわち実質世帯収入は進学率に影響していないと言うことができます。

実質世帯収入の係数は 0.017 と推定されており，0 ではないように見えます。しかしながら，我々は標本から母集団における関係性をつかもうとしているのであり，標本から得られた係数の推定値から，母集団でも本当にそのような関係があるのかを推測する必要があります。そのため，先ほど示した帰無仮説と対立仮説では，標本から得られる推定値 $\hat{\beta}_1$ ではなく母集団のパラメータ β_1 が用いられていました。

この検定には **t 検定**を用います，具体的には，係数の推定値を**標準誤差**で割って **t 値**に変換して，t 値が 0 なのかどうかを検定します。標準誤差は，先ほどの「係数の推定値」の項で示した係数の下の (　) 内に記されていますが，これは係数のばらつきを示しています。もし異なる標本を用いて推定したら，少し違う係数の推定値になると考えられますが，標準誤差の値は，そのばらつき具合を示しています。このように計算した t 値は，もし β_1 が 0 であれば t 値も 0 に近い値をとるはずです。

帰無仮説が正しい（$\beta_1 = 0$）場合には，t 値は図 6-3 のように分布すると考えられます。すなわち，0 が最も出やすく，絶対値で大きな値は出にくくなります。ある t 値より大きい値が得られる確率が **p 値**と呼ばれるもので，先ほどの推定結果の [　] 内に表示されています。

実質世帯収入の t 値は 1.434（先ほどの推定結果では四捨五入しているので，計算すると 1.417 になります）です。図 6-3 は帰無仮説が正しい場合の，自由度（サンプルサイズ $-1-$ 説明変数の数）43 の t 分布を示しています。通常，両側検定をする（推定値の符号は正負のどちらもありえる）ので，絶対値で見て 1.434 より大きくなるのは図 6-3 上図の網掛けの部分です。曲線下の面積は合計 1（100%）で網掛けの部分は 0.159（15.9%）になります。この 0.159 が p 値で，帰無仮説が正しい場合には，この t 値が得られる確率はそれなりに

図 6-3　自由度 43 の t 分布と p 値（上図 $t = 1.434$，下図 $t = 2.859$）

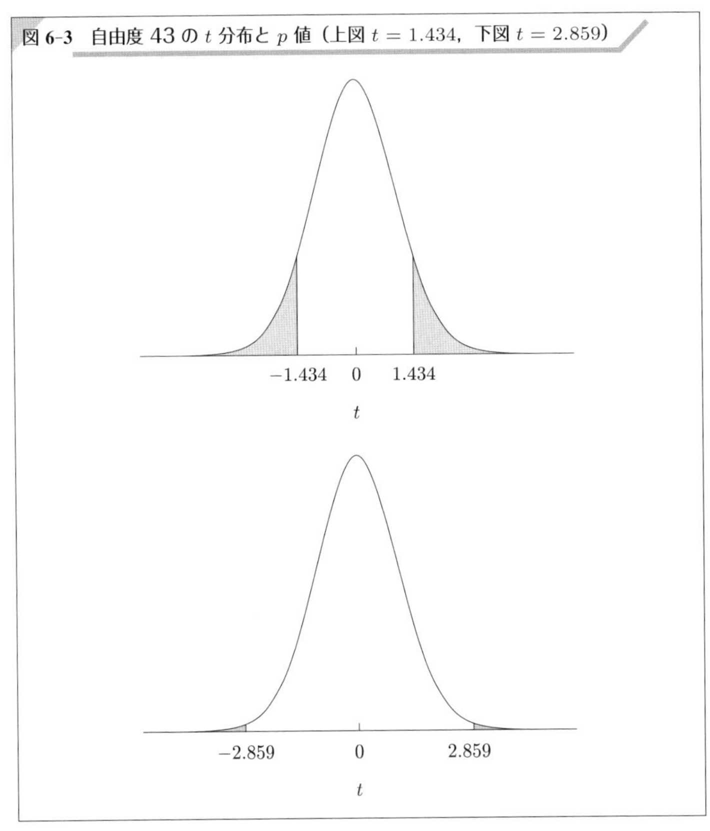

あると言えます。したがって，帰無仮説はそれほどおかしいものではないと受容され，対立仮説は採択されず，統計的には実質世帯収入が進学率に影響している（$\beta_1 \neq 0$）か，はっきりとは言えないことになります。帰無仮説が受容された場合は，帰無仮説が否定しきれなかったということであり，影響がないことを積極的に示す結果ではありません。したがって，影響があるかもしれないし，ないかもしれないという曖昧な結果と言えます。

一方，大学数の t 値は 2.859 で，その p 値は 0.007 と 1% 未満であることを示しています（図 6-3 の下図）。つまり，帰無仮説が正しい場合に，この t 値は 1% 未満の確率でしか出ない，かなりありえないものであることを示しています。そこで帰無仮説は正しくないとして棄却され，対立仮説が採択されます。したがって，大学数の係数の推定値は統計的に**有意**である（あるいは，有意に 0 と異なる）と表現され，進学率に影響していることがわかります。生徒数も同様に統計的に有意になっています。

p 値の見方

ここで p 値の判定方法について，いくつか例を挙げておきます。信頼性の高い順から見ていくと，

① p 値 $=0.006$ の場合　　1% 水準で有意
② p 値 $=0.03$ の場合　　5% 水準で有意
③ p 値 $=0.06$ の場合　　10% 水準で有意
④ p 値 $=0.12$ の場合　　（10% 水準で）有意ではない

となります。判定する水準は 1%，5%，10% を基準にするのが一般的です。3%，8% などの水準は使いません。そして，ある水準より p 値が小さい場合にその水準で有意であるというように表現します。たとえば，①のケースで p 値 0.006 は，0.01（1%）を下回っているため 1% 水準で有意になります。p 値の値が小さいほど，帰無仮説がよりありえなくなっていきますので，係数が 0 ではない確率は高まります。つまり，説明変数に影響がある可能性がより高くなります。したがって 0.006 は 5% 水準（0.05）も 10% 水準(0.1）もクリアーしていますが，より高い水準として 1% 水準で有意と判定します。②の 0.03 は 0.01 を下回らないものの，0.05 は下回っているため 5% 水準で有意となります。④の 0.12 は最も

Column ⑨ 有意でなければならないのか？

時々，学生から有意な変数が少ない，まったくない，注目していた変数が有意でないのでダメな分析なのか，という質問や相談がありますが，そんなことはありません。実証分析において私たちは，仮説が示すような影響があるのかどうかを確認しているのだ，ということを覚えておいてください。したがって，仮説的には影響すると考えられたのに有意ではない，つまり影響が確認されない，というのは意味のある結果です。もちろん，すべての変数が有意でないのは，仮説や変数選びに何か問題があるかもしれませんが……。

緩い水準である10% を下回っていないので，有意ではないという判定になります。実質世帯収入の結果（p 値が 0.159）がこれにあたります。

ここでは，推定結果を見ながら有意水準について判定していますが，事前に有意と判断する水準を決めておいて，それに基づいて判定することもあります。たとえば有意水準を 5% と決めていた場合は，③のケースは有意ではない，と判断することになります。どこまでの信頼性を求めるかによって有意水準は異なってきます。ちなみに，「*」の数と対応する有意水準については，統計ソフトや論文の執筆者によって異なるので注意が必要です。

モデルの当てはまり

分析結果で見ておく数値として，**決定係数**（R^2）と呼ばれるものがあります。ここでは 0.620 になっています。決定係数は，被説明変数の変動（値のばらつき）をどれだけ説明変数でとらえることができたか，を示す重要な指標です。この決定係数からは，進学率の 62% は実質世帯収入，大学数，生徒数によって決まる（説明される）と言うこともできます。決定係数の計算方法については割愛しますが，決定係数の

範囲は $0 \leq R^2 \leq 1$ となり，1に近づくほど**説明力**が高いモデルであることになります。0.62という決定係数は，クロスセクションデータでは高いと言えます（山本, 2022, p.27）。

この決定係数は，モデルに説明変数を追加していくごとに上昇していくという性質があり，その結果，決定係数で評価すると，説明変数が多いほうが当てはまりの良いモデルであるということになってしまいます。これは何でも説明変数に加えればいいということになり，モデル間の当てはまりの比較をするうえで好ましい性質とは言えません。そこで，重回帰モデル同士の当てはまりの比較をするために，こうした決定係数の性質を修正したものを使用する必要が生じます。細かい定義式は示しませんが，**自由度修正済み決定係数**，または調整済み決定係数と呼ばれるものを使用します。論文では $\bar{R}^2$ や Adj-R^2 などとも表記されます。また，自由度修正済み決定係数の定義から，

$$\bar{R}^2 \leq R^2$$

となります。先ほどの結果でみると，$\bar{R}^2$（0.594）のほうが，R^2（0.620）より数値が小さくなっていることがわかります。また，自由度修正済み決定係数は負の値をとることもあります。

F 検定

回帰モデルの評価として F 検定というものもあります。Stata，R や Excel などの統計ソフトの通常の F 検定が何をしているかというと，たとえば以下のような説明変数が3つの重回帰モデルがあったとします。

$$Y = \alpha + \beta_1 X_1 + \beta_2 X_2 + \beta_3 X_3 + u$$

このとき，以下の仮説を検証するのが F 検定です。

Column ⑩ いろいろある統計ソフト

通常，データを扱うときに使用するのは Excel でしょう。本章の重回帰分析も Excel で行うことができます。ただし，Excel は汎用性が高い反面，統計分析を行う際に不便なことも多いです。そこでより専門的な統計ソフトを使う必要が生じます。それらには Stata，R，SPSS，EViews，gretl など，さまざまなものがあります。使い勝手がそれぞれ異なるのでどれが良いとは断言できませんが，本章の筆者は Stata が気に入ってます。ただし有償なので，大学の授業では R を使用しています。R は無償でありながら高機能の優れもので，世界中の研究者が使用しています。統合開発環境の Rstudio を通すと非常に使いやすいです。本書のウェブサポートページから，本文中の分析や練習問題を R で実行するコマンドと使用データが入手できますので，自分のパソコンで実際に分析してみて，理解に役立ててください。

$$H_0 : \beta_1 = \beta_2 = \beta_3 = 0$$

$$H_1 : H_0 \text{ではない}$$

ここでの帰無仮説（H_0）は，重回帰モデルに使用した 3 つの説明変数の係数はすべて 0，すなわち被説明変数に対してすべての説明変数が影響を与えていないことを仮定しています。つまり回帰モデル全体として意味がないということです。

F 検定の帰無仮説が棄却されるためには，係数のうち 1 つでも 0 でなければ OK です。ある意味，棄却されやすい検定と言えます。先ほどの推定結果には示しませんでしたが（統計ソフトでは通常，表示されます），F 検定は 1% 水準で有意（帰無仮説を棄却）になっています。つまり，今回の回帰モデルは意味があったということになります。

3 分析への理解を深める

データの単位を変えてみる

ここでは係数の推定値について理解を深めるために，説明変数のデータの単位を変えて推定してみます。実質世帯収入を千円単位から1万円単位のデータに変換して分析してみましょう。具体的には，実質世帯収入を10で割ったもの（10を掛けないように！）を使って，(6.1)式を推定すると次のような結果が得られます。

$$\widehat{\text{進学率}} = \underset{(8.001)}{0.097} + \underset{(0.119)}{0.170}\,\text{実質世帯収入} + \underset{(3.034)}{8.674}\,\text{大学数}^{***} + \underset{(0.412)}{2.800}\,\text{生徒数}^{***}$$

$N = 47$, $R^2 = 0.620$, Adj-$R^2 = 0.594$。( ) 内は標準誤差。
***, **, * はそれぞれ1%, 5%, 10% 水準で有意であることを示す。

実質世帯収入が千円単位だったときの推定結果と比較してみましょう。実質世帯収入の係数の推定値と標準誤差の小数点の位置が異なっているほかは，同じ結果になっていることがわかります。

説明変数の係数が限界効果と呼ばれることはすでに述べました。限界効果とは説明変数が1単位増加したときの被説明変数の変化分のことでした。つまり，中学・高校数学で言うところの傾きです。そして1単位というのは，データ上の1のことです。実質世帯収入を10で割って1万円単位にしたことで，データ上の1は1万円に相当することになりました。よって，この推定では実質世帯収入が1万円上がることによる進学率の上昇分が，係数の推定値として表示されることになったわけです。

先に行った推定と，実質世帯収入の効果はまったく同じだということに気づくでしょうか。この2つの推定結果を以下のように並べるとわかりやすいと思います。

・千円の増加で 0.017% ポイント増加。

・1万円の増加で 0.170% ポイント増加。

つまり，千円単位の推定結果を 10 倍して解釈してもよかったことになります。このような単位変換は基本的な推定結果を変えないということも重要ですので覚えておいてください。ただし，次に行う非線形（2次関数など）の推定では，このことは当てはまらないので注意が必要です。

このように，説明変数の単位を変えることで，実質的な結果は変わらないものの，表示される係数の推定値が変化することを利用する場合があります。たとえば，説明変数をそのままの単位で用いた場合，係数の推定値がとても小さな数字になることがあります。たとえば 1.3e − 07 のような推定値になることもあるでしょう（1.3e − 07 は 0.00000013 の**指数**〔exponential〕表記で，e はその頭文字です）。この場合，一見したところでは限界効果がわかりにくいです。

そこで，先ほどのように説明変数の単位を切り上げることで，統計ソフトに表示される係数の推定値をわかりやすいものにすることができます。逆に係数の単位が大きすぎるときもありますので，そのときは説明変数の単位を切り下げることで見やすく，わかりやすい結果にすることができます。

また，説明変数の1単位の実際上の意味という面からも，こうした単位の切り上げ・切り下げは重要です。月当たりの世帯収入が千円上がるということに，あまり意味がないのは明白です。やはり1万円，あるいは10万円上がらないと人の行動は変わらないでしょう。したがって，千円単位の分析をしても，結果の記述の部分では1万円，10万円単位の限界効果で言い換えるのが現実的なので，最初から1万円単位などにしておくのがよいでしょう。

2次関数を用いた推定

実質世帯収入の係数は有意ではありませんが正となっています。(6.1) 式では，意識していないかもしれませんが，世帯収入の増加によって，進学率は直線的に増加していくという制約を課して推定しています。大学数や生徒数についても同様です。しかしながら，世帯収入の増加によって，進学率は上がるけど上がりにくくなったり（限界効果は**逓減的**），より上がるようになったり（限界効果は**逓増的**）する可能性は依然としてあります（図6-4）。そうした非線形な関係を考慮したモデルのほうが，より的確にデータの関係性をとらえられ，実質世帯収入が有意になるかもしれません。

そこで，(6.2) 式のように実質世帯収入を2乗したものを，1つの説明変数としてモデルに追加し，実質世帯収入の2次関数としての関係を見てみます。2次曲線だと，実質世帯収入のある水準まで進学率が上がった後に下がる（あるいは逆）ということになりますが，曲線の全体というより一部（頂点の左右どちらかだけ）を使って，データの関係性をとらえるイメージです。

$$
\begin{aligned}
\text{進学率} = \alpha + \beta_1\text{実質世帯収入} + \beta_2\text{実質世帯収入}^2 \\
+ \beta_3\text{大学数} + \beta_4\text{生徒数} + u \qquad (6.2)
\end{aligned}
$$

2乗した変数をモデルに加えるというのは，データで見ると単に2乗した変数を作成して，それを1つの説明変数として使用するこ

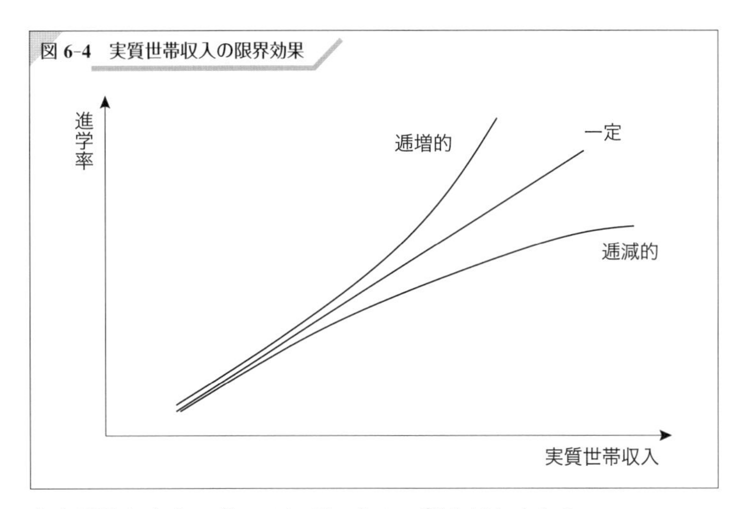

図 6-4　実質世帯収入の限界効果

とを意味します。表 6-2 にデータの一部を示しました。

以下が推定結果です。

$$\widehat{\text{進学率}} = \underset{(44.4)}{-29.2} + \underset{(0.172)}{0.132}\,\text{実質世帯収入} - \underset{(0.0002)}{0.0001}\,\text{実質世帯収入}^2 + \underset{(3.056)}{8.593}\,\text{大学数}^{***} + \underset{(0.415)}{2.791}\,\text{生徒数}^{***}$$

$N = 47$,　$R^2 = 0.624$,　Adj-$R^2 = 0.589$。(　) 内は標準誤差。
***, **, * はそれぞれ 1%, 5%, 10% 水準で有意であることを示す。

実質世帯収入の 2 次項の係数の推定値が負になっています。したがって，**上に凸**の 2 次曲線になっていることがわかります。ただし有意ではなく，2 次曲線の関係になっているとはっきりとは言えないようです。また，(6.1) 式の結果に比べて決定係数は大きくなりましたが (0.620→0.624)，自由度修正済み決定係数は小さくなり (0.594→0.589)，(6.2) 式のほうが良いモデルとは言えないという結果になっています。

表 6-2　実質世帯収入を 2 乗した変数の追加

都道府県	進学率	実質世帯収入	実質世帯収入^2	大学数	生徒数
北海道	43.3	524.3	274890.5	0.69	12.32
青森	43.6	435.5	189660.2	0.76	12.09
岩手	44.2	502.2	252204.8	0.39	11.44
宮城	49.5	402.2	161764.8	0.60	13.35
秋田	44.6	459.3	210956.5	0.68	11.71
⋮	⋮	⋮	⋮	⋮	⋮

なお，2 次関数の代わりに，説明変数の対数をとって回帰モデルに使うのも非線形な関係をとらえるための 1 つの方法です。実質世帯収入の自然対数をとったもの（ln 実質世帯収入）をモデルに組み入れた (6.3) 式を推定します。

$$\text{進学率} = \alpha + \beta_1 \ln \text{実質世帯収入} + \beta_2 \text{大学数} + \beta_3 \text{生徒数} + u \tag{6.3}$$

この場合は限界効果の解釈が少し難しく，実質世帯収入が 1% 増えると，進学率が $\beta_1/100$ 増加すると解釈します。実際に推定してみると，$\hat{\beta}_1 = 8.982$ になるので，実質世帯収入が 1% 増えると，進学率は約 0.09% ポイント増加することがわかります。

新たに説明変数を加えたときの影響

ここまでの推定では，予想に反して，生徒数が進学率に対して正の効果を持っていることが示されてきました。直感的には，生徒数は人口密度の高い都市圏で値が大きくなりがちなため，使用している説明変数ではとらえきれない都市圏特有の効果（たとえば，塾など学外教育が充実している，大学への進学意識が高いなど）を代理している可能性があります。そこで，都市度を表す変数として人口密度を (6.1) 式に追加して推定してみます。推定結果は以下の通りです。

$$\widehat{\text{進学率}} = \underset{(7.2)}{-10.6} + \underset{(0.010)}{0.022}\,\text{実質世帯収入}^{**} + \underset{(2.567)}{7.993}\,\text{大学数}^{***}$$
$$+ \underset{(0.565)}{0.894}\,\text{生徒数} + \underset{(1.152)}{4.926}\ln\text{人口密度}^{***}$$

$N = 47$,　$R^2 = 0.736$,　Adj-$R^2 = 0.710$。(　) 内は標準誤差。
***, **, * はそれぞれ 1%，5%，10% 水準で有意であることを示す。

これまで有意であった生徒数の係数の推定値が，有意ではなくなっています。また，実質世帯収入が 5% 水準で有意になりました。この原因は次で見ますが，重回帰分析では，どのような説明変数が使われているかによって，係数の推定値や有意性など分析結果が変わるということは覚えておきましょう。なお，人口密度を追加することで，自由度修正済み決定係数が上昇していることもわかります。

相関行列による確認

ここで被説明変数と説明変数の**相関行列**を見てみます。相関行列とは変数間の相関係数を行列の形で表示したものになります。表 6-3 の相関行列には変数名と相関係数が示されています。横の並びが行，縦の並びが列です。対角成分の相関係数は自分同士のものなので 1 になっています。

この相関行列を見てわかるように，生徒数と人口密度の間に高い正の相関（$R = 0.797$）があります。つまりデータとして両者は似通ったものであり，都市圏で生徒数も多いことを示しています。さらに，人口密度と進学率の相関（$R = 0.794$）は，生徒数と進学率

表 6-3　推定に使用した変数の相関行列（$N = 47$）

	進学率	実質世帯収入	大学数	生徒数	ln 人口密度
進学率	1				
実質世帯収入	0.126	1			
大学数	0.404	−0.223	1		
生徒数	0.737	0.076	0.228	1	
ln 人口密度	0.794	−0.019	0.236	0.797	1

の相関（$R = 0.737$）よりやや強いことがわかります。こうした関係性から，回帰分析の結果として，進学率との関係性がより強い人口密度のほうが有意となり，生徒数の係数はかなり小さくなり有意でなくなっています。一方，実質世帯収入は人口密度と弱いですが負の相関があり，そのため，人口密度をモデルに加えることで係数が正の方向に増加し，結果として有意になっています。このように，説明変数を加えたり（あるいは除いたり）すると，変数間の相関関係によって，係数の推定値は大きくなったり小さくなったりします。

多重共線性

重回帰分析でのやっかいな問題に**多重共線性**（マルチコリニアリティ，通称マルチコ）があります。これは説明変数間の高い相関により，各変数が有意になりにくくなるなどの症状のことを指しています。都道府県データのような集計データの分析では，特にこの症状が起こりやすいことが知られています。

先ほどの推定では，生徒数と人口密度は相関が高く，当初有意であった生徒数が，人口密度と一緒にモデルで推定されると有意ではなくなりました。多重共線性の疑いがあると言えます。このような場合，相関の高い説明変数を個別にモデルに入れて推定し，それぞれ結果を確認するなどの作業が必要になります。

ただし，多重共線性は分析がうまくいっていないときの言い訳と見られることもあり，理論が示す仮説に必要な変数であれば，気にせずモデルに投入すべきとも言えます。今回も，生徒数は都市圏特有の効果を代理していると考えられたため，その効果を人口密度でコントロールした結果，生徒数は有意ではなくなりました。したがって，生徒数と人口密度の関係は，技術的には多重共線性を引き起こしていることになるかもしれませんが，理論的には生徒数と人口密度を説明変数として同時に使うことは妥当であると考えられます。このように，どのような説明変数をモデルに入れるのかは，分析の理論的背景や変数間の相関などさまざまな面を考慮する必要があります。

欠落変数による推定結果の偏り

上で述べたように，どのような説明変数の組み合わせにするのかは難しい問題です。本章の最後として，説明変数の欠落による問題について触れておきます。先ほどの結果では，説明変数に人口密度を追加したところ，生徒数の係数の推定値が大きく変わりました。もし人口密度が推定上，欠かせない（進学率および生徒数と相関がある）変数であった場合，その影響を無視して得られた生徒数の係数の推定値には，**バイアス**（偏り）があることになります。別の言い方をすると，推定に用いられなかった人口密度の影響は誤差項に吸収され，誤差項は生徒数と相関を持ち，生徒数の係数の推定値にバイアスをもたらします。これを**除外変数バイアス**と呼びます。

バイアスがあるとは，係数の推定値が母集団における真の係数とずれているということです。もちろん正しい回帰モデルが何であるかは私たちにはわかりませんが，必要な説明変数がモデルに入っていない場合，その変数に関わりのある他の説明変数の推定値に，バイアスが生じることには注意が必要です。

一方，必要でない説明変数がモデルに使われている場合には，こうした問題は生じません。したがって，不必要な説明変数がモデルに入っていることより，必要な説明変数をモデルから除いてしまうことのほうが，推定の誤りとして深刻です。とはいえ，不必要な説明変数を加えると自由度修正済み決定係数は低下していくなど，あまりよいことはありません。どのような説明変数をモデルに入れるのか，よく考えて分析しましょう。

参考文献

山本拓（2022）『計量経済学（第 2 版）』新世社。

練習問題

窃盗犯認知件数に対して，どのような要因が影響するか調べてみましょう。本書のウェブサポートページにある「`ch6ex.csv`」には，総務省統計局の「社会生活統計指標—都道府県の指標—」から取得した 2015 年の以下のデータが入っています。本文で使用した変数については説明を省略しています。[　]はデータセットでの変数名です。

- 窃盗犯件数 [`theft`]（人口千人当たり，件）：「犯罪統計」（警察庁）。「窃盗」について被害の届出，告訴，告発，その他の端緒によりその発生を警察において認知した件数を，人口総数で割り千を乗じたもの。
- 実質世帯収入 [`rhinc`]（千円）

- 失業率［unemp］（%）：「国勢調査」（総務省）。労働力人口に占める完全失業者の割合。
- 警察官数［police］（人口千人当たり，人）：「地方公共団体定員管理調査」（総務省）。警視正以上の階級にある警察官を除く警察官の数を人口総数で割り，千を乗じたもの。
- ln 人口密度［lpopd］（1km² 当たり，人）

これらのデータを用いて，以下の **6-1** ～ **6-4** の問題に取り組みましょう。

6-1 以下の重回帰モデルを推定し，結果を解釈しましょう。

$$窃盗犯件数 = \alpha + \beta_1 実質世帯収入 + \beta_2 失業率 + \beta_3 警察官数 + u$$

6-2 説明変数に失業率の 2 次項を加えて推定し，結果を解釈しましょう

$$窃盗犯件数 = \alpha + \beta_1 実質世帯収入 + \beta_2 失業率 + \beta_3 失業率^2 + \beta_4 警察官数 + u$$

6-3 説明変数に人口密度を加えた以下の重回帰モデルを推定し，6-1 の結果との違いを確認しましょう。

$$窃盗犯件数 = \alpha + \beta_1 実質世帯収入 + \beta_2 失業率 + \beta_3 警察官数 + \beta_4 \ln 人口密度 + u$$

6-4 被説明変数と説明変数の相関行列を求め，**6-1** と **6-3** の結果の違いについて考えてみましょう。

第7章 ダミー変数を使いこなす

Introduction

本章では，年収に対して，学歴と勤続年数がどのような影響を与えているのかについて回帰分析します。問題意識としては，まずは単純に学歴間でどのくらいの年収の差があるのか，さらには学歴間で昇給スピードにどの程度の差があるのかといったことが挙げられます。ダミー変数を駆使して，これらの疑問について明らかにしていきたいと思います。また，本章では集計データを使いますが，都道府県という単位ではなく，学歴や年齢といった属性別に集計されたデータを使うことも一つの特徴です。

1 勤続と教育の年収に対する影響を測る

属性別の集計データ

第6章では都道府県別の集計データを使用しましたが，ここでは，学歴や年齢といった属性で集計されたデータを使った分析を行ってみます。使用するのは，2020年の「賃金構造基本統計調査」(厚生労働省。通称，賃金センサス) からとってきた，男女計一般労働者の賃金等に関するデータです。各変数の詳細は以下の通りです。

・年齢（歳）：平均年齢。
・勤続年数（年）：平均勤続年数。

労働者がその企業に雇い入れられてから調査対象期日までに勤続した年数。

・月給（千円）：きまって支給する現金給与額の平均。
調査年の6月分として支給された現金給与額で，所得税，社会保険料などを控除する前の額。現金給与額には，基本給，職務手当，精皆勤手当，通勤手当，家族手当などが含まれるほか，超過労働給与額も含まれる。

・ボーナス（千円）：調査前年1年間の賞与その他特別給与額の平均。

・学歴：最終学歴。

・修学年数（年）：最終学歴が中学の場合には9，高校には12，専門には14，高専・短大（以降，図表や式では短大と表記）には14，大学には16，大学院には18を割り当て。

データは表7-1のようになっています。一番上の行のデータは，最終学歴が中学で19歳以下の労働者の年齢，勤続年数，月給，ボーナスの平均値になっています。その下の行は中学卒の20〜24歳の労働者の平均値です。このように，ここで使うデータは，学歴，年齢階級という属性別に集計したデータから計算された平均値になっています。

表7-1の学歴と修学年数は，同調査から筆者が作成した変数です。実際のデータの一部を見ると，図7-1のようになっています。本章では，企業規模計（10人以上），産業計のデータを使いますので，企業規模や産業では区別されていない値を使うことになります。また，60歳以上のデータは使いません。

表 7-1 賃金の属性別集計データ

年齢階級	年齢	勤続年数	月給	ボーナス	学歴	修学年数
～19	18.5	1.4	214.8	68.0	中学	9
20～24	22.7	2.6	224.8	164.4	中学	9
25～29	27.5	4.3	250.1	332.4	中学	9
30～34	32.5	5.7	270.1	397.9	中学	9
35～39	37.5	8.0	297.3	475.8	中学	9
40～44	42.7	10.7	313.7	548.0	中学	9
45～49	47.5	12.9	322.5	569.7	中学	9
50～54	52.3	15.2	319.0	595.5	中学	9
55～59	57.5	18.3	307.5	618.6	中学	9
～19	19.1	0.9	190.9	132.6	高校	12
20～24	22.5	3.1	220.3	468.2	高校	12
⋮	⋮	⋮	⋮	⋮	⋮	⋮
50～54	52.4	17.3	334.0	881.1	高校	12
55～59	57.4	19.9	335.3	917.4	高校	12
20～24	22.8	1.8	230.9	332.6	専門	14
25～29	27.4	4.1	256.4	515.6	専門	14
⋮	⋮	⋮	⋮	⋮	⋮	⋮
50～54	52.2	15.1	349.0	960.2	専門	14
55～59	57.3	16.9	351.2	975.9	専門	14
20～24	22.7	2.0	219.5	436.9	短大	14
25～29	27.4	4.7	251.1	699.0	短大	14
⋮	⋮	⋮	⋮	⋮	⋮	⋮
50～54	52.3	17.1	350.2	1187.6	短大	14
55～59	57.4	18.8	344.8	1150.0	短大	14
20～24	23.6	1.3	244.6	349.0	大学	16
25～29	27.5	3.7	285.4	799.2	大学	16
⋮	⋮	⋮	⋮	⋮	⋮	⋮
50～54	52.4	20.5	521.0	1986.1	大学	16
55～59	57.4	22.8	511.1	1864.4	大学	16
20～24	24.5	0.6	256.5	68.1	大学院	18
25～29	27.6	2.7	316.0	953.5	大学院	18
⋮	⋮	⋮	⋮	⋮	⋮	⋮
50～54	52.4	18.7	636.2	2838.0	大学院	18
55～59	57.3	20.1	701.8	2926.3	大学院	18

図 7-1 「賃金構造基本統計調査」の実際の集計表（一部）

令和２年賃金構造基本統計調査

第１表　年齢階級別きまって支給する現金給与額、所定内給与額及び年間賞与その他特別給与額

表頭分割	01
民公区分	民営事業所
産業	産業計

区　分	企業規模計（10人以上）								1,000人以上							
	年齢	勤続年数	所定内実労働時間数	超過実労働時間数	きまって支給する現金給与額	所定内給与額	年間賞与その他特別給与額	労働者数	年齢	勤続年数	所定内実労働時間数	超過実労働時間数	きまって支給する現金給与額	所定内給与額	年間賞与その他特別給与額	労働者数
	歳	年	時間	時間	千円	千円	千円	十人	歳	年	時間	時間	千円	千円	千円	十人
男女計 学歴計	43.2	11.9	165	10	330.6	307.7	905.7	2 765 023	42.3	13.2	162	12	369.0	338.4	1196.0	946 474
～１９歳	19.1	0.9	165	7	191.6	179.6	127.0	25 121	19.1	0.9	162	9	198.5	181.5	158.7	8 013
２０～２４歳	23.0	2.1	165	9	230.0	212.0	378.1	210 264	23.1	2.0	162	12	245.5	220.7	422.3	76 949
２５～２９歳	27.5	4.1	165	11	269.2	244.6	665.1	300 808	27.4	4.1	162	15	292.0	257.9	789.4	114 036
３０～３４歳	32.5	6.8	165	12	301.6	274.4	795.0	286 144	32.5	7.3	161	15	334.4	296.9	992.0	102 344
３５～３９歳	37.5	9.5	165	11	333.3	305.2	935.4	303 766	37.5	10.3	161	14	374.4	336.1	1237.6	104 460
４０～４４歳	42.6	12.1	165	10	355.8	329.8	1036.6	353 141	42.6	13.5	162	13	401.6	367.0	1364.4	117 762
４５～４９歳	47.5	15.1	165	10	372.8	347.4	1133.1	403 479	47.5	17.1	162	12	419.2	385.6	1497.0	138 774
５０～５４歳	52.4	17.5	165	9	390.5	368.0	1218.5	340 309	52.4	20.5	162	10	445.2	418.1	1673.5	122 195
５５～５９歳	57.4	19.7	165	7	387.7	368.6	1190.2	273 043	57.4	23.4	161	9	440.2	416.2	1628.2	94 572
６０～６４歳	62.3	18.2	164	6	302.6	289.3	670.5	170 067	62.2	21.1	160	7	318.9	304.0	890.0	49 253
６５～６９歳	67.2	16.1	164	5	267.8	257.4	363.4	67 540	67.2	15.5	159	5	274.7	264.8	399.9	13 516
７０歳～	73.0	17.3	164	4	255.6	247.9	272.7	31 341	72.5	14.8	159	5	270.3	260.0	268.7	4 599
中学	49.4	13.4	168	13	282.7	257.2	450.4	69 517	47.7	13.6	161	16	290.2	258.3	691.8	12 086
～１９歳	18.5	1.4	166	7	214.8	205.4	68.0	786	19.3	1.1	164	26	212.0	177.4	172.8	89
２０～２４歳	22.7	2.6	165	13	224.8	204.3	164.4	2 377	22.7	2.5	160	21	239.7	210.7	267.2	535
２５～２９歳	27.5	4.3	169	14	250.1	225.8	332.4	3 946	27.6	4.0	160	18	244.6	213.1	425.8	791
３０～３４歳	32.5	5.7	167	15	270.1	240.8	397.9	4 967	32.5	5.4	160	17	279.7	246.8	490.9	1 122

年収変数の作成

分析にあたって，最初に年収変数を作成します。賃金センサスは千円単位の月給とボーナスのデータなので，

$$年収 = (月給 \times 12 + ボーナス)/10$$

と年収化して，10で割ることで1万円単位にします。ここでは「年収」という変数名にしました。

続いて，後の分析で使う学歴ダミーを作成します。最終学歴は中学，高校，専門，高専・短大，大学，大学院の6つのカテゴリーがあります。すべての学歴について計6つのダミー変数を作成しておきます。ダミー変数は第4章で説明したように，たとえば大学ダミーでは大学卒には1，それ以外には0というように，量的な意味を持たない数値をダミーとして当てはめた変数でした。表7-2が年収と学歴ダミーを追加したデータセットです。

勤続年数と年収の散布図

それでは，まずは単純に勤続年数と年収の散布図を見てみましょう。図7-2を見てわかるように，右上がりの正の相関関係が見て取れます。ただし，いくつかの（曲）線に分かれているように見えます。

そこで，学歴がわかるように，勤続年数と年収の関係を散布図にしてみます。図7-3を見てください。いずれの学歴でも，右上がりの正の相関関係が見て取れます。勤続0〜1年あたりでは，年収にあまり差がありませんが，学歴によって年収カーブが，かなり異なることがわかります。特に大学と大学院の年収カーブの傾き（昇給スピード）が急で，勤続年数が増えるにつれて，他の学歴との差が拡大している様子が見て取れます。他の学歴間でも少し差はあり

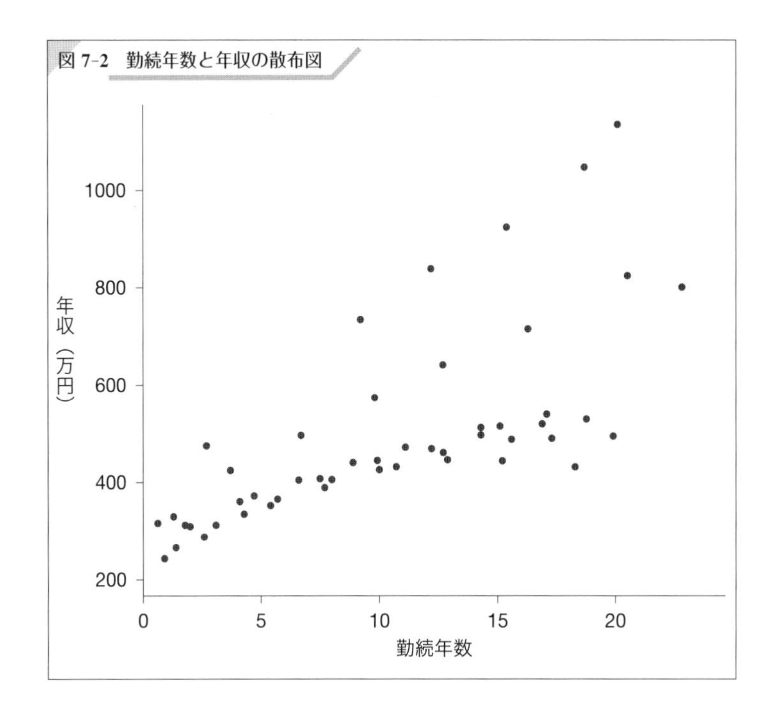

図 7-2　勤続年数と年収の散布図

ますが，それほど大きくはありません。

学歴の影響を量的変数で測る

それでは推定作業に入っていきましょう。最初に，学歴の影響を量的変数でとらえてみます。つまり，ここでは修学年数 1 年の年収に対する限界効果を測ります。回帰モデルは以下の通りです。

$$\text{年収} = \alpha + \beta_1 \text{勤続年数} + \beta_2 \text{修学年数} + u \tag{7.1}$$

(7.1) 式の推定結果は以下の通りです。係数の推定値と標準誤差は，四捨五入して小数点以下第 1 位までの表示としています。

表 7-2　年収と学歴ダミーを追加したデータセット

年齢階級	年齢	勤続年数	月給	ボーナス	学歴
～19	18.5	1.4	214.8	68.0	中学
20～24	22.7	2.6	224.8	164.4	中学
25～29	27.5	4.3	250.1	332.4	中学
30～34	32.5	5.7	270.1	397.9	中学
35～39	37.5	8.0	297.3	475.8	中学
40～44	42.7	10.7	313.7	548.0	中学
45～49	47.5	12.9	322.5	569.7	中学
50～54	52.3	15.2	319.0	595.5	中学
55～59	57.5	18.3	307.5	618.6	中学
～19	19.1	0.9	190.9	132.6	高校
20～24	22.5	3.1	220.3	468.2	高校
⋮	⋮	⋮	⋮	⋮	⋮
50～54	52.4	17.3	334.0	881.1	高校
55～59	57.4	19.9	335.3	917.4	高校
20～24	22.8	1.8	230.9	332.6	専門
25～29	27.4	4.1	256.4	515.6	専門
⋮	⋮	⋮	⋮	⋮	⋮
50～54	52.2	15.1	349.0	960.2	専門
55～59	57.3	16.9	351.2	975.9	専門
20～24	22.7	2.0	219.5	436.9	短大
25～29	27.4	4.7	251.1	699.0	短大
⋮	⋮	⋮	⋮	⋮	⋮
50～54	52.3	17.1	350.2	1187.6	短大
55～59	57.4	18.8	344.8	1150.0	短大
20～24	23.6	1.3	244.6	349.0	大学
25～29	27.5	3.7	285.4	799.2	大学
⋮	⋮	⋮	⋮	⋮	⋮
50～54	52.4	20.5	521.0	1986.1	大学
55～59	57.4	22.8	511.1	1864.4	大学
20～24	24.5	0.6	256.5	68.1	大学院
25～29	27.6	2.7	316.0	953.5	大学院
⋮	⋮	⋮	⋮	⋮	⋮
50～54	52.4	18.7	636.2	2838.0	大学院
55～59	57.3	20.1	701.8	2926.3	大学院

修学年数	年収	中学	高校	専門	短大	大学	大学院
9	264.56	1	0	0	0	0	0
9	286.20	1	0	0	0	0	0
9	333.36	1	0	0	0	0	0
9	363.91	1	0	0	0	0	0
9	404.34	1	0	0	0	0	0
9	431.24	1	0	0	0	0	0
9	443.97	1	0	0	0	0	0
9	442.35	1	0	0	0	0	0
9	430.86	1	0	0	0	0	0
12	242.34	0	1	0	0	0	0
12	311.18	0	1	0	0	0	0
⋮	⋮	⋮	⋮	⋮	⋮	⋮	⋮
12	488.91	0	1	0	0	0	0
12	494.10	0	1	0	0	0	0
14	310.34	0	0	1	0	0	0
14	359.24	0	0	1	0	0	0
⋮	⋮	⋮	⋮	⋮	⋮	⋮	⋮
14	514.82	0	0	1	0	0	0
14	519.03	0	0	1	0	0	0
14	307.09	0	0	0	1	0	0
14	371.22	0	0	0	1	0	0
⋮	⋮	⋮	⋮	⋮	⋮	⋮	⋮
14	539.00	0	0	0	1	0	0
14	528.76	0	0	0	1	0	0
16	328.42	0	0	0	0	1	0
16	422.40	0	0	0	0	1	0
⋮	⋮	⋮	⋮	⋮	⋮	⋮	⋮
16	823.81	0	0	0	0	1	0
16	799.76	0	0	0	0	1	0
18	314.61	0	0	0	0	0	1
18	474.55	0	0	0	0	0	1
⋮	⋮	⋮	⋮	⋮	⋮	⋮	⋮
18	1047.24	0	0	0	0	0	1
18	1134.79	0	0	0	0	0	1

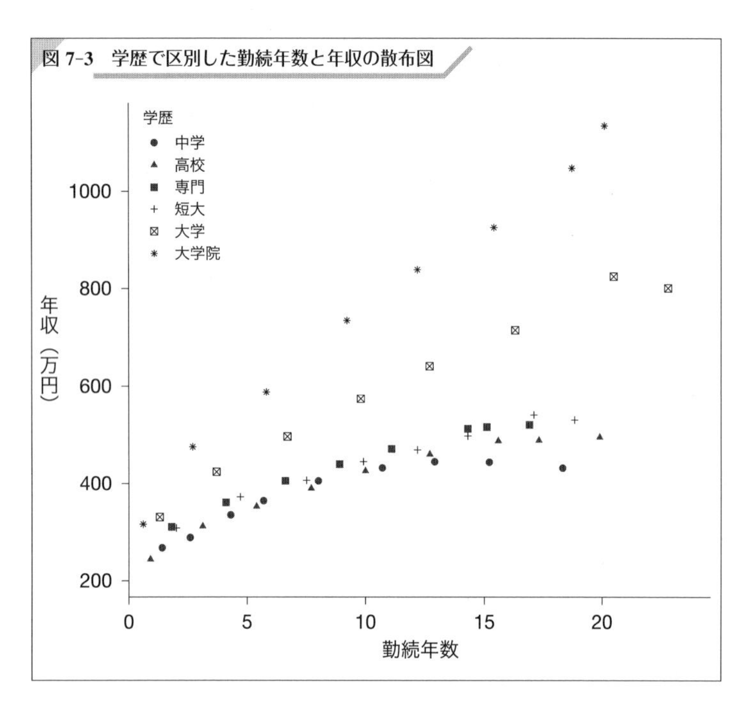

$$\widehat{年収} = \underset{(67.8)}{-197.0^{***}} \underset{(2.2)}{+19.6}\ 勤続年数^{***} \underset{(4.7)}{+36.1}\ 修学年数^{***}$$

$N = 50$，$R^2 = 0.765$，Adj-$R^2 = 0.755$。（　）内は標準誤差。
***，**，* はそれぞれ 1%，5%，10% 水準で有意であることを示す。

勤続年数，修学年数ともに 1% 水準で有意になっており，年収に影響していることがわかります。勤続年数の限界効果を見ると，勤続 1 年の増加によって年収が 19.6 万円増えることがわかります。ボーナスを考慮すると月給 1 万円強の昇給というところでしょうか。次に修学年数の限界効果を見ると 36.1 万円でした。修学年数が 1 年増加すると，年収がそれだけ増加することになります。これは修学 1 年分の効果なので，たとえば高校卒と大学卒の差は

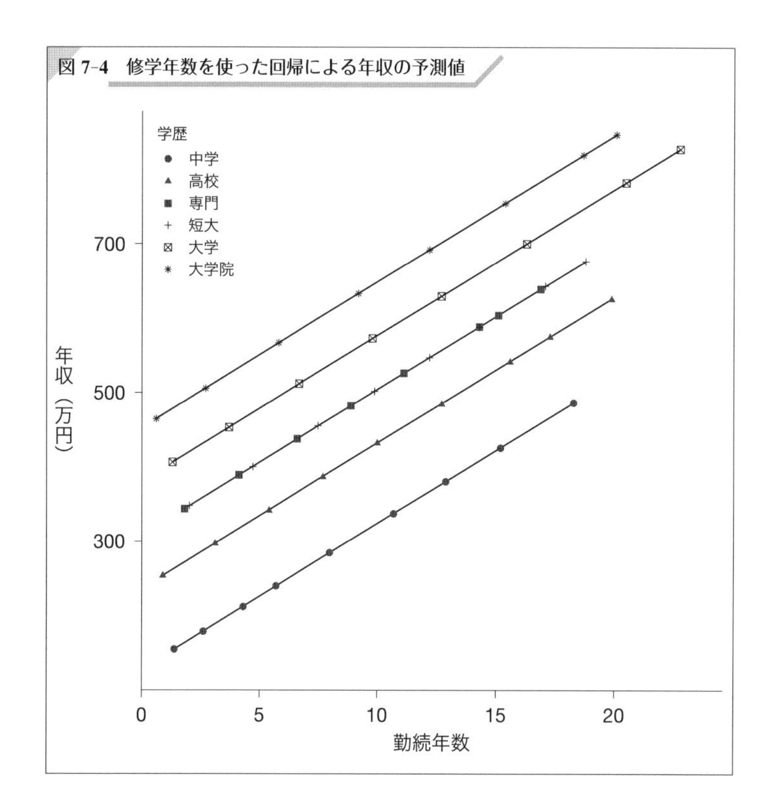

$36.1 \times 4 = 144.4$（万円）になります。定数項の推定値が負になっていますが，これは勤続年数と修学年数がともに0の場合の予測年収を意味していますので，気にする必要はありません。

これらの結果をさらに理解するために，得られた推定結果から年収の予測値を計算し，図7-4のようにプロットしました。ここでは学歴ごとの予測値を直線で結んでいます。少しわかりにくいかもしれませんが，いずれの勤続年数でも，縦に見て回帰直線が学歴間の修学年数の差と同じ間隔で並んでいることがわかるでしょうか。

高校から大学院まで（専門と高専・短大は同じ修学年数），各学歴は等間隔（修学年数の差はいずれも 2 年）になっています。一方，中学から高校の間隔はそれ以外と比べて少し広くなっています（修学年数の差は 3 年）。これは，修学年数を説明変数として用いたため，どの教育段階の 1 年であっても，年収に与える限界効果は同じという制約をモデルに課しているために生じます。この結果，修学年数の違いに対応して，学歴間の間隔が学歴の低いほうから 3:2:2:2 の比率になっています。また，この図は，図 7-3 で見た実際の賃金カーブとは異なる形状（傾きや直線性）であることもわかるでしょう。これは，推定結果が実際から乖離したものになっていることを意味しているため，結果の解釈には注意が必要です。

2 定数項ダミーを用いた推定

定数項ダミーで学歴の影響を測る

次に，最終学歴のダミー変数を使って回帰してみます。ここでは，高校をベースカテゴリー（またレファレンスカテゴリー），つまり回帰モデルで使用しないカテゴリーにし，それ以外の学歴について中学，専門，高専・短大，大学，大学院のダミーを使用します（ベースカテゴリーについては第 11 章も参照）。したがって学歴ダミーの係数は，ベースカテゴリーである高校卒と比べた差を示すことになります。もちろん，他の学歴をベースにして推定することもできます。分析目的や理解しやすさに従ったカテゴリーをベースにするのがよいでしょう。

　学歴ダミー変数を用いて以下の (7.2) 式を推定します。

$$年収 = \alpha + \beta_1 勤続年数 + \beta_3 中学 + \beta_4 専門 + \beta_5 短大$$
$$+\beta_6 大学 + \beta_7 大学院 + u \tag{7.2}$$

式の中に学歴ダミーがたくさん入っていてわかりにくいと思いますが，実際の推定では，たとえば最終学歴が中学の対象には，中学 =1，専門 =0，短大 =0，大学 =0，大学院 =0 を各学歴ダミーに代入します。表 7-2 の中学のところを横に見ていくとわかりやすいかもしれません。したがって最終学歴が中学の回帰モデルは

$$年収 = \alpha + \beta_1 勤続年数 + \beta_3 \times 1 + \beta_4 \times 0 + \beta_5 \times 0 + \beta_6 \times 0$$
$$+\beta_7 \times 0 + u$$
$$= (\alpha + \beta_3) + \beta_1 勤続年数 + u$$

となります。つまり定数項が $\alpha + \beta_3$ になります。このように定数項として機能するダミー変数を**定数項ダミー**と呼びます。以下，同様に他の学歴の回帰モデルを導くと，

高校（中学 = 0，専門 = 0，短大 = 0，大学 = 0，大学院 = 0）

$$年収 = \alpha + \beta_1 勤続年数 + u$$

専門（中学 = 0，専門 = 1，短大 = 0，大学 = 0，大学院 = 0）

$$年収 = (\alpha + \beta_4) + \beta_1 勤続年数 + u$$

短大（中学 = 0，専門 = 0，短大 = 1，大学 = 0，大学院 = 0）

$$年収 = (\alpha + \beta_5) + \beta_1 勤続年数 + u$$

大学（中学 = 0，専門 = 0，短大 = 0，大学 = 1，大学院 = 0）

Column ⑪ 賃金カーブを見るときの注意

図 7-3 のような賃金カーブを見て，自分もこんな感じで年収が上がっていくのか……と考えると期待はずれに終わる可能性があります。なぜなら，こうした調査はある時点での，異なる年齢階級の人たちを集計しているからです。つまり，皆さんが 20 代だとすると，この賃金カーブは 30 代の先輩，40 代の先輩といった上の世代の平均年収を並べたにすぎないからです。かつてのような賃金上昇がない社会においては，皆さんの年収が上の世代のように上がるとは限りません。その場合，実際の賃金カーブは，より低いところを通っていく可能性があります。もちろん，逆により高い賃金カーブになる可能性だってあります。

$$\text{年収} = (\alpha + \beta_6) + \beta_1 \text{勤続年数} + u$$

大学院（中学 = 0，専門 = 0，短大 = 0，大学 = 0，大学院 = 1）

$$\text{年収} = (\alpha + \beta_7) + \beta_1 \text{勤続年数} + u$$

のようになり，学歴ごとに異なる定数項を持つ式を推定することになります。

定数項ダミーを図で理解する

定数項ダミーの意味について，式だけではなかなか理解しづらいでしょう。そこで，回帰モデルでの定数項の違いを図示すると，図 7-5 のようになります。たとえば勤続 0 年で見た場合，各学歴ダミーはベースである高校卒の年収（α）に比べて，定数項（切片）としてどの程度年収が違うのかを表しています。大学卒の場合は，β_6 だけ高校卒より年収が高いことになります。定数項ダミーの意味がなんとなくわかったでしょうか。もし現実には学歴間で年収に差がないという場合には，この学歴ダミーは推定の結果，有意にはならないでしょう。

図 7-5　定数項ダミーとしての学歴の効果

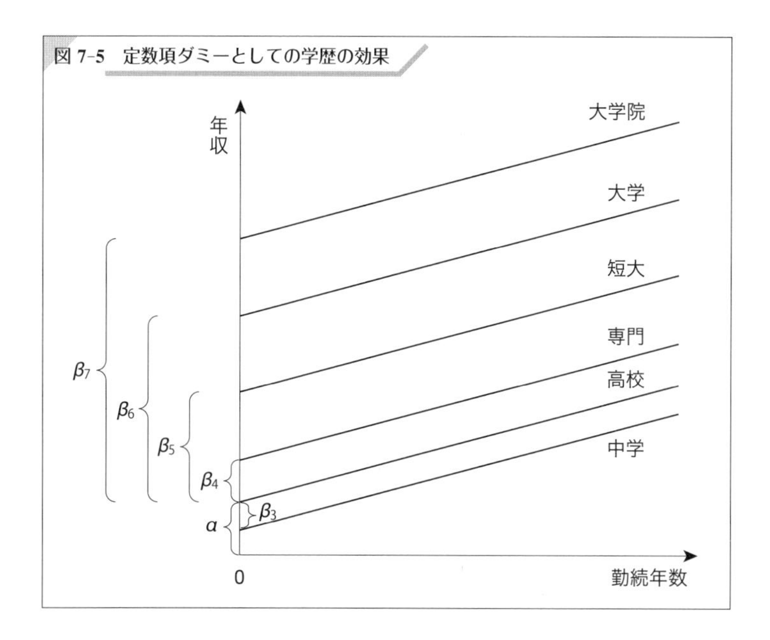

また，図を見てわかるように，どの勤続年数の水準でも，学歴ダミーの係数で表される学歴間の（縦方向の）差は維持されています。これは，(7.1) 式と同様に，どの学歴であっても勤続年数の限界効果が同じであることを，(7.2) 式では仮定しているために生じます。後でこの仮定を緩めた推定を行います。

学歴ダミーを使った年収の回帰分析

学歴ダミーを定数項ダミーとして用いた (7.2) 式の推定結果は，以下の通りです。

$$\widehat{\text{年収}} = \underset{(29.3)}{197.9}^{***} + \underset{(1.7)}{20.1}\text{勤続年数}^{***} + \underset{(33.9)}{2.9}\ \text{中学} + \underset{(34.8)}{44.7}\ \text{専門}$$
$$+ \underset{(34.8)}{29.2}\ \text{短大} + \underset{(34.9)}{165.4}\text{大学}^{***} + \underset{(34.8)}{345.6}\text{大学院}^{***}$$

$N = 50$, $R^2 = 0.881$, Adj-$R^2 = 0.864$。( ) 内は標準誤差。
***, **, * はそれぞれ 1%, 5%, 10% 水準で有意であることを示す。

大学ダミーの係数の推定値は 165.4 で 1% 水準で有意です。これは，大学と高校では，勤続年数が同じ（別の言い方をすると，勤続年数の影響をコントロールした）場合，年収が 165 万円ほど違うことを意味しています。さらに，大学院ダミーの係数の推定値は 345.6 で，こちらも 1% 水準で有意です。これは，大学院と高校では，勤続年数が同じでも年収が約 346 万円も違うことを示しています。それ以外の学歴については，有意になっていません。つまり，勤続年数が同じ場合，高校と中学，専門，高専・短大との間では，統計的には年収に差があるとは言えないという結果になりました。勤続年数の限界効果は 20.1 万円であり，(7.1) 式の推定結果（19.6）とあまり変わっていません。

予測年収のプロット

学歴ダミーによる推定の結果から計算した年収の予測値を，学歴別にプロットすると図 7-6 のようになります。学歴ごとに予測値を結んだ直線が推定された回帰直線ですが，修学年数を用いた回帰直線の縦方向の差（図 7-4）とは，並び方が異なっていることがわかります。大学および大学院とそれ以外の学歴の縦方向の差が大きく，大学以上に進学することによる年収増加の効果が大きいことが示されています。また，図 7-4 に比べて，図 7-3 で示した実際の賃金カーブの形に少し近づいているように見えます。

ここで修学年数の効果を具体的な数値で考えてみましょう。高校卒業後の 1 年当たりの効果で見てみると以下のようになります。ここでは，ダミー変数の係数の推定値をベースである高校の修学年数との差（たとえば大学は $16 - 12 = 4$）で割っています。

図 7-6　学歴ダミーを使った推定による予測値

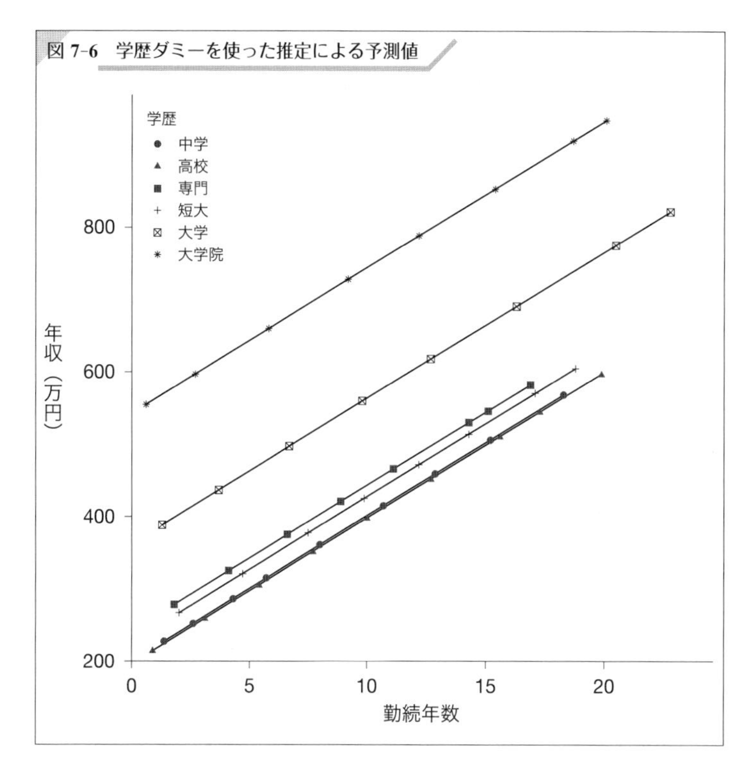

大学院：$345.6/6 = 57.6$

大学：$165.4/4 = 41.35$

短大：$29.2/2 = 14.6$

専門：$44.7/2 = 22.35$

中学：$2.9/3 = 0.97$

こう見ると，大学での 1 年の効果（41.35 万円）は，高専・短大，専門での 1 年に比べてかなり大きいことがわかります。なお，この計算では大学院の効果（57.6 万円）には，大学での 1 年の効果

(41.35 万円) が入っているので，大学院 2 年間の効果はもっと大きくなります。大学院の効果は以下のように，大学院ダミーと大学ダミーの推定値の差を，修学年数の差で割ると求めることができます。

$$\frac{345.6 - 165.4}{6 - 4} = 90.1$$

大学院での 1 年の効果は，90.1 万円とかなり大きくなりました。ここでは修士課程 2 年を前提に計算しましたが，大学院卒の人には博士過程まで進んだ人も含まれるので，もう少し長い修学年数で割るのが妥当かもしれません。いずれにせよ，学歴を連続量である修学年数として用いた場合には，すべての学歴で 1 年の効果が同じだと制限をかけていましたが，実際には学歴間でかなり違うことが明らかになりました。

もちろん，これだけで年収と学歴の関係がすべてわかったわけではなく，実際には専攻分野（文系・理系）や資格，学歴と関連した産業や職種という観点からも分析する必要はあるでしょう。とはいえ，少なくとも大学以上に進学する意味はかなりあるように見えます。ここで，定数項として学歴ダミーを用いた (7.2) 式の回帰分析の特徴をまとめておくと，以下のようになります。

・修学年数の年収に対する限界効果は，学歴間で等しいとは限らない。
・勤続年数の年収に対する限界効果は，学歴間で共通。

1 つ目に挙げた特徴が，学歴を量的変数（修学年数）として用いた (7.1) 式の回帰分析との違いになります。つまり，定数項ダミー

を使った (7.2) 式では，高校での 1 年と大学などの 1 年とで教育の限界効果が異なることを許しています。

3 係数ダミーを用いた推定

学歴による昇給幅の違いを考慮する

ここまでの年収の分析では，意識してはいなかったと思いますが，どの学歴でも勤続年数の限界効果が同じであると，仮定していました。しかしながら，学歴ごとに勤続 1 年による昇給幅は異なると考えることもできるでしょう。そこで今度は，学歴間で勤続年数 1 年当たりの効果が異なるかどうかを検証してみたいと思います。この場合，以下のようなモデルを使用することになります。

$$
\begin{aligned}
\text{年収} = \alpha &+ \beta_1\text{勤続年数} + \beta_3\text{中学} + \beta_4\text{専門} + \beta_5\text{短大} \\
&+ \beta_6\text{大学} + \beta_7\text{大学院} + \beta_8\text{中学} \times \text{勤続年数} \\
&+ \beta_9\text{専門} \times \text{勤続年数} + \beta_{10}\text{短大} \times \text{勤続年数} \\
&+ \beta_{11}\text{大学} \times \text{勤続年数} + \beta_{12}\text{大学院} \times \text{勤続年数} + u \qquad (7.3)
\end{aligned}
$$

やや複雑ですが (7.3) 式では，学歴ダミーに単独で使われているものと，勤続年数と掛け合わされて使われているものの 2 種類があるのがわかると思います。後者は，変数と変数を掛け合わせた形（たとえば，大学 × 勤続年数）になっていることから，その項を**交差項**と呼びます。(7.3) 式について，(7.2) 式のときと同様に各学歴ダミーに 1 か 0 を入れ，学歴別に示したのが以下です。

中学（中学 = 1，専門 = 0，短大 = 0，大学 = 0，大学院 = 0）

$$
\begin{aligned}
年収 = \alpha + \beta_1 勤続年数 + \beta_3 \times 1 + \beta_4 \times 0 + \beta_5 \times 0 + \beta_6 \times 0 \\
+\beta_7 \times 0 + \beta_8 \times 1 \times 勤続年数 + \beta_9 \times 0 \times 勤続年数 \\
+\beta_{10} \times 0 \times 勤続年数 + \beta_{11} \times 0 \times 勤続年数 \\
+\beta_{12} \times 0 \times 勤続年数 + u \\
= (\alpha + \beta_3) + (\beta_1 + \beta_8) 勤続年数 + u
\end{aligned}
$$

高校（中学 $= 0$，専門 $= 0$，短大 $= 0$，大学 $= 0$，大学院 $= 0$）

$$年収 = \alpha + \beta_1 勤続年数 + u$$

専門（中学 $= 0$，専門 $= 1$，短大 $= 0$，大学 $= 0$，大学院 $= 0$）

$$年収 = (\alpha + \beta_4) + (\beta_1 + \beta_9) 勤続年数 + u$$

短大（中学 $= 0$，専門 $= 0$，短大 $= 1$，大学 $= 0$，大学院 $= 0$）

$$年収 = (\alpha + \beta_5) + (\beta_1 + \beta_{10}) 勤続年数 + u$$

大学（中学 $= 0$，専門 $= 0$，短大 $= 0$，大学 $= 1$，大学院 $= 0$）

$$年収 = (\alpha + \beta_6) + (\beta_1 + \beta_{11}) 勤続年数 + u$$

大学院（中学 $= 0$，専門 $= 0$，短大 $= 0$，大学 $= 0$，大学院 $= 1$）

$$年収 = (\alpha + \beta_7) + (\beta_1 + \beta_{12}) 勤続年数 + u$$

これらの式を見てわかるように，定数項としての学歴による違いに加えて，勤続年数の係数にも学歴による違いが導入されています。たとえば高校の勤続年数の限界効果は β_1 で，大学は $\beta_1 + \beta_{11}$ となっていますので，もし β_{11} が正であれば，大学卒の勤続年数の

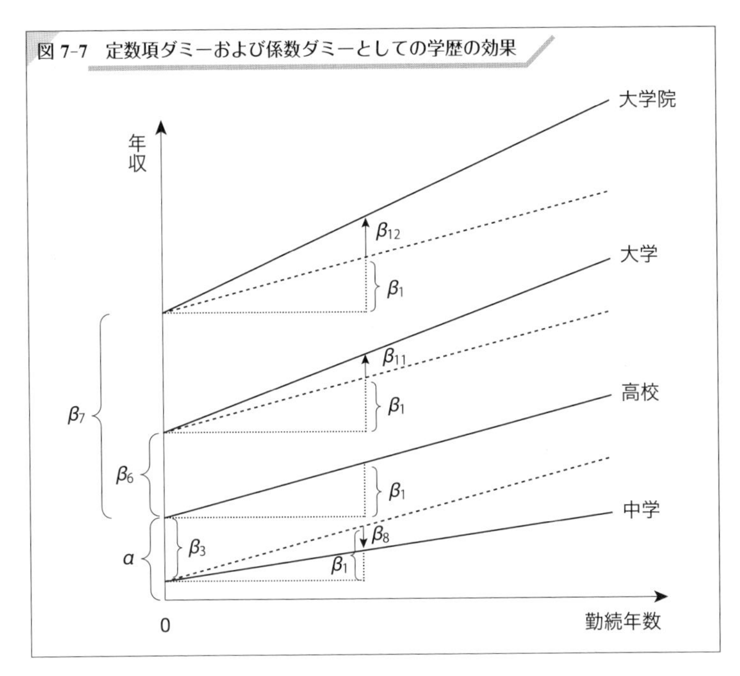

図 7-7　定数項ダミーおよび係数ダミーとしての学歴の効果

限界効果は高校卒よりも大きいことになります。このように係数に働きかけるということから，こうしたダミー変数を**係数ダミー**と呼びます。

係数ダミーを図で理解する

(7.3) 式を学歴別に図示すると，図 7-7 のようになります。ここでは，図が見やすくなるように，中学，高校，大学，大学院の場合についてのみ示しています。実線が各学歴の回帰直線になりますが，高校以外の学歴については，高校と同じ傾きを破線で示しています。ここでは高校の傾き（β_1）をベースに，それ以外の学歴の傾きとの差を β_8，β_{11}，β_{12}（矢印）で示しています。高校に比べて，中学は傾きが小さく，大学と大学院は傾きが大きいという想定で描かれています。

したがって，(7.3) 式のように学歴を定数項ダミーおよび係数ダミーとして用いた回帰分析の特徴は，以下のようになります。

- 修学年数の年収に対する限界効果は，学歴間で等しいとは限らない。
- 勤続年数の年収に対する限界効果は，学歴間で等しいとは限らない。

つまり，変数が多くてわかりにくいモデルになっていますが，制約がより緩くなったモデルであることがわかります。なお，推定の際に注意が必要なのは，係数ダミーを使う場合，交差項にした2つの変数はそれぞれ単独の変数としても，モデルの中に登場させる必要があるということです。これについては，そうしないと，どのような結果になるか本章の最後で示します。

定数項ダミーと係数ダミーを使った推定結果

これまでの推定結果をまとめた表7-3に，(7.3) 式の推定結果も示しました。後で行う (7.4) 式の結果も追加しています。(7.3) 式の推定結果を見ると，有意なのは定数項を除くと，勤続年数，大学ダミー，大学院ダミー，勤続年数と大学ダミーの交差項，勤続年数と大学院ダミーの交差項だけになりました。この回帰モデルの学歴（定数項）ダミーは，勤続0年での差を意味しているので，社会人としてのスタート時点（勤続年数0年）の年収が高校と異なるのは，大学以上の学歴を持つケースだけであることがわかりました。さらに，その後の勤続年数の限界効果が高校と異なるのも，大学以上の学歴だけであることがわかりました。その他は統計的にはほと

表 7-3 推定結果のまとめ

	(7.1)	(7.2)	(7.3)	(7.4)
勤続年数	19.6*** (2.2)	20.1*** (1.7)	13.0*** (1.4)	10.6*** (1.0)
修学年数	36.1*** (4.7)			
学歴（ベース：高校）				
中学		2.9 (33.9)	13.7 (23.4)	
専門		44.7 (34.8)	31.2 (26.2)	
短大		29.2 (34.8)	29.1 (26.3)	
大学		165.4*** (34.9)	63.6** (24.3)	
大学院		345.6*** (34.8)	72.9*** (24.0)	
勤続年数 ×				
中学			−2.4 (2.1)	−1.7 (1.2)
専門			1.1 (2.3)	3.2** (1.2)
短大			0.4 (2.2)	2.4** (1.2)
大学			9.6*** (1.9)	13.8*** (1.1)
大学院			25.9*** (2.0)	31.0*** (1.1)
定数項	−197.0*** (67.8)	197.9*** (29.3)	271.0*** (16.8)	305.8*** (8.0)
決定係数	0.765	0.881	0.986	0.981
自由度修正済み決定係数	0.755	0.864	0.982	0.978
サンプルサイズ	50	50	50	50

（注） ***，**，* はそれぞれ 1%，5%，10% 水準で有意であることを示す。（ ）内は標準誤差。

んど差がないようです。

具体的に見ると，勤続年数 0 年の時点で大学卒と高校卒には 63.6 万円の差，大学院卒と高校卒には 72.9 万円の差が生じています。また，単独で使われている勤続年数の係数は 13.0 になっています。これは，勤続 1 年ごとに，高校の場合は 13.0 万円ずつ年収が増加することを示しています。それに対して，大学ダミーと勤続年数の交差項の係数の推定値は 9.6 になっています。これは，大学卒の場合は，勤続 1 年増加ごとに $13.0+9.6=22.6$ 万円ずつ増加していることになります。大学院卒の場合は，勤続 1 年増加ごとに $13.0+25.9=38.9$ 万円ずつ増加していることになります。また，(7.3) 式の自由度修正済み決定係数も 0.982 と，(7.1) 式，(7.2) 式の推定結果と比べて高くなっています。

予測年収のプロット

(7.3) 式の推定結果から，年収の予測値を求めて図示したのが図 7-8 です。図を見ても大学と大学院が異質であることが確認できます。その他の学歴も差があるように見えますが，統計的には有意な結果は得られませんでした。図 7-3 の実際の賃金カーブにかなり近づいてきたように見えます。

なお先ほど，交差する変数は両方とも単独でも回帰モデルに入れることを注記しました。もし定数項ダミーを入れないで推定した場合はどうなるでしょうか。そこで，勤続年数はモデルに残すものの，学歴の定数項ダミーを用いない以下の (7.4) 式を推定し，予測値をプロットしてみます。

図 7-8　学歴を定数項ダミーと係数ダミーでとらえた推定からの予測値

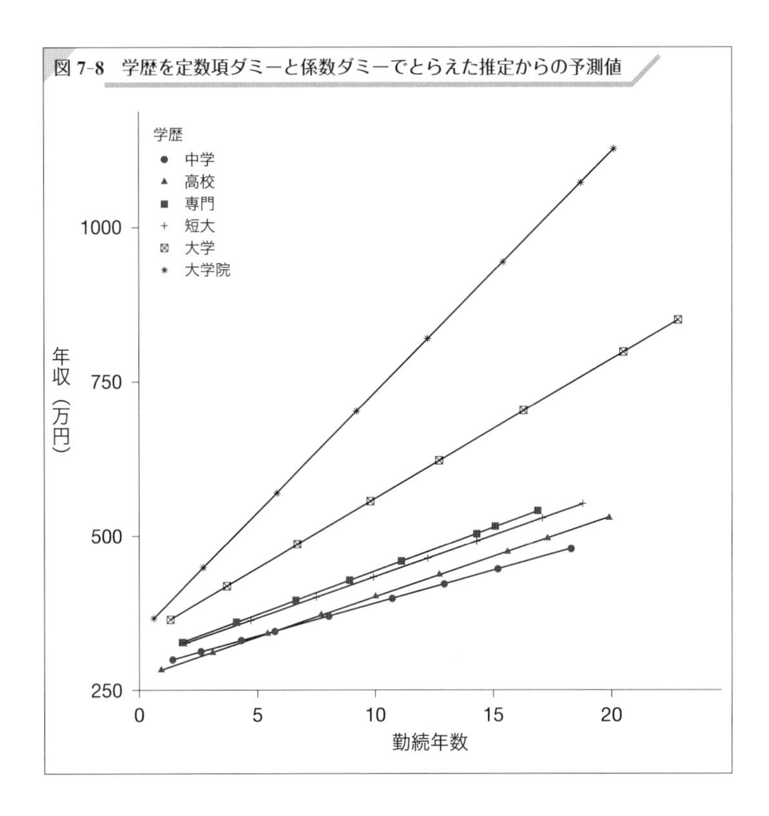

$$年収 = \alpha + \beta_1 勤続年数 + \beta_8 中学 \times 勤続年数 + \beta_9 専門 \times 勤続年数$$
$$+\beta_{10} 短大 \times 勤続年数 + \beta_{11} 大学 \times 勤続年数$$
$$+\beta_{12} 大学院 \times 勤続年数 + u \tag{7.4}$$

推定結果はすでに表 7-3 に示してあります。そして図 7-9 が (7.4) 式の推定から得られた年収の回帰直線です。図 7-8 と異なり，学歴で共通の切片を持ち，傾きのみ異なるモデルとして推定されていることがわかります。つまり，勤続 0 年での年収は学歴間で差は

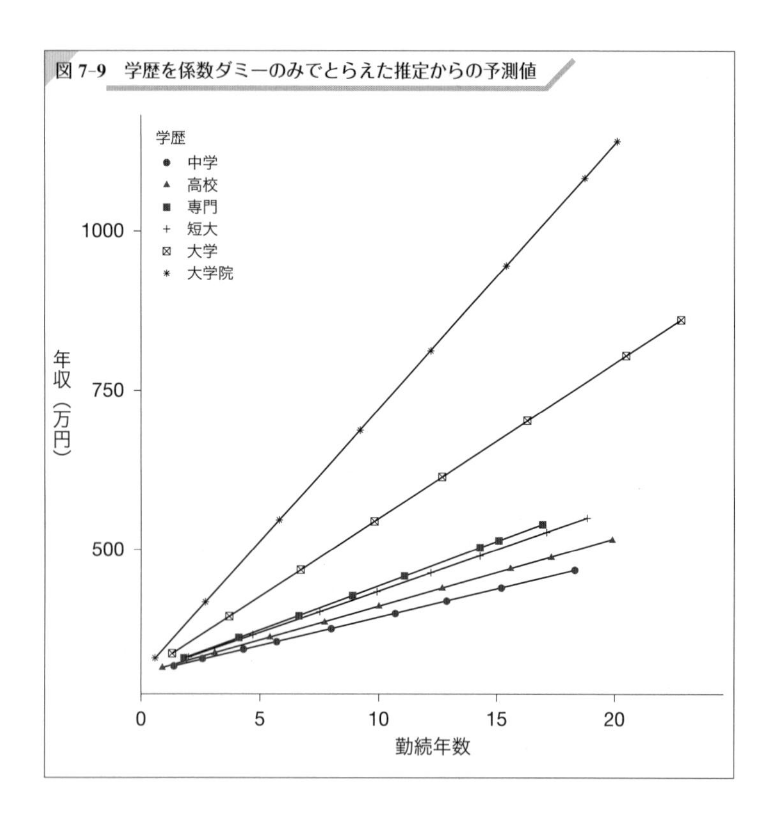

ない，という制約を課して推定していることになります。結果として，定数項ダミーも用いた推定よりも，勤続年数の限界効果の差を過大にとらえている様子もうかがえます。自由度修正済み決定係数も (7.3) 式よりも低下しており，あまり望ましい推定結果とは言えないことがわかるでしょう。

最後に，図 7-3 の実際のデータの散布図を振り返ってみると，勤続年数と年収の関係は，やや曲線を描いているようでした。したがって，さらに分析する場合には，2 次関数を利用した推定も視野に入ってきます。回帰モデルはさらに複雑になってしまいますが，興味のある人はチャレンジしてみてください。

本章で扱った属性ごとに集計されたデータは個票データに近い性質を持ち，都道府県データに比べて明瞭な結果が出やすいという利点があります。ただし，同じ属性で集計されたデータでなければデータセットに追加して分析できないという意味では，分析モデルは限定的になります。

練習問題

企業規模を考慮した年収の規定要因の回帰分析をしてみましょう。本書のウェブサポートページにある「ch7ex.csv」には，2020年「賃金構造基本統計調査」(厚生労働省) から作成した，男女計，学歴計の一般労働者の企業規模別の賃金データ等があります。[　] はデータセットでの変数名です。本文で使用した変数については詳細を省略しています。

- 年齢 [age] (歳) ：平均年齢。
- 勤続年数 [exp] (年) ：平均勤続年数。
- 月給 [sal] (千円) ：きまって支給する現金給与額の平均。
- ボーナス [bon] (千円) ：調査前年1年間の賞与その他特別給与額の平均。
- 企業規模 [size]：1000人以上，100～999人，10～99人の3グループ。

このデータを使って，以下の **7-1** ～ **7-6** の問題に取り組みましょう。

7-1 本章で行ったのと同じように年収変数を作成しましょう。さらに企業規模ダミーとして，大企業ダミー (1000人以上)，中企業ダミー (100～999人)，小企業ダミー (10～99人) を作成しましょう。

7-2 横軸に勤続年数，縦軸に年収をとった散布図を作成し，企業規模がわかるように表示してみましょう。

7-3　小企業をベースカテゴリーにした企業規模の定数項ダミーを用いて，以下の回帰モデルを推定し結果を解釈しましょう。

$$年収 = \alpha + \beta_1 勤続年数 + \beta_2 大企業 + \beta_3 中企業 + u$$

7-4　**7-3** の推定結果から予測年収を計算しましょう。そして横軸に勤続年数，縦軸に予測年収をとった散布図を作成し，企業規模がわかるように表示しましょう。

7-5　企業規模の定数項ダミーと係数ダミーを用いた以下の回帰モデルを推定し，結果を解釈しましょう。

$$\begin{aligned} 年収 = &\ \alpha + \beta_1 勤続年数 + \beta_2 大企業 + \beta_3 中企業 \\ &+ \beta_4 大企業 \times 勤続年数 + \beta_5 中企業 \times 勤続年数 + u \end{aligned}$$

7-6　**7-5** の推定結果から予測年収を計算しましょう。そして横軸に勤続年数，縦軸に予測年収をとった散布図を作成し，企業規模がわかるように表示しましょう。

第8章 パネルデータ（2時点）に親しむ

Introduction

本章では，再び都道府県データを使った回帰分析を行います。ただし，これまでの1時点のデータとは違い，同じ都道府県について2時点分のデータを使った分析になります。このように，同じ対象を複数時点にわたって観察したデータをパネルデータと呼びます。パネルデータを使った分析は，1時点のクロスセクションデータを使った分析に比べて，優れた点がありますので，それを理解しましょう。本章の分析テーマは，少子化と女性労働の関係です。一般に女性がより多く働くようになると，仕事と家庭の両立の難しさから，少子化が進むのではないかという指摘がなされてきました。そこで被説明変数に合計特殊出生率，説明変数に女性労働力率を使い，パネルデータでその影響について確認してみます。

1 パネルデータを使った分析

ワイド形式とロング形式

本章では，1980年と2000年の合計特殊出生率と女性労働力率を用います。データの詳細は以下の通りです。いずれも国立社会保障・人口問題研究所の「人口統計資料集」から取得しています。

表 8-1　ワイド形式のパネルデータ

都道府県	女性労働力率 1980	合計特殊出生率 1980	女性労働力率 2000	合計特殊出生率 2000
北海道	47.1	1.64	57.4	1.23
青森	53.5	1.85	61.2	1.47
岩手	59.2	1.95	63.4	1.56
宮城	53.3	1.86	59.2	1.39
秋田	59.1	1.79	64.6	1.45
⋮	⋮	⋮	⋮	⋮
熊本	57.5	1.83	62.4	1.56
大分	51.6	1.82	59.6	1.51
宮崎	57.7	1.93	62.9	1.62
鹿児島	50.8	1.95	58.7	1.58
沖縄	46.4	2.38	56.5	1.82

・女性労働力率（%）:「国勢調査」（総務省）。15-44 歳女性人口に占める労働力人口の割合。15-29 歳と 30-44 歳の労働力率の単純平均値。

・合計特殊出生率:「人口動態調査」（厚生労働省）。15-49 歳の女性の年齢別出生率を合計したもので，1 人の女性が一生の間に生む子どもの数とされる。

さて，2 時点のデータを使うということは，直感的には表 8-1 のようなデータ形式で分析するのかな，と思うでしょう。このように，同じ対象の異なる年のデータが横に並んでいる形式を**ワイド形式**と呼びます。実際に本章の後半では，ワイド形式のデータを使って分析を行います。

こうしたワイド形式のデータも，パネル分析を行ううえで有用な

表 8-2　ロング形式のパネルデータ

都道府県	女性労働力率	合計特殊出生率	データ年
北海道	47.1	1.64	1980
青森	53.5	1.85	1980
岩手	59.2	1.95	1980
宮城	53.3	1.86	1980
秋田	59.1	1.79	1980
⋮	⋮	⋮	⋮
熊本	57.5	1.83	1980
大分	51.6	1.82	1980
宮崎	57.7	1.93	1980
鹿児島	50.8	1.95	1980
沖縄	46.4	2.38	1980
北海道	57.4	1.23	2000
青森	61.2	1.47	2000
岩手	63.4	1.56	2000
宮城	59.2	1.39	2000
秋田	64.6	1.45	2000
⋮	⋮	⋮	⋮
熊本	62.4	1.56	2000
大分	59.6	1.51	2000
宮崎	62.9	1.62	2000
鹿児島	58.7	1.58	2000
沖縄	56.5	1.82	2000

面もありますが，通常，異なる時点のデータを表 8-2 のように縦に並べて用います。こうしたデータ形式を，**ロング形式**と呼びますが，データを縦に並べることでサンプルサイズは $47 \times 2 = 94$ になっています。第 9 章では 5 時点のパネルデータを使うので，サンプルサイズは $47 \times 5 = 235$ とかなり大きくなります。このように使用する情報量が増大することで，推定の効率性（精確性）が高ま

表 8-3　2000 年ダミーの追加

都道府県	女性労働力率	合計特殊出生率	データ年	2000 年ダミー
北海道	47.1	1.64	1980	0
青森	53.5	1.85	1980	0
岩手	59.2	1.95	1980	0
宮城	53.3	1.86	1980	0
秋田	59.1	1.79	1980	0
⋮	⋮	⋮	⋮	⋮
熊本	57.5	1.83	1980	0
大分	51.6	1.82	1980	0
宮崎	57.7	1.93	1980	0
鹿児島	50.8	1.95	1980	0
沖縄	46.4	2.38	1980	0
北海道	57.4	1.23	2000	1
青森	61.2	1.47	2000	1
岩手	63.4	1.56	2000	1
宮城	59.2	1.39	2000	1
秋田	64.6	1.45	2000	1
⋮	⋮	⋮	⋮	⋮
熊本	62.4	1.56	2000	1
大分	59.6	1.51	2000	1
宮崎	62.9	1.62	2000	1
鹿児島	58.7	1.58	2000	1
沖縄	56.5	1.82	2000	1

ります。

本章では，このロング形式のパネルデータを使った分析から始めたいと思います。最初に，データ年を識別するために，2000 年ダミー（1980 年 =0，2000 年 =1）をつくっておきます（表 8-3 参照）。1980 年ダミー（1980 年 =1，2000 年 =0）にしても，基本的な結果は変わりません。

図 8-1　女性労働力率と合計特殊出生率の散布図

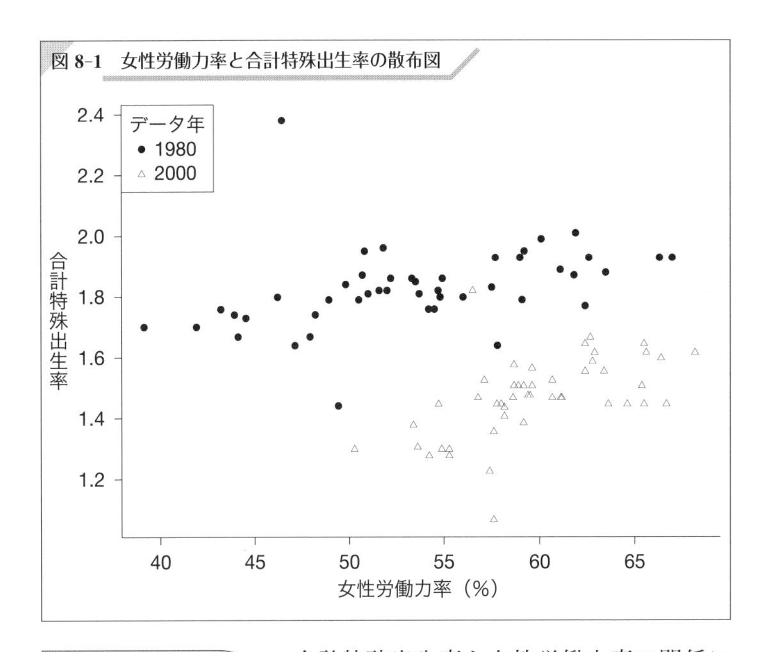

異時点のデータを同時プロットする

合計特殊出生率と女性労働力率の関係について，視覚的に確認してみましょう。図8-1 の散布図では，1980 年（●）と 2000 年（△）のデータが，それぞれ別のマーカーで示されています。

2 時点のデータをそれぞれ単年で見ると，女性の労働力率が高いほど合計特殊出生率が高い，というように右上がりの関係（正の相関）があるように見えます。つまり，女性が働くほど子どもが多くなる，ということになりそうです。

しかし，1980 年（●）から 2000 年（△）への 20 年間の変化で見ると，女性労働力率は全体的に増加し，合計特殊出生率は全体的に減少しています。つまり，多くの都道府県で女性がより働くようになったことで，子どもが少なくなったようにも見えます（負の相関)。つまり，女性の労働と少子化の関係について，正反対の事実がある可能性が疑われます。パネルデータでは，このように異なる時点のデータを同時にプロットして比較してみることが大切です。

一般に，女性が労働力化することで少子化が発生するということが指摘されています。日本では，特にこのことが強く言われてきました。逆に，ヨーロッパでは女性が労働力化することで，子どもが多くなる現象が生じています。この散布図を見て，皆さんは日本における女性の労働と出産の関係がどのようになっていると考えるでしょうか。

回帰分析で確かめる　それでは回帰分析を通して，これらの事実について調べてみましょう。まず，1980 年データ（$N = 47$），2000 年データ（$N = 47$），パネルデータ（$N = 94$）のそれぞれを使って，以下の (8.1) 式の単回帰モデルを推定します。

$$\text{合計特殊出生率} = \alpha + \beta_1 \text{女性労働力率} + u \tag{8.1}$$

推定結果を表 8-4 に示しました。女性労働力率の係数の推定値を見ると，1980 年と 2000 年の単年データによる回帰分析ではいずれも正で有意であるのに対し，パネルデータでは負で有意になっています。限界効果について見ると，2000 年では，女性労働力率が 1% ポイント増加すると合計特殊出生率が 0.0182 増加する一方，パネルデータでは，女性労働力率が 1% ポイント増加すると合計特殊出生率が 0.0068 減少するというように正反対の結果が得られました。なお，合計特殊出生率は「人」と言いたくなるところですが，特殊な合成変数（無名数）のため，通常は「人」をつけずに表現します。

表 8-4　女性労働力率が合計特殊出生率に与える影響

	1980 年	2000 年	パネル
女性労働力率	0.0073**	0.0182***	−0.0068*
	(0.0028)	(0.0041)	(0.0036)
定数項	1.4412***	0.3832	2.0370***
	(0.1519)	(0.2478)	(0.2049)
決定係数	0.128	0.302	0.038
サンプルサイズ	47	47	94

（注）　***，**，* はそれぞれ 1%，5%，10% 水準で有意であることを示す。
（　）内は標準誤差。

Column ⑫　縦断調査とは

同じ対象を複数時点にわたって観察することを，**縦断調査**と呼ぶこともあります。そのためパネルデータは，縦断データなどと呼ばれることもあります。こうしたパネルデータは，本章のような都道府県単位のほかに国や企業といった単位のものや，個人単位を追跡したものがあります。たとえば，厚生労働省の「21 世紀成年者縦断調査」は同一個人を毎年，追跡調査しています。近年はこうした個人を追跡したパネル調査が，数多く行われています。そして本書第Ⅲ部で紹介するように，東京大学社会科学研究所附属社会調査・データアーカイブ研究センターでは，利用申請することで，パネルデータを自身の分析のために利用することができるようになっています。

今回の結果を理解するために，表 8-4 の推定結果を図 8-2 に示しました。単年の回帰直線（実線が 1980 年，破線が 2000 年）の傾きが右上がりで，パネルデータの回帰直線の傾き（点線）が右下がりと，係数の符号が正負で逆になっているのが確認できます。つまり，それぞれ正の傾きを持つ 2 年分のデータをまとめて 1 本の線

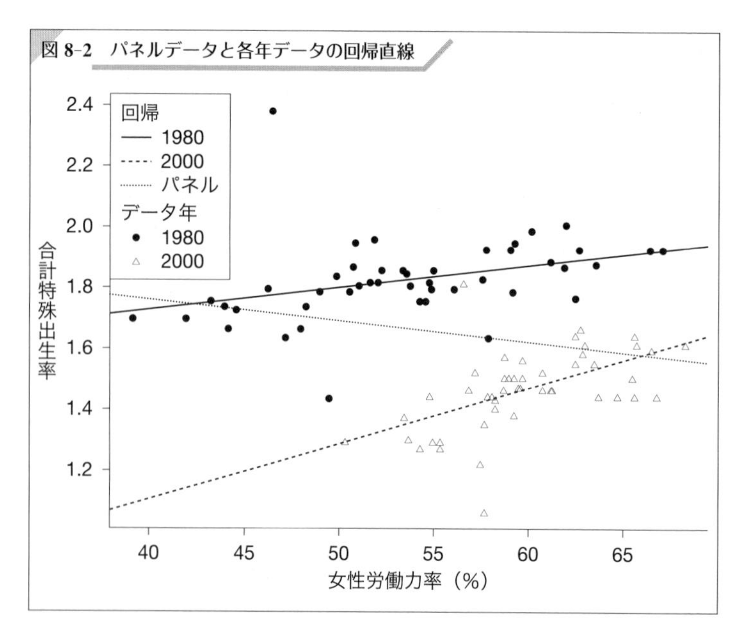

でとらえようとすると，負の傾きになることがわかります。異なる集団（ここではデータ年）をまとめて回帰すると，このように矛盾した結果になることがあります。

パネルデータ化によってサンプルサイズを大きくすることはできましたが，どのように結論づけたらよいか，かえって難しくなってしまいました。そこで，異なる年のデータを使っていることを意識して，推定を改善してみましょう。次に，第7章で学んだように，定数項ダミーや係数ダミーを回帰モデルに導入することで，より柔軟な推定を行っていきます。

データ年が異なることを考慮した分析

ここでは2000年ダミーと，2000年ダミーと女性労働力率の交差項を使った回帰分析を行います。回帰モデルは以下の

(8.2) 式，(8.3) 式です。

$$合計特殊出生率 = \alpha + \beta_1 女性労働力率 + \beta_2 2000 年ダミー + u \tag{8.2}$$

$$\begin{aligned}合計特殊出生率 = \alpha + \beta_1 女性労働力率 + \beta_2 2000 年ダミー \\ + \beta_3 女性労働力率 \times 2000 年ダミー + u\end{aligned} \tag{8.3}$$

(8.2) 式で 2000 年ダミーを使うのは，1980 年と 2000 年で合計特殊出生率の水準が異なることをコントロールすることで，女性労働力率の影響をより明確にすることが目的です。さらに (8.3) 式で交差項を使うのは，2 時点間で女性労働力率の合計特殊出生率に与える影響が異なることを許容する，あるいは確認するためです。第 7 章で学んだように，(8.3) 式は (8.2) 式に比べてより柔軟な推定式ということができます。

推定結果を表 8-5 に示しました。(8.2) 式で女性労働力率の係数の推定値を見ると，有意で正（0.0102）となっています。両年合わせて見ると，女性労働力率が 1% ポイント増加したとき，合計特殊出生率を 0.0102 上昇させる効果があると言えます。一方，(8.3) 式の単独で使用した女性労働力率の係数の推定値を見ると，有意で正（0.0073）となっていますので，1980 年では女性労働力が 1% ポイント増加すると，合計特殊出生率が 0.0073 上昇することがわかります。さらに，交差項の係数の推定値が正で有意であり，女性労働力率が合計特殊出生率に与える効果は，2000 年のほうが有意に強いことがわかります。具体的には，女性労働力率が 1% ポイント増加したときの限界効果が，2000 年では 1980 年時点に比べて 0.011 大きくなっていることが示されています。結果として，

表 8-5　定数項ダミーと係数ダミーを利用した回帰

	(8.2) 交差項なし	(8.3) 交差項あり
女性労働力率	0.0102***	0.0073***
	(0.0023)	(0.0027)
2000 年ダミー	−0.4210***	−1.0580***
	(0.0293)	(0.3007)
女性労働力率× 2000 年ダミー		0.0110**
		(0.0052)
定数項	1.2843***	1.4412***
	(0.1255)	(0.1435)
決定係数	0.705	0.720
自由度修正済み決定係数	0.699	0.710
サンプルサイズ	94	94

（注）　***，**，* はそれぞれ 1%，5%，10% 水準で有意であることを示す。(　) 内は標準誤差。

2000 年の女性労働力率の限界効果は 0.0183（=0.0073+0.011）となり，この 20 年間で限界効果がかなり大きくなったことが明らかになりました。これら (8.3) 式の係数の推定値は，四捨五入されているので少しずれていますが，表 8-4 の各年データの分析結果と同じものになっています。交差項を使うことで，1980 年と 2000 年の女性労働力率の限界効果が，統計的に異なるかが検証できています。

また，(8.2) 式の 2000 年ダミーの係数の推定値は，負で有意になっています。これは，女性労働力の影響をコントロールしても，1980 年から 2000 年にかけて合計特殊出生率の水準が低下したことを意味しています。推定値を見ると −0.421 ですので，合計特殊出生率の水準がこの 20 年で，かなり下がったことになります。なお，(8.3) 式の 2000 年ダミーの係数の推定値（−1.058）は，女性労

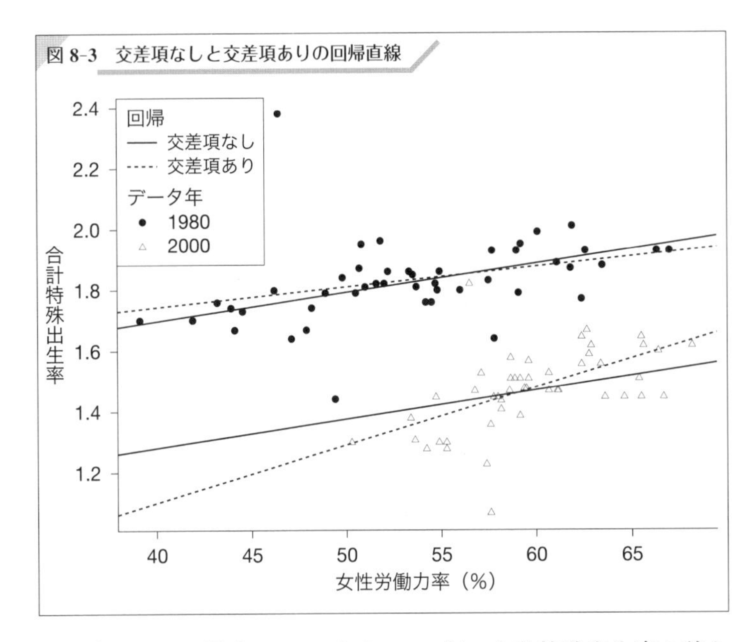

図 8-3　交差項なしと交差項ありの回帰直線

働力率が 0% の場合の 1980 年と 2000 年の合計特殊出生率の差を示しているので，単独ではあまり意味はありません。

推定結果を理解するために，表 8-5 の結果から求めた回帰直線を図 8-3 に示しました。それぞれ定数項ダミーを導入しているので回帰直線が 2 本ずつになっています。実線は (8.2) 式の結果，破線は (8.3) 式の結果を示していますが，破線のほうを見ると，交差項の導入で異なった傾きを許容していることが見て取れます。結果として，自由度修正済み決定係数も (8.3) 式のほうが高く，よりデータをうまくとらえた分析になっていると言えます。

さて，ここまでパネルデータを扱ってはきましたが，結局のところ，第 6・7 章と同じようにクロスセクション分析の枠組みで分析してきたことになります。結果として，基本的には女性労働力率の出生率に対する影響は正になるようです。皆さんは，この結果に納得できるでしょうか。

2 データに表れない都道府県らしさの影響をコントロール

本当の効果とは

ここで少し話題を変えて，勉強時間と成績の関係を考えてみましょう。勉強時間による成績への効果を考えるとき，通常は同一人物の勉強時間の変化と成績の変化で見ようとすると思います。しかしながら，ここまでで学習してきたクロスセクション分析は，実は異なる勉強時間と成績を持つ他人同士を比べて，勉強時間の効果を計測しているようなものでした。直感的に，この分析から本当の効果を知ることが難しいということはわかるでしょう。

経験がある人もいると思いますが，実はこうした分析では，とても成績が優秀な友人を引き合いに出されて，単純に勉強時間だけを比較されて，彼（彼女）と同じくらい勉強すれば，同じくらいよい成績がとれるようになると言われているようなものなのです。実際には勉強以外にも，さまざまな面で差があるため，そんなに簡単にはいきません。クロスセクション分析によって得られた結果には，実はこういった危うさが存在しています。重回帰分析によって十分な変数でコントロールしたとしても，なかなか真（本当）の影響を測ることは難しいでしょう。

このことを都道府県データに戻って図で表現してみます。図 8-4 の右図がクロスセクション分析で得られる効果を示しています。Δ

図 8-4　同一個体内の差（左）と異なる個体間の差（右）

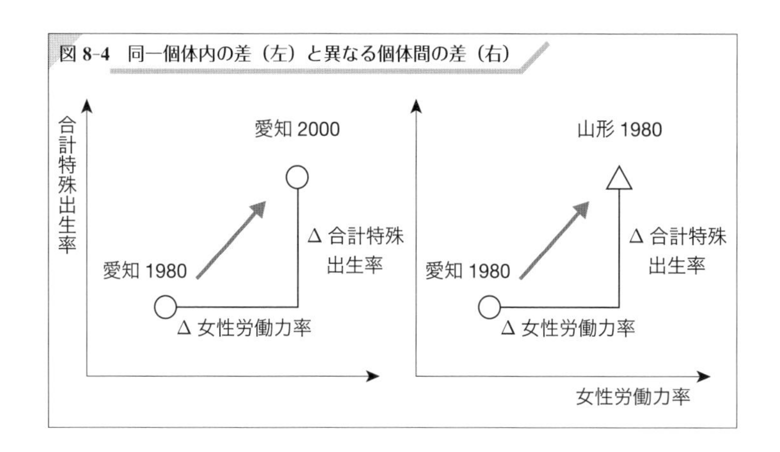

（デルタと読みます）は，2つのデータの差を意味しています。

図 8-4 の右図からわかるように，クロスセクション分析では，女性労働力率も合計特殊出生率も高い山形と，どちらも低い愛知を比べることで「愛知も女性労働力率が高まると，山形のように合計特殊出生率が高くなる」と見て，女性労働力率の効果を推定していたわけです。愛知と山形は，女性労働力率だけではとらえきれていない（つまりデータでは観察できていない）他のさまざまな社会経済環境が異なるので，本当にそうなるのか，かなり疑問です。ここで言う，観察されていない，あるいは観察できない都道府県ごとの固有の特徴を**個体効果**（あるいは個別効果）などと呼びます。

私たちが本当に知りたいのは，図 8-4 の左図のイメージになります。つまり，愛知で女性労働力率が上がったとき，愛知で合計特殊出生率が上がるのかどうかということです。このことからも，同一個体内のデータの差（Δ 合計特殊出生率，Δ 女性労働力率）をとって，差分データで回帰分析を行ったほうが，より実感に近いものになりそうです。

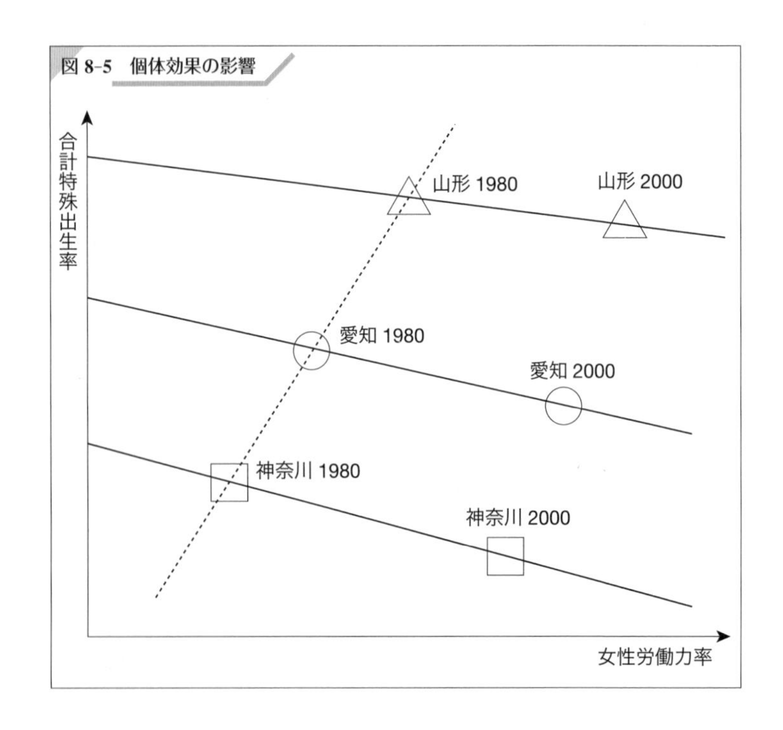

図 8-5　個体効果の影響

個体効果とは

ここで別の見方として，図 8-4 の左図のように同じ個体から差分をとることの意味について説明しましょう。図 8-5 を見てください。これは山形，愛知，神奈川の女性労働力率と合計特殊出生率の関係を，2 時点についておおまかに示したものです。図の実線は 3 県の 1980 年から 2000 年への変化を示しています。つまり真の関係として，女性労働力率が合計特殊出生率に与える影響は負であることを示しています。それに対して，1980 年のデータのみを用いて通常のクロスセクション分析をした場合，係数は破線で示したように女性労働力率が正の影響を持っていると推定されることになります。

このようなケースでは，定数項ダミー（たとえば愛知ダミーや神奈川ダミーなど）を導入する必要があります。つまり，実線を回帰直線と考えれば，各県にはデータでは観察されていない地域特性（たとえば地域での支え合いの度合いや家族観など）という個体効果があって，それによって合計特殊出生率の水準（定数項）が異なっているということです。定数項ダミーを回帰モデルに入れることによって，この実線の関係をとらえることができるようになるわけです。もちろん，そうした地域特性を具体的な変数として回帰モデルに入れるというのも１つの解決方法ですが，地域特性を完全にとらえきるのは難しいでしょう。

したがって，都道府県データの分析においては，（データ数－1）個の都道府県ダミーを導入しない限り，図 8-5 で見たように注目する変数の限界効果にバイアス（偏り）をもたらす可能性があります。1 時点のクロスセクションデータでは，このような個体効果をコントロールするための定数項を回帰モデルに導入できませんが，パネルデータでは可能になります。

観察されない都道府県らしさのコントロール

さて，観察されない都道府県らしさがあるとして，定数項ダミーを導入したいところです。ですが，都道府県データでダミーを 46 個導入するのは，説明変数が増えすぎて，推定上あまり効率が良くありません。地域ダミー（関東ダミー，中部ダミーなど）でダミーの数を減らすことは可能ですが，それでは個別の都道府県らしさはとらえきれません。

そこで，この問題を回避する方法を愛知県を例に考えます。1980 年と 2000 年のデータを使った愛知県の回帰モデルは，それぞれ以下のように表現できます。

$$合計特殊出生率_{愛知\ 1980} = \alpha_{愛知} + \beta_1 女性労働力率_{愛知\ 1980} + u_{愛知\ 1980} \tag{8.4}$$

$$合計特殊出生率_{愛知\ 2000} = \alpha_{愛知} + \beta_1 女性労働力率_{愛知\ 2000} + u_{愛知\ 2000} \tag{8.5}$$

この $\alpha_{愛知}$ が，観察されない愛知県らしさをとらえるための定数項ダミーになります。また，この定数項には，他の変数と違って添え字に年がついていません。これは，そうした都道府県らしさは時間を通じて変わらないことを示しています。もちろん，こうした仮定をゆるめることもできますが，一般的に「らしさ」はそれほど変化するものではないと考えられます。また簡単化のため，女性労働力率の係数も両時点で変化がないことを仮定しています。

こうして観察されない愛知県らしさを考慮した (8.5) 式から (8.4) 式を引くと，

$$合計特殊出生率_{愛知\ 2000} - 合計特殊出生率_{愛知\ 1980} = \beta_1 (女性労働力率_{愛知\ 2000} - 女性労働力率_{愛知\ 1980}) + u_{愛知\ 2000} - u_{愛知\ 1980}$$

となります。観察されない愛知県らしさは2時点で同じものなので，式から消えています。これを差分の記号 Δ を使ってシンプルに示すと，

$$\Delta 合計特殊出生率_{愛知} = \beta_1 \Delta 女性労働力率_{愛知} + \Delta u_{愛知}$$

のようになります。これがすべての都道府県について成立するので，以下の (8.6) 式のようになります。

$$\Delta 合計特殊出生率_i = \beta_1 \Delta 女性労働力率_i + \Delta u_i \qquad (8.6)$$

$$i = 北海道, \ldots, 沖縄$$

つまり，各都道府県の差分データを使って，定数項なしの単回帰モデルを推定することになります。この推定モデルを見てわかるのは，以下のことです。

- β_1 はそのまま。
- 観察されない個体効果（α）が消えている。

したがって，観察されない個体効果は差分をとる過程で取り除かれていますが，もともとの回帰モデルでは考慮されているので，差分データによる分析では，通常のクロスセクション分析に比べて，バイアスの少ない推定値が得られることになります。さらに都道府県ダミーを実際の推定には用いないですむので，実行可能な回帰モデルになります。

これで都道府県らしさがコントロールされましたが，日本全体で共通の何らかのトレンド（少子化傾向など）があるかもしれません。そうした影響を考慮したい場合は，以下の (8.7) 式のように，定数項 (δ) のある差分データの回帰を行うことになります。こうした項を**トレンド項**などと呼びます。

$$\Delta 合計特殊出生率_i = \delta + \beta_1 \Delta 女性労働力率_i + \Delta u_i \qquad (8.7)$$

差分を用いた回帰

以上から，差分データによる回帰は，同一個体における変化をとらえ，観察されない個体差の影響を取り除くことができるという，より説得的なものに

表 8-6　ワイド形式のデータから差分データを作成

都道府県	女性労働力率 1980	合計特殊出生率 1980	女性労働力率 2000	合計特殊出生率 2000	Δ 女性労働力率	Δ 合計特殊出生率
北海道	47.1	1.64	57.4	1.23	10.3	−0.41
青森	53.5	1.85	61.2	1.47	7.7	−0.38
岩手	59.2	1.95	63.4	1.56	4.2	−0.39
宮城	53.3	1.86	59.2	1.39	5.9	−0.47
秋田	59.1	1.79	64.6	1.45	5.5	−0.34
⋮	⋮	⋮	⋮	⋮	⋮	⋮
熊本	57.5	1.83	62.4	1.56	4.9	−0.27
大分	51.6	1.82	59.6	1.51	8.0	−0.31
宮崎	57.7	1.93	62.9	1.62	5.2	−0.31
鹿児島	50.8	1.95	58.7	1.58	7.9	−0.37
沖縄	46.4	2.38	56.5	1.82	10.1	−0.56

なります。ここでは，差分データをつくるのに簡便なワイド形式のデータ（表 8-1 参照）を利用します。2000 年の値から 1980 年の値を引いた差分データは，表 8-6 の右 2 列のようになります。

それでは，差分データである Δ 女性労働力率と Δ 合計特殊出生率の散布図を見てみましょう。図 8-6 を見ると，緩やかな右下がりになっていることがわかります。つまり，女性労働力率の**増加幅が大きかった**都道府県ほど，合計特殊出生率の**減少幅が大きかった**ことが示されています。それではこの差分データを，トレンド項なしの (8.6) 式とトレンド項ありの (8.7) 式で推定しましょう。

表 8-7 のような結果が得られました。両モデルとも，Δ 女性労働力率の係数の推定値は負で有意になっています。限界効果としては，トレンド項なしのモデルのほうが大きく推定されています。限界効果の解釈はこれまでの分析と同じです。具体的には，女性労働

図 8-6　Δ 女性労働力率と Δ 合計特殊出生率の散布図にトレンド項の有無別回帰直線を追加

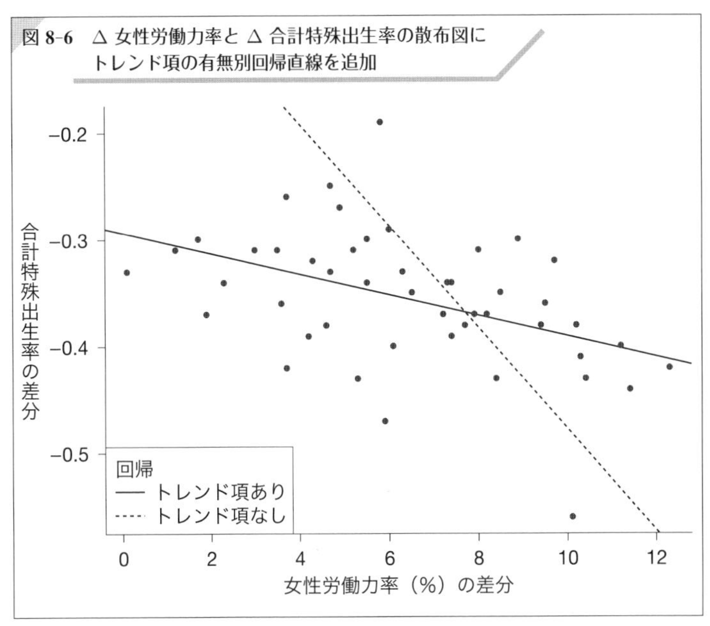

表 8-7　差分データを使った回帰の結果

	(8.6) トレンド項なし	(8.7) トレンド項あり
Δ 女性労働力率	−0.0477***	−0.0096***
	(0.0028)	(0.0029)
定数項		−0.2938***
		(0.0203)
決定係数	0.864	0.198
サンプルサイズ	47	47

（注）***，**，* はそれぞれ 1%，5%，10% 水準で有意であることを示す。(　) 内は標準誤差。

力率が1%ポイント上昇すると，合計特殊出生率がトレンド項なしで0.0477，トレンド項ありで0.0096減少するという結果です。また，(8.7)式の推定では定数項が負で有意です。これはΔ女性労働力率=0のとき，つまり女性労働力率がまったく変化しない場合の合計特殊出生率の変化で，トレンドとしての変化（少子化）を意味しています。

両モデルの回帰直線が図8-6に示されています。破線がトレンド項なしの回帰直線ですが，データのばらつき具合をうまくとらえられていないように見えます。決定係数はトレンド項なしの推定式のほうが高くなっていますが，モデルの定数項の有無で決定係数の計算方法が異なるので，ここでは単純に数値の大小を比較することはできません。視覚的なデータへの当てはまりという点では，(8.7)式のトレンド項ありのモデル（図8-6の実線）のほうがよさそうです。

以上の結果により，女性の労働力化は少子化を引き起こす1つの要因であると言えそうです。観察されない都道府県らしさを考慮する場合（差分データによる分析）と，しない場合（クロスセクション分析）とでは，まったく反対の結果になることは非常に興味深いです。基本的には，パネルデータから差分データを使って回帰分析をするほうが，因果関係の概念に近く，データの特性を適切にコントロールしていることになりますので，より信頼度の高い分析結果であると言えます。

練習問題

本章で分析した合計特殊出生率［`tfr`］と女性労働力率［`flp`］について，今度は2000年と2010年のパネルデータを使って分析してみます。［　］はデータセットでの変数名です。本書のウェブサポートページにあるロング形式のパネルデータ「`ch8ex_long.csv`」を使って **8-1** と **8-2** の問題に，ワイド形式のパネルデータ「`ch8ex_wide.csv`」を使って **8-3** と **8-4** の問題に取り組みましょう。

8-1 横軸に女性労働力率，縦軸に合計特殊出生率をとる散布図を作成しましょう。その際，それぞれのデータが2000年のものか2010年のものかがわかるように表示してください。

8-2 以下の回帰モデルについて，①は2000年と2010年で別々にサンプルサイズ47として推定し，②と③は2000年と2010年を合わせてサンプルサイズ94として推定してみましょう。

① 合計特殊出生率 $= \alpha + \beta_1$ 女性労働力率 $+ u$

② 合計特殊出生率 $= \alpha + \beta_1$ 女性労働力率 $+ \beta_2$ 2010年ダミー $+ u$

③ 合計特殊出生率 $= \alpha + \beta_1$ 女性労働力率 $+ \beta_2$ 2010年ダミー
$+ \beta_3$ 女性労働力率 $\times$ 2010年ダミー $+ u$

8-3 2010年データから2000年データの値を引いた差分データを作成し，横軸に女性労働力率の差分（Δ女性労働力率），縦軸に合計特殊出生率の差分（Δ合計特殊出生率）をとる散布図を作成しましょう。

8-4 差分データで以下の④，⑤を推定し，**8-2** の結果と比較しましょう。

④ Δ合計特殊出生率 $= \delta + \beta_1 \Delta$ 女性労働力率 $+ \Delta u$

⑤ Δ合計特殊出生率 $= \beta_1 \Delta$ 女性労働力率 $+ \Delta u$

第9章 パネルデータ（多時点）に親しむ

Introduction

本章では，第8章と同じように，都道府県別の複数時点からなるパネルデータの分析にチャレンジします。ここでは5時点のデータを使って分析してみましょう。第8章と同じように，パネルデータ分析の利点である観察されない個体効果の扱いがポイントになります。また，パネルデータ用の分析方法も新たに登場します。本章の分析テーマは自殺です。自殺は個人および家族にとっても重要な問題なうえに，社会に与える損失も大きいと考えられます。また，コロナ禍において失業が自殺を引き起こすこともたびたび議論されました。そこで被説明変数に自殺率，説明変数に失業率のほか，自殺に関連しそうないくつかの要因を使い，どのような要因が自殺率に影響しているか分析してみたいと思います。

1 多時点パネルデータを使った分析

パネルデータの回帰モデル

第8章で学んだように，パネルデータを使った分析の最も大きな利点は，個体（個人や企業，都道府県など）の持つ観察されない影響をコントロールすることで，バイアスの少ない係数の推定値が得られることでした。この観察されない影響のことを個体効果と呼びました。この個体効果をどのように扱うかで，パネルデータ用の回帰モデルが異なってきます。回帰モデルとして主要なものが2つあり，1つが**固定効果モデル**で，もう1つが**変量効果モデル**です。

さて，パネルデータの回帰モデルの基本形は(9.1)式の通りです。ここでは，添字（i は個体番号，t は時点）を付けて説明します。

$$Y_{it} = \beta X_{it} + \alpha_i + \lambda_t + \varepsilon_{it} \tag{9.1}$$

(9.1)式の Y_{it} は被説明変数，X_{it} は説明変数で，α_i は個体効果，λ_t は**時点効果**，ε_{it} は誤差項です。個体効果は第8章で学んだように，被説明変数に影響するものの，データとしてとらえられていない，時間で変化しない都道府県らしさを示しています。時点効果は，すべての個体に対して，ある時点に生じる共通した効果を示しています。以下では説明を簡単にするために，時点効果をはずして説明します。なお，時点効果は年ダミーとしてモデルに組み込まれることが多く，説明変数に入っていると考えてくれても問題ありません。パネルデータの分析では個体効果の扱いがポイントになりますので，それに集中したいと思います。

(9.1)式を推定するにあたって最も簡単なのは，以下の(9.2)式のように，個体効果を誤差項の一部とみなして推定することです。

$$Y_{it} = \beta X_{it} + (\alpha_i + \varepsilon_{it}) = \beta X_{it} + u_{it} \tag{9.2}$$

すなわち，パネルデータではあるものの，単に複数時点のデータをプールして最小二乗法で回帰することになります。このことから，(9.2)式は**プールドモデル**などと呼ばれます。パネルデータにプールドモデルが許容されるのは，通常の最小二乗法が前提としている，個体効果が説明変数と相関を持っていない場合です。しかしながら都道府県データでは，観察されない都道府県らしさは，各都道府県の説明変数と相関を持っていることが多いと考えられます。その場合，個体効果を含んだ誤差項と説明変数が相関し，係数の推定値にはバイアスが生じます。これは，第6章で学んだ**除外変数バイアス**です。

そうした場合には，個体効果を誤差項に入れて扱うことはできず，説明変数（ダミー変数）として回帰モデルに組み込む必要があります。説明変数として回帰モデルの中に登場していれば，他の説明変数と相関していても大きな問題にはなりません。そこで，以下の (9.3) 式を推定することになりますが，これが固定効果モデルです。

$$Y_{it} = \beta X_{it} + \alpha_i + \varepsilon_{it} \tag{9.3}$$

固定効果モデルの欠点の1つとして，通常，パネルデータは大量の個体（i）と少ない時点（t）で構成されているため，個体効果（α_i）の推定のためにデータの自由度が大きく低下し，効率的でなくなります（つまり，係数の推定値のばらつきが大きくなります）。そこで，変量効果モデルでは，個体効果がランダムに生じていると考え，再び誤差項の一部とみなして扱います。ただし，その際には，個体効果と説明変数が相関しない，という強い制約が必要になります。この制約が守られないと，先に説明したように係数の推定値にはバイアスが生じます。プールドモデルと異なるのは，個体効果があるために，通常の最小二乗法が前提としている仮定（誤差項同士は相関しない）が満たされないことを許容している点です。そのため，この仮定を緩めた推定方法として**一般化最小二乗法**を用いる必要があります。こうした制約的な条件下では，変量効果モデルは固定効果モデルに比べてより効率的な推定を行うことができます。後ほど，もう少し詳しく説明します。

使用するデータ　本章では，1995年から2015年まで5年おきの5時点のパネルデータを使います。変数の詳細は以下の通りです。説明変数の選定にあたっては，自殺総合対策推進センター（https://jssc.ncnp.go.jp/index.php，現・いのち支える自殺対策推進センター）の情報を参考にしています。

- 自殺率（10万人当たり，人）：「人口動態調査」（厚生労働省）。死因が自殺である者の数を人口総数で除して10万を乗じたもの。
- 失業率（%）：「国勢調査」（総務省）。正式には完全失業率と呼ばれる。完全失業者の定義は，調査期間内に仕事がなく，仕事を探しており，いつでも仕事に就ける人であり，その労働力人口に占める割合が完全失業率。
- 単独世帯割合（%）：「国勢調査」（総務省）。一般世帯に占める人員が1人の世帯の割合。
- 人口密度（1km^{2}当たり，人）：「国勢調査」（総務省）等。人口総数を可住地面積（km^2）で除したもの。分布が歪んでいるため対数（変数名の頭にln）をとって使用する。
- 降水量（100mm）：「過去の気象データ」（気象庁）。年間の降水量。係数の推定値が非常に小さくなるため100mm単位で使用する。

データは，表9-1のようにロング形式にして使用します。人口密度は対数化する前のものを示しています。

表 9-1　5 時点のパネルデータ

都道府県	年	自殺率	失業率	単独世帯割合	人口密度	降水量
北海道	1995	16.8	4.4	27.88	261.6	12.41
青森	1995	20.1	5.0	21.88	469.3	12.31
：	：	：	：	：	：	：
鹿児島	1995	21.7	4.1	27.72	544.4	27.58
沖縄	1995	19.5	10.3	21.94	1144.9	17.63
北海道	2000	26.7	4.8	29.95	259.5	14.45
青森	2000	27.5	5.4	24.08	460.7	14.06
：	：	：	：	：	：	：
鹿児島	2000	26.9	4.9	30.12	550.9	26.67
沖縄	2000	26.7	9.4	24.26	1137.3	26.13
北海道	2005	27.4	6.5	32.40	257.0	12.37
青森	2005	36.8	8.4	25.40	448.4	16.27
：	：	：	：	：	：	：
鹿児島	2005	26.2	6.9	31.61	540.5	19.88
沖縄	2005	24.2	11.9	27.43	1171.4	19.48
北海道	2010	25.4	7.1	34.85	248.0	13.25
青森	2010	29.5	9.0	27.58	424.7	15.70
：	：	：	：	：	：	：
鹿児島	2010	24.4	6.8	33.43	521.7	29.42
沖縄	2010	25.6	11.0	29.39	1193.0	28.96
北海道	2015	19.5	4.6	37.29	240.5	12.75
青森	2015	20.5	5.3	30.13	405.1	10.04
：	：	：	：	：	：	：
鹿児島	2015	19.1	4.7	35.66	497.5	36.64
沖縄	2015	20.8	6.3	32.36	1226.2	14.25

異時点のデータを同時プロットする

回帰分析を行う前に，自殺率と本章の主要な説明変数である失業率の関係について見てみましょう。図 9-1 の散布図では，5 時点のデータがそれぞれ別の形のマーカーで示されています。

図 9-1　自殺率と完全失業率の散布図

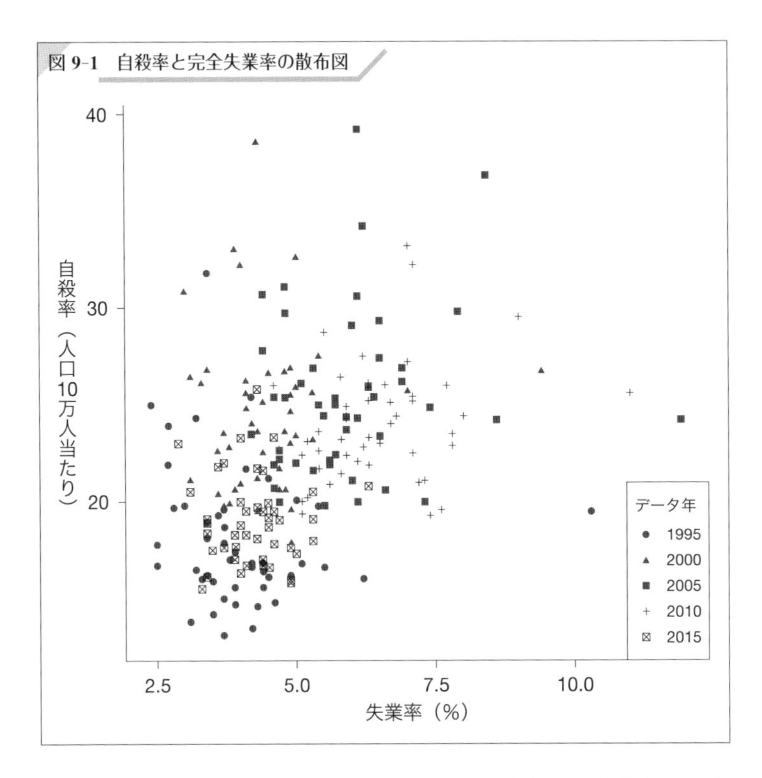

図を見ると，全体的には右上がり，つまり失業率が上昇すると自殺率も上昇している傾向が見えます。時点間の変化で見ても，たとえば少し見にくいですが，1995 年（●）から 2010 年（+）への変化を見ると，失業率が上昇すると同時に，自殺率の水準も上昇しているように見えます。第 8 章のような，各時点での関係性と異時点間の変化の関係性が正反対ということはないように見えます。

Column ⑬ 固定効果，変量効果という呼び方

モデルの名称となっている固定効果（fixed effect）と変量効果（random effect）という言葉の意味は，勘違いされやすいものとなっています。というのも，個体効果はどちらのモデルであっても確率変数（random variable）であり，変量効果のほうでは，説明変数とは関係ないという純粋なランダム効果（random effect）を意味しているからです（Cameron and Trivedi, 2005, p.701）。そこで，Lee（2002, p.16）は，固定効果を個体効果と説明変数の相関を認めている相関効果（related effect），変量効果を相関を認めていない無相関効果（unrelated effect）と呼んでいます。これまでのパネルデータ分析の発展の経緯から固定効果，変量効果という呼び名が定着してしまっていますが，個体効果と説明変数の相関，無相関を意識して区別するのがよいでしょう。

2 固定効果モデルの推定

固定効果モデル

固定効果モデルは，(9.3) 式で示したように，各個体の観察されない特徴をダミー変数として使用するモデルでした。都道府県データの場合，都道府県ダミーを使うことになります。また，個体ごとのダミー変数を使用していることから，固定効果モデルは **LSDV** (Least Squares Dummy Variable) **モデル**とも呼ばれています。

さて，理論的には各個体のダミー変数を使って推定することになっていますが，実際には，式を操作することでこれらを消去して推定します。基本的には第 8 章と同じアイデアですが，少し異なるのは，ここでは個体内で各変数の平均をとって，各時点の値からその平均値を引いた値を分析に用います。つまり，(9.3) 式の平均

をとって (9.4) 式とし（個体効果は時間不変の変数なので，α_i の平均は α_i），

$$\bar{Y}_i = \beta\bar{X}_i + \alpha_i + \bar{\varepsilon}_i \tag{9.4}$$

そして (9.3) 式から (9.4) 式を引きます。

$$\begin{aligned} Y_{it} - \bar{Y}_i &= \beta\left(X_{it} - \bar{X}_i\right) + \alpha_i - \alpha_i + \varepsilon_{it} - \bar{\varepsilon}_i \\ \tilde{Y}_{it} &= \beta\tilde{X}_{it} + \tilde{\varepsilon}_{it} \end{aligned} \tag{9.5}$$

この操作で個体効果 α_i は (9.5) 式から消えます。すなわち，回帰モデルとしては個体効果を考慮しているが，推定では消すことができることになります。第 8 章の式の操作と同じですね。(9.5) 式のように，各時点の値から平均値を引いた変数を新たな変数と見立てて推定します。

なお，この操作からわかるように，固定効果モデルでは時間不変の変数はモデルから消えてしまいますので，その要因の影響は測れません。本章のような集計データの分析ではそうした説明変数はあまりないですが，個票データの場合には，学歴や性別など個人内で変化がない変数の影響を固定効果モデルでは推定することができず，これは，固定効果モデル使用の 1 つのデメリットになります。

次に推定結果を示しますが，時点効果は年ダミーとして使用されています。

推定結果

固定効果モデルの推定結果を以下に示しました。D00 は 2000 年ダミーで，他の年ダミーも同様に表記しています。失業率の係数の推定値が正で 1% 水準で有意になっています。効果としては，失業率が 1% ポイント上昇すると，自殺者数は 10 万人当たり 1.2 人増えることが示さ

Column ⑭ 相関変量効果モデル

固定効果モデルでは，時間で変化しない変数の効果を推定することができません。しかし，これを可能にするモデルとして相関変量効果（correlated random effects）モデルというものがあります。モデルの詳細はここでは省きますが，個体効果を分解して回帰モデルに組み入れて推定を行います。そうすることで，時間で変動する変数の係数について固定効果モデルでの推定値を得ながら，時間で不変な変数の係数の推定値も得ることができます。具体的なやり方は Wooldridge（2020, pp.474-476）に詳しく記載されていますので，興味のある方は読んでみてください。

れています。その他，人口密度と降水量もともに有意となっており，自殺率に対して正の効果を持っていることがわかります。単独世帯割合は，推定値は正となっていますが，有意とはなっていません。

$$
\begin{aligned}
\widehat{\text{自殺率}} = & \underset{(0.308)}{1.214}\,\text{失業率}^{***} + \underset{(0.239)}{0.229}\,\text{単独世帯割合} \\
& + \underset{(4.6)}{26.2}\ln\text{人口密度}^{***} + \underset{(0.046)}{0.119}\,\text{降水量}^{***} \\
& + \underset{(0.632)}{5.532}\,\text{D00}^{***} + \underset{(1.267)}{4.608}\,\text{D05}^{***} \\
& + \underset{(1.912)}{1.911}\,\text{D10} - \underset{(2.113)}{0.277}\,\text{D15}
\end{aligned}
$$

$N = 235$，個体数=47，$R^2 = 0.836$, Adj-$R^2 = 0.786$。（　）内は標準誤差。
***, **, * はそれぞれ 1%，5%，10% 水準で有意であることを示す。

固定効果モデルか プールドモデルか

第1節で述べたように，個体効果を無視することができるのなら，プールドモデルで推定したほうが，効率的な推定をすることができます。これは，固定効果モデルでは，各時点の値から平均値を引く操作をする際に，個体数分のデータの自由度を失っているためです。そこで，固定効果モデルとプールドモデルのどちらが適切かの検定を行います。

検定自体はそれほど難しくなく，個体効果の係数がすべて0を帰無仮説とした F 検定を行います。もし，帰無仮説が棄却されたら，個体効果のいくつかは自殺率と相関があり，ダミー変数として使用したほうがよいことになります。つまり，固定効果モデルが採択されることになります。

検定の結果，F 値は 13.72 となり，1% 水準で帰無仮説は棄却されました。つまり，プールドモデルではなく，固定効果モデルが採択されたことになります。ただし，これはトーナメント戦の準決勝に勝ったようなもので，通常，この後で変量効果モデルとどちらが適切かを検定してから，最終的に使用するモデルを決定することになります。

3 変量効果モデルの推定

変量効果モデル

続いて，変量効果モデルの推定を行います。個体効果を考慮したパネルデータの推定モデルは (9.3) 式でした。固定効果モデルでは，個体効果 α_i が他の説明変数と相関があってもよいように，以下のように説明変数と同じように用いました。

$$Y_{it} = \beta X_{it} + \alpha_i + \varepsilon_{it} \tag{9.3}$$

もし，個体効果が他の説明変数と相関がなければ，プールドモデルと同じように，個体効果を誤差項の一部として (9.2) 式のように扱うことができることはすでに説明しました。

$$Y_{it} = \beta X_{it} + (\alpha_i + \varepsilon_{it}) = \beta X_{it} + u_{it} \tag{9.2}$$

ただし，誤差項の中に個体効果が入っていますので，同一個体内では，誤差項同士が相関しないという通常の最小二乗法が前提としている基本的な仮定が守られません。この症状のことを**系列相関**と呼びます。この場合，最小二乗法による標準誤差は正しくないものになります。系列相関に対処するための方法について詳述はしませんが，誤差項の状態について，より一般的なものを想定して推定します。この方法を一般化最小二乗法と呼びます。

以下は変量効果モデルの推定結果です。失業率の係数の推定値は正で有意ですが，係数は小さく，有意水準も 10% と固定効果モデルに比べて低くなっています。限界効果としては，失業率が 1% ポイント上昇すると，自殺者数は 10 万人当たり 0.4 人増えるという結果になっています。また，人口密度は負で有意となっており，固定効果モデルと正負が反対になっています。

$$\begin{aligned}\widehat{\text{自殺率}} = &\underset{(4.2)}{28.6^{***}} + \underset{(0.235)}{0.408}\,\text{失業率}^{*} + \underset{(0.111)}{0.050}\,\text{単独世帯割合} \\ &- \underset{(0.657)}{2.164}\ln \text{人口密度}^{***} + \underset{(0.044)}{0.106}\,\text{降水量}^{**} \\ &+ \underset{(0.431)}{6.113}\,\text{D00}^{***} + \underset{(0.709)}{6.500}\,\text{D05}^{***} \\ &+ \underset{(0.976)}{4.285}\,\text{D10}^{***} - \underset{(1.035)}{0.013}\,\text{D15}\end{aligned}$$

$N = 235$，個体数=47，$R^2 = 0.774$, Adj-$R^2 = 0.766$。( ) 内は標準誤差。
***, **, * はそれぞれ 1%，5%，10% 水準で有意であることを示す。

変量効果モデルかプールドモデルか

固定効果モデルのときと同じように，個体効果を無視することができれば，プールドモデルで推定するほうが効率的です。そこで，変量効果モデルとプールドモデルのどちらが適切なモデルなのかの検定を行います。これには，ブルーシュ＝ペーガンの**ラグランジュ乗数検定**を使います。ここでの帰無仮説は，個体効果の分散は0です。

本章の結果から検定を行うと，カイ二乗値は204.3で1%水準で有意であり，帰無仮説は棄却されています。すなわち，推定モデルにおいて，個体効果には無視できない影響力があることがわかりますので，プールドモデルよりも変量効果モデルを使うほうが適切ということになります。

ただし，変量効果モデルかプールドモデルかの，この検定にはいくつか欠点があり，また，パネルデータであれば，通常，変量効果のほうが望ましい性質を持っています（Wooldridge, 2020, p.473）。そのため，特別な目的がなければ，このモデル選択の検定を行う必要はないでしょう。

4 固定効果モデルか変量効果モデルか

ハウスマン検定

ここまでの分析で，固定効果モデルとプールドモデルでは，固定効果モデルのほうが適切であることが明らかになっています。そこで，最後に（決勝戦として）固定効果モデルと変量効果モデルのどちらのほうが，今回のデータ分析において適切なのか検定したいと思います。この場合，**ハウスマン検定**を使います。

ハウスマン検定の帰無仮説は，個体効果が説明変数と相関していない，というものになります。どのように検定するかと言うと，もし個体効果が説明変数と相関していなければ，固定効果モデルと変量効果モデルの係数の推定値が近いものになるはずであるため，両モデルの係数の推定値を比較します。そして，差がなければ，個体効果と説明変数が相関していないことが確認されます。

ハウスマン検定の結果，カイ二乗値は40.5で1%水準で有意となります。つまり，個体効果と説明変数に相関がないという帰無仮説は棄却，対立仮説が採択され，個体効果と説明変数には相関があることが確認されました。したがって，このデータでは，固定効果モデルを使うことが適切となります。

ほかのモデル選択の考え方

本章では，ハウスマン検定で最終的に固定効果モデルと変量効果モデルのどちらが適切か決めました。このように検定で決めるというのが客観的な方法ですが，それ以外にも，データの性質などから推定モデルを選択する，という考え方もあります。たとえば，使用しているデータが大きな母集団からのランダム標本であれば，個体効果は純粋にランダムに生じていると見て，変量効果モデルを使う理由になるでしょう。一方，本章で使用した都道府県のような大きな地理的単位のデータでは，そのようなランダム標本として扱うことはできず，また，個体効果自体にも関心がある場合は，固定効果モデルを使用するのが自然ということになります (Wooldridge, 2020, p.474)。したがって，「(データの性質や分析の目的などが) 実証分析において固定効果モデルと変量効果モデルのどちらを用いるか，を決める際にもっとも重要となる」(シャオ，2007,

Column ⑮ アンバランスド・パネル

本章の分析では，各都道府県データが毎年観察されていましたが，まれにある都道府県のデータがない，ということが生じます。たとえば東日本大震災の直後は東北地方のデータがないことなどがあります。このように，データがいくつか欠けている場合を**アンバランスド・パネル**と呼びます。個票データでは，調査のたびに少しずつ対象が脱落していくので，通常，アンバランスド・パネルになっています。このとき，特定の属性（たとえば若い，低学歴）の人が脱落しやすいとすると，母集団を反映していないデータを使うことになる可能性があります。そこで，脱落をどのように推定上考慮するか（ウェイトによる補正など），あるいは欠けているデータをどのように埋めるか（**多重代入法**など）が，パネルデータ分析のテーマとなってきます。

pp.51-52）とも言われています。

なお，固定効果モデルと変量効果モデルの選択に際し，個票のパネルデータ分析などにおいて，時間不変の変数である学歴の効果を見たいので変量効果にしたい，というような話を聞くことがよくあります。モデル選択の検定結果を重視するか，データの発生メカニズムや分析目的を重視するのか，判断に迷うところでしょう。どうしても学歴のような時間不変な変数の効果を推定したいということであれば，*Column* ⑭で紹介した相関変量効果モデルを使うほうがよいでしょう。また，交差項を使えば，学歴の主効果はわかりませんが，個体内で変動する変数との交差効果について推定することはできます。

固定効果モデル，変量効果モデル，プールドモデルの関係

表 9-2 に，これまでに推定した固定効果モデル，変量効果モデルにプールドモデルの結果を合わせてまとめました。失業率の効果はプールドモデルに比べて，固定効果モデルでは 3 倍程度大

表 9-2　プールド，固定効果，変量効果の各モデルの推定結果

	プールド	固定効果	変量効果
失業率	0.420**	1.214***	0.408*
	(0.185)	(0.308)	(0.235)
単独世帯割合	0.068	0.229	0.050
	(0.060)	(0.239)	(0.111)
ln 人口密度	−2.609***	26.2***	−2.164***
	(0.322)	(4.6)	(0.657)
降水量	0.070*	0.119***	0.106**
	(0.040)	(0.046)	(0.044)
D00	6.072***	5.532***	6.113***
	(0.635)	(0.632)	(0.431)
D05	6.349***	4.608***	6.500***
	(0.730)	(1.267)	(0.709)
D10	4.240***	1.911	4.285***
	(0.818)	(1.912)	(0.976)
D15	−0.111	−0.277	−0.013
	(0.808)	(2.113)	(1.035)
決定係数	0.595	0.836	0.774
自由度修正済み決定係数	0.580	0.786	0.766
個体数	47	47	47
サンプルサイズ	235	235	235

（注）　***,**,* はそれぞれ 1%，5%，10% 水準で有意であることを示す。
（　）内は標準誤差。

きいものになっていることがわかります。観察されない都道府県らしさをコントロールしたことでこのような変化が生じており，プールドモデルでは失業の影響は過小に評価されていたことになります。また，人口密度が，固定効果モデルとそれ以外で逆の推定係数となっていることも興味深いです。すなわち，プールドモデルでは，都会度が増すほど自殺が少なくなっていますが，固定効果モデ

ルでは，都会度が高まるほど自殺が増加するという結果が得られています。パネルデータの分析では，このように，モデル間で推定係数の正負が逆になることもあり，これまで行われてきた多くのクロスセクション分析の研究結果が覆される可能性を秘めています。その意味でも，各モデルの推定結果を比較して吟味することも，パネルデータを使った意味を理解するうえで重要です。

Cameron, A. C. and P. K. Trivedi (2005) *Microeconometrics: Methods and Applications*, Cambridge University Press.

Lee, M.-J. (2002) *Panel Data Econometrics: Methods-of-Moments and Limited Dependent Variables*, Academic Press.

Wooldridge, J. M. (2020) *Introductory Econometrics: A Modern Approach*, 7th Edition, Cengage.

Hsiao, C. (2003) *Analysis of Panel Data*, 2nd Edition, Cambridge University Press（シャオ, C.／国友直人訳（2007）『ミクロ計量経済学の方法——パネル・データ分析』東洋経済新報社）

練習問題

ここでは，窃盗犯罪の認知件数の規定要因について，1995年から2015年までの5年ごと5時点のパネルデータを使って，分析してみます。本書のウェブサポートページにある「`ch9ex.csv`」を使って，**9-1**～**9-5** の問題に取り組みましょう。使用する変数は，窃盗犯件数［`theft`］（人口千人当たり，件），失業率［`unemp`］（%），警察官数［police］（人口千人当たり，人），実質世帯収入［`rthinc`］（千円），ln人口密度［`lpopd`］（1km² 当たり，人）で，［　］はデータセットでの変数名です。第6章の練習問題で使用した変数のため，詳細を省略していますが，実質世帯収入については，都道府県間に加えて異時点間の物価差を考慮するため，「消費者物価指数」（総務省）の消費者物価（家賃を除く総合）の時系列の指数も使って実質化しています。

ここでは以下のモデルを使用します。

$$
\begin{aligned}
\text{窃盗犯件数} = \alpha &+ \beta_1 \text{失業率} + \beta_2 \text{警察官数} + \beta_3 \text{実質世帯収入} \\
&+ \beta_4 \ln \text{人口密度} \\
&+ \delta_1\, \mathsf{D00} + \delta_2\, \mathsf{D05} + \delta_3\, \mathsf{D10} + \delta_4\, \mathsf{D15} + u
\end{aligned}
$$

9-1 横軸に失業率，縦軸に窃盗犯件数をとる散布図を作成しましょう。その際，それぞれのデータが何年のものかがわかるように表示してください。

9-2 固定効果モデルを推定し，プールドモデルとどちらが適切か F 検定を行ってみましょう。

9-3 変量効果モデルを推定し，プールドモデルとどちらが適切かブルーシュ＝ペーガンのラグランジュ乗数検定を行ってみましょう。

9-4 ハウスマン検定で，固定効果モデルと変量効果モデルのどちらが適切か確認しましょう。

9-5 上記3つのモデルの推定結果を比較してみましょう。

第 III 部

個票データの分析にチャレンジする

Contents

第10章 個票データに親しむ

Introduction

第 II 部では，都道府県データなど集計データを使った分析について学びました。続く第 III 部の 3 つの章では，個票データによる分析について学習していきます。個票データは集計データとは違ってやや扱いにくい面がありますので，本章では，まず個票データの特徴を知り，データを加工・整理した後で，簡単な分析を行い，個票データの扱いに慣れていきたいと思います。個票データは，集計データよりも精緻な分析をすることが可能になりますので，臆せず分析方法を習得してください。

1 個票データの特徴

本章で使用するデータ

本章では，第 2 章でも紹介しました「働き方とライフスタイルの変化に関する全国調査」の若年パネル調査（JLPS-Y：Japanese Life Course Panel Surveys of the Youth）のオープンデータを使用し，データの加工や整理の仕方，簡単な分析の方法について学びます。JLPS-Y は，2006 年 12 月末現在で日本全国に居住する 20〜34 歳の男女を対象に，職業，家族，教育，意識，健康など多くの項目について質問している調査です。調査の詳細については，調査主体である東京大学社会科学研究所附属社会調査・データアーカイブ研究センターのウェブサイトをご覧ください（https://csrda.iss.u-tokyo.ac.jp/socialresearch/JLPSYM/）。JLPS-Y は，学生や研究者であれば，同センターに一定の手続きを経て申請することで借りることができます。本章では，JLPS-Y のうち，2007 年に行われた第 1 回の調査データから 1000 名をランダムに抽出し，変数を限定したオープンデータを使用します。このオープンデータは，同センターのウェブサイトからダウンロードすることができます（本書執筆時点でURL が未定なため，詳細は本書のウェブサポートページをご覧ください）。

JLPS-Y は個人を複数時点にわたって追跡調査したパネルデータですが，オープンデータとしては 1 時点のみとなっています。本書で個票データの扱いに慣れたら，パネルデータとしての JLPS-Y を借りて分析にチャレンジしてみてください。個票のパネルデータの分析については，第 9 章で学んだ手法を使うことができます。

変数名の変更

個票データというのは，アンケート調査などで得られた個人ごと（企業などの場合もあります）の情報を並べたデータのことです。たとえば，表 10-1 のような構造になっています。ここでは，JLPS-Y のオープンデータの一部を表示しています。

表 10-1 の 1 行目には，JLPS-Y のオープンデータにつけられている変数名を表示しています。基本的には調査票での質問番号が変数名になっていますが，基本属性（性別や生年月）には意味のわかる変数名（sex, ybirth, mbirth）がつけられています。なお，表の 2 行目は，実際のデータにはありませんが，それぞれが何の変数なのかを筆者が加筆しています。

さて，そのままの変数名を使って分析してもいいですし，変数名

表 10-1　個票データの構造

caseid	sex	ybirth	mbirth	ZQ23A	ZQ24	ZQ47A	ZQ50	ZQ52A	ZQ52Y
ID	性別	生年	生月	最終学歴	最終学校の卒業	個人年収	配偶状態	配偶者生年-元号	配偶者生年-年
10001	1	1976	10	5	1	6	2	2	51
10002	1	1972	1	3	1	9	2	2	51
10003	1	1975	4	3	1	6	2	2	56
10004	2	1974	11	3	1	6	2	2	48
10005	1	1978	1	5	1	1	1	8	888
⋮	⋮	⋮	⋮	⋮	⋮	⋮	⋮	⋮	⋮
10024	1	1975	9	3	1	99	1	8	888
⋮	⋮	⋮		⋮	⋮	⋮	⋮	⋮	⋮
10072	1	1977	4	2	9	6	2	9	999
⋮	⋮	⋮		⋮	⋮	⋮	⋮	⋮	⋮
10996	1	1986	4	5	3	2	1	8	888
10997	1	1981	4	5	2	5	1	8	888
10998	2	1972	5	2	1	2	2	2	48
10999	1	1976	6	2	1	5	1	8	888
11000	2	1983	7	3	1	1	2	1	82

を変えたほうが作業がしやすいと思えば変えたほうがよいでしょう。その際，近年の統計ソフトは日本語に対応するようになっていますので，変数名を日本語にしてもいいでしょう。ただし，プログラムを書く際に全角と半角を切り替えるのは面倒なうえ，全角文字がエラーを引き起こす可能性もあるので，半角で英語（あるいはローマ字）で変数名をつけるのがいいでしょう。たとえばZQ23A（最終学歴）はeduあるいはgaku，ZQ50（配偶状態）はmarあるいはhaiguなどのように示すと，実際の分析で使いやすくなります。なお，データを入手してすぐに変数名を変更する必要はなく，後で欠損値などのリコードをするときに，リコードした新しい変数を保存する際に，意味のわかる変数名をつけるのが効率的でしょう。

個票データのほとんどは質的データ

表 10-1 の caseid は回答者の識別番号で，ここでは特別な意味はありません。生年と生月には西暦と月が入力されていて意味がわかりますが，それ以外の変数は数値だけでは意味がわからない形式になっています。たとえば，性別は 1 と 2 と入力されています。JLPS-Y では 1 が男性，2 が女性を示していますが，これはデータに付属する情報（ラベルやコードの表）などで確認する必要があります。統計ソフトによっては，データを表示させたときに性別に男性，女性などのラベルが表示されるものもあります。最終学歴や個人年収なども同様に量的には意味のないデータとなっています。こうした点で，都道府県データなどの集計データとは，様相が異なっていることがわかると思います。

このように，個票データには**質的**なものが多く含まれています。最終学歴は 2（高校），5（大学）となっていますが，大学の数値が高校の数値より 3 だけ大きい，あるいは 2.5 倍であることに意味はありません。第 7 章で学んだように修学年数のような**量的データ**であればその差などに意味はありました。ここでの最終学歴は便宜上，数値によって分類がなされているだけです。このように数値として量的な意味がなく，分類のために数値が与えられているものを**質的データ**と呼びます。個票データのほとんどは，この質的データで構成されています。

無回答や非該当の扱い

個票データで注意することとして，無回答や非該当といった回答が数値化されていることがあります。これも集計データではなかった特徴の 1 つです。表 10-1 の個人年収の列を見てください。質問票には 1（なし）から 13（2250 万円以上）までの選択肢のほかに，14（わからない）もあり

図 10-1　配偶状態に関する質問

問 50. あなたは現在結婚していますか。

1. 未婚 → ★問 56（18 頁）にお進みください。
2. 既婚（配偶者あり）
3. 死別
4. 離別
（2～4）★ひきつづき問 51 をお答えください。

以下では，既婚の方は現在の結婚・配偶者について
　　　　　離死別の方は一番最近の結婚・配偶者について
それぞれお答えください

ますが，実際のデータでは 99（caseid=10024）という質問票にはない数値が入力されています。これは**無回答**という意味で入力されています。一般的に，収入については回答したくない人が多いので，この質問に回答せずにアンケートを返送してきます。そこで，これを情報化するために，調査票の選択肢番号から大きくはずれた値を識別のために利用しています。こうした無回答は**欠損値**に変換して，分析で用いないようにすることが多いですが，無回答者が多い場合には，そのまま使用したりする可能性があります。これについては後で解説します。

次に配偶状態に関連するデータを見てみましょう。図 10-1 は JLPS-Y の質問票の一部ですが，配偶状態によって，その後に答える質問が分岐しています。

したがって，配偶状態が未婚（1）の場合は問 56 にとぶので，問 51～55 はデータが欠損します。この場合の欠損は**非該当**ということになります。実際，たとえば問 52（ZQ52A，ZQ52Y）は配偶

者の生年についての質問ですが，表10-1に示したようにそれぞれ8，888というデータになっています（たとえばcaseid=10005)。一方，それ以外の結婚経験者（既婚，離別，死別）は回答することになっていますが，無回答がいます（caseid=10072)。そのため，無回答には9，999という値が使われています。データが得られていないという意味では同じですが，無回答と非該当では意味が異なるので，それがわかるようにデータ化されています。

質問票だけではデータはわからない

さて，すでに触れたように，個票データでは質問票の選択肢以外の数値がデータとして入力されていることがあります。先ほど見たように，非該当には8や888，無回答には9や99といった数値が与えられていました。もう少し特殊なケースを見てみましょう。JLPS-Yの現在の働き方に関する質問（質問票の問4（1））では，以下の選択肢が提示されています。

1. 経営者，役員　2. 正社員・正職員　3. パート・アルバイト（学生アルバイトを含む）・契約・臨時・嘱託　4. 派遣社員　5. 請負社員　6. 自営業主，自由業者　7. 家族従業者　8. 内職　9. その他（具体的に）

しかしながら，実際のデータを見ると以下が追加されています。

10. 無職（学生は除く)，11. 学生（働いていない)，12. 学生（現在非正規で働いている）

これらの選択肢は，関連する質問項目から判断して，調査実施機関などがデータに追加したものです。一般に，その他で同じ回答が一定程度あると，選択肢としてデータに追加されることがよくあります。

学歴を扱う際の注意　個票を扱ううえで，少し細かい注意点として最終学歴の扱い方があります。JLPS-Yには，以下のような最後に通った学校についての質問が2つあります。

問23　次のうち，あなたが最後に通った（または現在通学中の）学校はどれですか。

1. 中学校　2. 高等学校　3. 専修学校（専門学校）　4. 短期大学・高等専門学校（5年制）　5. 大学　6. 大学院　7. わからない

問24　あなたは上記の最後の学校を卒業しましたか。

1. 卒業した　2. 中退した　3. 在学中

これらの質問で注意するのは，在学中の対象者のほか，中退した対象者も最終学歴を回答している点です。表10-1を見るとcaseid =10996はまだ在学中（3）ですので，最終学歴を大学（5）としてよいかわかりません。同様に，caseid =10997は最終学歴が大学（5）になっていますが，最終学校の卒業が中退（2）なので，最終学歴を高校（2）に変更する必要があるかもしれません。もちろん，最終学年での中退であれば，最終学歴相当の学力が身についていると判断できるかもしれませんが，JLPS-Yではそうした情報は得られていません。

こうした該当者はそれほど多くはないにしても，そのまま分析に使用した場合，結果を攪乱しそうです。そこで以下のように処理するのも一案です。たとえば，学歴の就業や賃金への影響という点では卒業資格は重要ですので，卒業した場合のみ，その学歴と考えるべきでしょう。一方，たとえば性別役割分業意識への学歴の影響という意味では，卒業資格はあまり関係なく，大学で教育を受けたことが重要なので，在学中や中退も回答した学歴のままでいいかもしれません。

複数回答の質問

ここまでの選択式の質問では，単数回答について見てきました。そのほか，個票データでは複数回答の選択式の質問もあります。JLPS-Y の問 11 は，これまでの出来事の経験に関する質問です。質問によっては3つまで，というように選択数を限定しているものもありますが，ここではそのような制限はありません。

問 11　あなたは今までに以下のような出来事を経験したことがありますか。あてはまる番号すべてに◯をつけてください。（◯はいくつでも）

1. 親が失業した/親が事業で失敗した
2. 親が離婚した
3. 親が再婚した
4. 自分が事業で失敗した
5. 自分が失業した
6. 自分が転職した
7. 自分が同棲した
8. 自分が離婚した

表 10-2　複数回答のデータ

caseid	ZQ11_A 選択肢 1	ZQ11_B 選択肢 2	ZQ11_C 選択肢 3	ZQ11_D 選択肢 4	…	ZQ11_L 選択肢 12	ZQ11_M 選択肢 13	ZQ11_N 選択肢 14	ZQ11_O 選択肢 15
10001	2	2	2	2	…	2	2	2	2
10002	2	2	2	2	…	2	2	2	2
10003	2	2	2	2	…	2	2	2	2
10004	2	2	2	2	…	2	2	2	2
10005	2	2	2	2	…	1	2	2	2
:	:	:	:	:	…	:	:	:	:
10996	2	2	2	2	…	2	2	2	2
10997	2	1	2	2	…	2	2	2	2
10998	1	2	2	2	…	2	1	1	2
10999	1	2	2	2	…	2	2	2	2
11000	2	2	2	2	…	2	1	2	2

9. 自分が再婚した
10. 自分が学校でいじめを受けた
11. 自分が大きな事故や災害にあった
12. 自分が暴行・強盗・恐喝などの犯罪被害にあった
13. 自分が手術や長期療養を要する病気・ケガをした
14. 自分が家族の看病・介護をした
15. その他大きな出来事

表 10-2 は問 11 の実際のデータですが，複数回答の場合，このように質問ごとではなく選択肢ごとのデータになっていることが多いです。ここでは選択肢ごとに選択 =1，非選択 =2 となっています。他の調査データでは，1 つのセルの中に「1, 3, 12」というように，回答者が選択した番号をまとめているものもありますので，注意しましょう。

2 データの加工・整理

分析前の準備に注意　ここまで，集計データにはなかった個票データの特徴について学んできました。次に，データを分析に使えるように加工・整理することについて学びましょう。なかなか分析にたどりつかなくてストレスを感じるかもしれませんが，個票データでは分析の準備の段階がとても重要です。これが不十分だとおかしな結果になり，結局すべてをやり直すことになるので頑張りましょう。

データをまとめて見る　ここで，生活全般に関する満足度（以降，生活満足度）に関するデータを見てみます。JLPS-Y では，生活満足度に関して以下のような質問と選択肢が用意されています。

問 30　次のことについて，現在あなたはどのくらい満足していますか。
D. 生活全般　(1) 満足している　(2) どちらかといえば満足している　(3) どちらともいえない　(4) どちらかといえば不満である　(5) 不満である

個票データはデータ数が 1000 を超えることも多く，データを直接見て状況を把握するのは難しいです。そこで，度数分布（表 10-3）を見て把握しましょう。上で見たように 9 は調査票の選択肢にはなく，無回答がデータ化されているのがわかります。

表 10-3　生活満足度の度数分布表

ZQ30D	*N*
1	163
2	431
3	257
4	103
5	37
9	9

非該当，無回答の処理方法

生活満足度の無回答 9 は数値として意味がありませんので，分析に含めないほうがよいでしょう。そこで以降の分析作業を楽にするために，生活満足度変数の 9 は欠損値（統計ソフト R ではNA）に変換します。NA は Not Available の略です。このようにしておくと生活満足度が NA の対象は，自動的に分析から除外されるので便利です。もし NA にしておかないと，非常に低い生活満足度として扱われてしまいます。このように，ある値を別の値等に変換する作業を**リコード**と呼びます。なお，リコードする際，元のデータに上書きするとリコードがうまくできたかの確認が難しくなるので，新しい変数（ここでは lsat）としてデータセットに追加したほうがよいでしょう（表 10-4 参照)。

表 10-4 のように，見比べてもリコードがうまくできているか確認できますが，すべてを確認するのはあまりにも大変です。そこで，表 10-5 のようなクロス表にして確認するのが一般的です。

ここでは，無回答を NA にリコードしましたが，ついでに他の選択肢もリコードしたほうがいいかもしれません。回帰分析（第

表 10-4 変数のリコード

caseid	ZQ30D	lsat
:	:	:
10140	2	2
10141	3	3
10142	2	2
10143	2	2
10144	9	NA
10145	2	2
:	:	:

表 10-5 クロス表でリコードの確認

リコード後 / リコード前		lsat					
		1	2	3	4	5	NA
ZQ30D	1	163	0	0	0	0	0
	2	0	431	0	0	0	0
	3	0	0	257	0	0	0
	4	0	0	0	103	0	0
	5	0	0	0	0	37	0
	9	0	0	0	0	0	9

12 章で扱う順序回帰モデルなど）で，この生活満足度をそのまま従属変数（被説明変数）にして分析した場合，独立変数（説明変数）の係数の推定値が正であることを見て，生活満足度を引き下げる効果があると解釈しなければならないのは，混乱を招くでしょう。そこで満足を 5，不満足を 1，というように逆転してリコードすることも 1 つの方法です。こうすることで，係数の推定値が正の場合，生活満足度を上昇させる効果があると解釈できるようになり，解釈のミスが減るでしょう。本章では，オープンデータの数値の順を維持し

ますが，第12章の分析では数値の順を逆転させて用いることになります。

質的データを量的に扱えるようにする

JLPS-Yの個人年収は，以下のような選択肢でデータが得られています。

問47　過去1年間の収入についてうかがいます。あなた個人，配偶者，世帯全体の収入はそれぞれどれくらいでしょうか。臨時収入，副収入も含めてお答えください。

1. なし
2. 25万円未満
3. 50万円くらい（25〜75万円未満）
4. 100万円くらい（75〜150万円未満）

⋮

12. 2,000万円くらい（1,750〜2,250万円未満）
13. 2,250万円以上
14. わからない

年収の数値が，なしが1，25万円未満が2になっているなど，質的データになっていることがわかります。そこで，年収のデータに**階級値**を与えて，量的データとして分析できるようにリコードしてみましょう。そうすることで，やや荒い指標ではありますが，年収の平均値などを計算することができるようになります。

階級値の与え方としては，各階級の端の値（最小値と最大値）を足して2で割ります。たとえば，25〜75万円未満のカテゴリーは以下のようになります。

図 10-2　精神的健康に関する質問

問 26. 以下の項目について，過去 1 ヶ月間にあなたはどのくらいの頻度で感じましたか。一番よくあてはまる番号を選んでください。(○ はそれぞれにつき 1 つ)

	いつもあった	ほとんどいつもあった	ときどきあった	まれにあった	まったくなかった
A. かなり神経質であったこと	1	2	3	4	5
B. どうにもならないくらい気分が落ち込んでいたこと	1	2	3	4	5
C. 落ち着いていておだやかな気分であったこと	1	2	3	4	5
D. おちこんで，ゆううつな気分であったこと	1	2	3	4	5
E. 楽しい気分であったこと	1	2	3	4	5

$$(25 + 75)/2 = 50$$

JLPS-Y の質問票では，回答がしやすいように階級値も選択肢として表示されています。ただし，よく見ると階級値と少しずれていたりする場合もあります。たとえば 75〜150 万円未満のところは 112.5 万円が階級値になるので，100 万円くらい，という表示と少しずれています。どのような値をあてはめるか迷いますが，回答者が「○○○万円くらい」を見て選択しているとも考えられるので，この値を階級値としても大きな問題にはならないでしょう。

複数の変数の値を合計して 1 つの変数をつくる

いくつかの変数の値を合計して，1 つの変数を作成することがあります。ここでは精神的健康の指標である MHI-5 (Five-item version of the Mental Health Inventory) を作成します (Berwick et al., 1991)。MHI-5 は 5 つの質問で構成される精神的健康度を測定する指標で，各質問の得点を合計して使用します。JLPS-Y の問 26 の A〜E が，その 5 つの質問項目になっています。具体的には

図 10-2 の通りです。なお，この MHI-5 は第 11 章で従属変数として使用します。

各質問に対して頻度に関する選択肢がありますが，こうした 5 段階の回答は，**リッカート尺度**と呼ばれます。頻度ごとに数値が表記されていますが，MHI-5 は 5 項目の合計得点であり，量的データとして扱われることが多いです。そこで，数値を合計しますが，よく見ると，精神的健康度の具合を表す数字の並びが逆になっているものがあります。項目 A，B，D では，いつもあった (1) ことは精神的健康が悪いことを意味しますが，項目 C，E では，いつもあった (1) ことは精神的健康が良いことを意味しています。そこで，ここでは C と E の数値を以下のように逆方向にリコードし，9 (無回答) は NA にします。

いつもあった 1→5　　ほとんどいつもあった 2→4
ときどきあった 3→3　　まれにあった 4→2
まったくなかった 5→1　　無回答 →NA

項目 A，B，D については無回答のみ NA にリコードします。クロス表を作成して，リコードがうまくできたか確認するのを忘れないようにしてください。

こうしてリコードした A〜E の 5 項目について合計した後，Ware et al. (1993) に従って 0〜100 点に変換します。これで，数値が大きいほど精神的健康が良いことを示す MHI-5 が完成です。この MHI-5 は，相関分析や回帰分析に用いることができます。

なお，MHI-5 のように確立された指標でなくても，このようなデータの合成は他の指標にも適用可能です。たとえば仕事の充実度について，仕事のやりがいを感じている，仕事で成長が実感できているなど，いくつかの項目の得点を合計して，総合的な仕事充実度得点として分析に用いることができます。ただし，その場合，各項目が同じ概念（仕事充実度）を測定しているかを確認する必要があります。このことを**内的一貫性**などと呼びます。その内的一貫性を測る指標が**クロンバックの α 係数**と呼ばれるもので，これが 0.8 以上であると信頼性が高い指標であると言えます。ただ，個票データでは 0.7 以上であればよく，0.6 以上であれば許容できるとされています（三輪, 2007）。本章で使用する MHI-5 の，リコード後の 5 つの質問項目の α 係数は 0.79 となっており，信頼できる指標であると言えます。

複数の選択肢をいくつかにまとめる

単一選択の質問ですが，選択肢がたくさんある場合，いくつか似たものでまとめることがあります。こうすることで，従属変数として使えるようになるほか，独立変数として扱いや解釈がしやすいようにすることができます。以下は，JLPS-Y の 10 年後の働き方に関する希望の質問です。

問 61　あなたは，10 年後どのような働き方をしていたいと思いますか。（〇は 1 つ）

1. 正社員・正職員として働いていたい
2. 自分で事業をおこしていたい
3. 親の家業を継いでいたい
4. 独立して一人で仕事をしていたい
5. アルバイトやパートで働いていたい
6. 専業主婦・主夫でいたい

7. 働かないでいたい
8. その他（具体的に　　　　　　　　　　　　　　　　　　　）
9. わからない

たとえば，10 年後の働き方の希望を従属変数にして，その規定要因を分析したい場合には，このままの選択肢で使うのは難しいでしょう。順序があるわけでもありませんし，多項ロジットのような分析をするにしても選択肢が多いうえに，選択肢間で似たものもあるので，解釈は困難でしょう。また，独立変数として使用した場合も，回答者が少ないカテゴリーは，信頼性の低い結果になりやすいので，まとめたほうがよいことも多いです。そうした場合，10 年後の働き方を少ないカテゴリーにまとめることもあります。たとえばこの場合，3 つのグループに分けるのも 1 つの方法です。その他やわからないをどう扱うかは別として，1 と 5 を被雇用者的，2〜4 を自営的，6〜7 を無職的，とまとめることもできるでしょう。

3 簡単な分析を通してデータの特徴をつかむ

回帰分析の前に

統計分析を行ううえで回帰分析は主要な手法ではありますが，回帰分析の前に，データの**記述統計**（平均値，標準偏差，最小値，最大値）の確認や，クロス表による分析などを行っておくことも大切です。これらの確認や分析は，回帰分析の結果を解釈する際にも役に立ちます。また，論文を執筆する際には，回帰分析の結果を示す前に，データの特徴を読み手に伝えるために，記述統計は最低限示す必要があります。記

図 10-3　生活満足度のヒストグラム

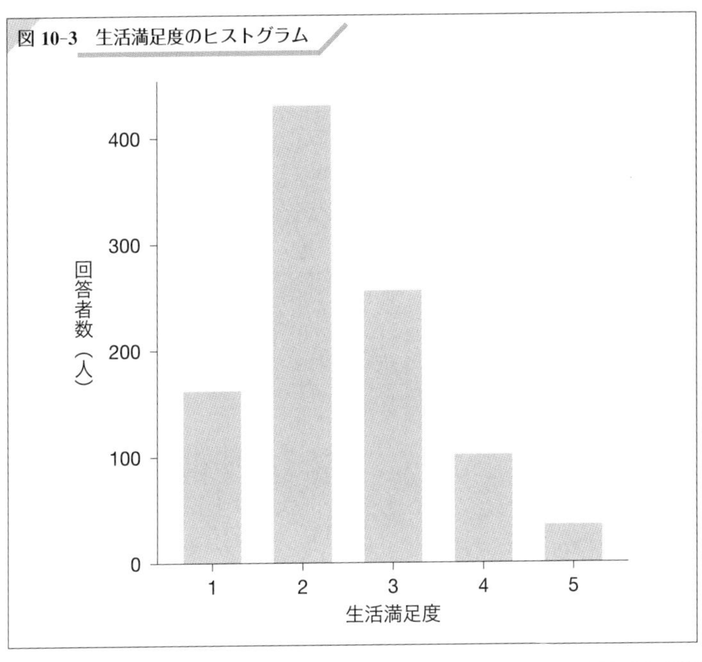

表 10-6　生活満足度の分布

lsat	N	比率
1	163	0.164
2	431	0.435
3	257	0.259
4	103	0.104
5	37	0.037

述統計を確認することは，ここまでで見たような無回答や非該当など，おかしな数値を分析に使っていないかどうかの確認のためにも大切な作業です。

表 10-7　性別と生活満足度のクロス表

(a)　頻　度

	1	2	3	4	5
男性	69	202	138	64	19
女性	94	229	119	39	18

(b)　比　率

	1	2	3	4	5
男性	0.140	0.411	0.280	0.130	0.039
女性	0.188	0.459	0.238	0.078	0.036

頻度分布

前節で無回答を欠損値処理した生活満足度を，ヒストグラムにしてみます。図 10-3 がそれですが，1 が「満足している」でしたので，分布としては満足しているほうに偏っているようです。なお，このヒストグラムでは縦軸は頻度（回答者数）になっていますが，全体に対する比率にしてもかまいません。比率を確認すると，表 10-6 のようになります（比率は四捨五入しているので合計しても 1 にはなりません）。

クロス表

個票データの初歩的な分析で頻繁に使用するのが**クロス表**です。たとえば，男女で生活満足度の分布に違いはあるのか，などを分析の手始めとして行うことがあります。そこで，男女別の生活満足度のクロス表を作成します。表 10-7 の（a）が度数で，（b）が性別ごとに合計が 1 になるように計算した比率です（四捨五入しているので，女性は合計しても 1 にはなりません）。

男女で生活満足度の回答比率はほぼ同じように見えますが，女性のほうが満足しているという回答比率が，男性に比べて高いようにも見えます。統計学的に見て男女間に差があると言えるのか，確認してみましょう。

男女で生活満足度の分布に差はあるか？

こうした場合に行うのが**独立性の検定**（**カイ二乗検定**）です。数学的な側面の詳細は他のテキストに譲るとして（たとえば，東京大学教養学部統計学教室編, 1991, pp.248-250)，検定の行い方を解説していきます。検定する仮説は以下の通りです。

H_0：性別と生活満足度は独立である(関係ない)

H_1：性別と生活満足度は独立でない(関係ある)

独立という言葉が少し難しく見えますが，ここでの帰無仮説 H_0 は，男女間で生活満足度の回答比率（構成比）に違いはないとするものです。したがって，帰無仮説が棄却されれば，男女で生活満足度の回答比率に違いがあるということになります。つまり性別と生活満足度には関係があるということが確認されます。

計算の結果カイ二乗値は 12.977 となり，p 値は 0.01139 となります。p 値が 0.05 を下回っていますので，統計学的には 5% 水準で有意である，と言うことができます。つまり，統計学的に帰無仮説を棄却でき，対立仮説を採択するということになります。すなわち，男女で生活満足度の回答構成比に差がある，と言える結果になりました。もちろん，この結果は年齢や経済状態など，生活満足度に影響を与えると言われている他の要因の影響をコントロールしていません。したがって，第 12 章で行うような多変量モデルによる再確認が必要でしょう。

精神的健康の記述統計

続いて，先ほど作成した MHI-5 の記述統計を見てみましょう。基本となる 4 つの

表 10-8　MHI-5 の記述統計

平均値	標準偏差	最小値	最大値
63.5	18.1	5	100

指標を表 10-8 に示しました。最小値と最大値が定義の範囲内に収まっていますので，リコードや計算のミスはないようです。さすがに数値だけでは，データの状況が十分にわかるわけでないので，視覚的に確認する必要もありそうです。

精神的健康の分布

そこでデータの分布を見てみましょう。ヒストグラムを描いてみると，図 10-4 のようになります。左右対称に近いですが，少し右のほうに偏った分布になっていることがわかります。これは第 3 章でも説明しましたが，左裾が長い場合は左に歪んでいると表現します。「右では？」と思うかもしれません。少し紛らわしい表現ですが間違えないようにしましょう。念のため**歪度**(わいど)を計算すると –0.52 と負の値をとるので，やはり左に歪んでいることがわかります。

精神的健康に男女差はあるか？

男女で精神的健康度の平均値に差があるか確認してみましょう。

平均値の差を検定するにあたっては，男女で MHI-5 の分散が等しいかどうかを事前に確認する必要があります。なぜなら，分散が等しい（等分散）か等しくないかで，t 値の計算式が少し異なるからです。この等分散性の検定に使うのが F 検定になります。F 値を計算すると 0.82 となり，分散が等しいとする帰無仮説が 5% 水準で棄却されました。

分散は等しいとは言えないことがわかりましたので，男女で分散

図 10-4　精神的健康度の分布

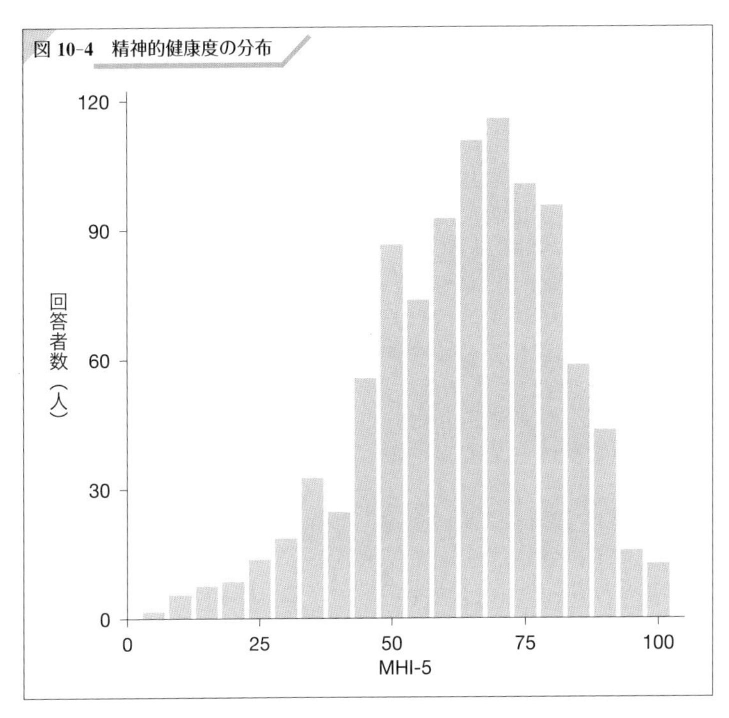

が異なることを考慮した t 検定によって，男女の MHI-5 の平均値の差について検定します。ここでの帰無仮説は，男女の MHI-5 の平均値の差は 0（つまり平均値は等しい），というものです。男女の MHI-5 の平均値を計算すると，男性は 64.6，女性は 62.4 と男性のほうが少し良い状態であることがわかります。ここから t 値を計算すると 1.93 となり，p 値は 0.054 となります。したがって 10% 水準では有意と言えますが，5% 水準では有意とは言えない結果になっています。つまり，10% 水準では男女で MHI-5 の平均値には差があると言えますが，5% 水準では平均値に差があるとは言えません。やや判断が難しい結果となりました。第 11 章の重回帰

分析ではどうなるのか，後ほど確認してみましょう。

Column ⑯ 二次分析ではデータ選びは慎重に

個票データの分析では，自ら調査する場合を除いて，すでに行われている調査データを使うことが多いと思います。これは**二次分析**と呼ばれます。したがって，自分の分析目的に適したデータであるのか，データを借りる前に慎重に検討する必要があります。

例えば JLPS-Y は若い年齢層を対象とした調査ですので，中高年に特有のテーマの分析には向いていません。たとえば，仕事からの引退と健康の関係の分析はできないでしょう。また，使用できる変数も調査票にあるものに限定されます。他の個票データと合体させて使うことはできません。事前に，理論的背景を踏まえて，どのような変数を使うのか検討し，それらが可能なデータを探す必要があります。

また，よさそうな調査があっても，サンプルサイズが分析に耐えうるか難しいものもあります。たとえば，JLPS-Y の若い年齢層という利点を生かして，未婚者の結婚意識について分析したいとすれば，対象は未婚者に限定されてしまい，十分なサンプルサイズが確保できないかもしれません。さらに男女で分けて分析する必要がある場合は，サンプルサイズがさらに小さくなります。ですので，借りようとしているデータのサンプルサイズや，分析対象を絞った場合に，どの程度のサンプルサイズになりそうなのか，事前に公開されている集計情報などで確認しておきましょう。

参考文献

東京大学教養学部統計学教室編（1991）『統計学入門』東京大学出版会。

三輪哲（2007）「変数の合成と主成分分析」村瀬洋一・高田洋・廣瀬毅士編『SPSS による多変量解析』オーム社，223-248。

Berwick, D. M., J. M. Murphy, P. A. Goldman, J. E. Ware, A. J. Barsky, and M. C. Weinstein (1991) “Performance of a Five-Item Mental Health Screening Test,” *Medical Care*, 29(2), 169-176.

Ware, J. E., K. K. Snow, M. Kosinski, and B. Gandek (1993) *SF-36 Health Survey: Manual and Interpretation Guide*, Health Institute.

練習問題

本書のウェブサポートページにある，世論形成に関する調査の個票データ「ch10-12ex.csv」を使って，以下の **10-1** ～ **10-4** の問題に取り組みましょう。この個票データは，「社会規範・政策選好・世論の形成メカニズムに関するパネル調査」（JSPS 科研費 JP25285093）が，日本全国の 20～69 歳男女を対象に 2014 年 3 月に行ったインターネット調査を加工したものです。[ ]はデータセットでの変数名を示しています。

10-1 データセットにある幸福度[q04_1]は，非常に幸せ =1，やや幸せ =2，どちらともいえない =3，あまり幸せでない =4，全く幸せでない =5，わからない =9，となっています。幸福なほど数値が大きくなるように数値を反転してリコードし，「わからない」は欠損値にリコードしましょう。リコードができたらヒストグラムで幸福度の分布を示しましょう。

10-2 幸福度の分布を男女別[gender]（男性 =1，女性 =2）の比率で示し，男女で分布に差があるか独立性の検定を行いましょう。

10-3 この調査では，同性愛[q06_5_1]，売春[q06_5_2]，妊娠中絶[q06_5_3]，離婚[q06_5_4]，安楽死[q06_5_5]，自殺[q06_5_6]，結婚しないで子供をもうける[q06_5_7]，の 7 項目についてどう思うか質問しており，回答者は，全く正しい（認められる）=1 から全く間違っている（認められない）=10 までの 10 の選択肢と，わからない =99 から回答を選択しています。これらの回答の値を合計して価値観のスコアを計算し，記述統計を求めましょう。「わからない」は欠損値として扱います。また，ヒストグラムも作成してみましょう。

10-4 **10-3** で求めた価値観のスコアについて，男女で平均値に差があるか，平均値の差の検定を行いましょう。

第11章 個票データで回帰分析する

Introduction

本章では，個票データを使った回帰分析を体験しましょう。個票データの分析では，詳細な情報を利用した精緻な分析が可能である半面，変数を加工したり分析対象を適切に選んだりする作業が必要になってくるなど，これまでの集計データによる分析とは進め方が少し異なります。本章で，精神的健康に対する性別や学歴，就業状態などの影響の回帰分析を行うことで，どのように分析を進めればいいかを学びましょう。データは前章に引き続き，JLPS-Y のオープンデータを使用します。

1 回帰分析に向けての作業

回帰モデルと分析対象

本章では，精神的健康を従属変数にした回帰分析を行います。独立変数には (11.1) 式に示した要因を利用します。ここでは特に仮説について検討しませんが，影響しそうな要因で JLPS-Y のオープンデータで使用できる変数からいくつか選んでいます。

$$\text{精神的健康} = f(\text{年齢，性別，配偶状態，最終学歴，就業状態}) \qquad (11.1)$$

本章の分析では，対象から在学中の学生は除くことにします。なぜなら，たとえば学生はほとんど無職ですが，無職が精神的健康に与える影響は，社会人が無職であることの影響とは異なると考えられるからです。正反対の効果を持っているかもしれません。したがって学生を分析に利用した場合，就業状態の効果が不明瞭になる可能性があります。他の変数である年齢や配偶状態の影響も，学生が分析対象に含まれていることで撹乱されるかもしれません。そこで，ここでは分析対象から学生を外すことにするわけです。このように，独立変数の影響を精確にとらえるために，分析対象を限定したりすることも個票データの分析では必要な作業になります。

使用する変数を準備する

本章で使用する変数および加工の方法は以下の通りです。

精神的健康：MHI-5（第 10 章の解説を参照）を使用する。数値が大きいほうが，精神的健康状態が良いことを示す。

年齢：生年と生月から計算する。単純に（2007 − 生年）で計算しても問題ないが，生まれ月がわかっているので，その情報も使う。具体的には，調査時点が 2007 年 1〜4 月と幅があるので判断は難しいが，1〜4 月生まれは調査時点で誕生日を迎えているとみなして（2007 − 生年）と計算し，5 月生まれ以降は調査時点でまだ誕生日を迎えていないので（2007 − 生年 − 1）と計算する。このように計算した年齢は，そのままの数値として使うほか，20〜24 歳 =1，25〜29 歳 =2，30〜35 歳 =3 のように年齢階級としても使用する。

性別：男性 =0，女性 =1 とし，女性ダミーと呼ぶ。

配偶状態：未婚・離別・死別 =0，既婚（配偶者あり）=1 とし，有配偶ダミーと呼ぶ。

最終学歴：調査票では 7 つの選択肢になっているが，該当者が少ないカテゴリーがあるため，ここでは以下のように3つのカテゴリーにまとめて使用する。中学・高校（中学校，高等学校）=1，専修・短大・高専（専修学校［専門学校］，短期大学・高等専門学校［5年制］）=2，大学・大学院（大学，大学院）=3。「わからない」と無回答は欠損値。中退の場合も，最終学歴として回答したものをそのまま使用する。在学中は欠損値とすることで，分析対象から学生が除かれる。

就業状態：全部で12のカテゴリーがあり，以下のようにまとめる。正規（経営者，役員，正社員・正職員）=1，正規以外（パート・アルバイト・契約・臨時・嘱託，派遣社員，請負社員，自営業主，自由業者，家族従業者，内職）=2，無職 =3。無回答は欠損値。

集計データの分析のときは，データを入手したらすぐに分析に入ることができましたが，個票データでは，データの準備にある程度の時間がかかります。準備にあたってはミスも発生しやすいので注意しましょう。分析結果が出てからあらためてデータを確認して間違いを発見すると，大いに時間を無駄にしますので注意が必要です。特にリコードしたときは，必ずクロス表で数値が間違わずに対応しているか，対応を忘れている数値がないかどうか確認しましょう。表11-1のクロス表は，配偶状態についてリコードがうまくできているかを確認しています。

分析対象の記述統計

第6章で述べたように，回帰分析の前に記述統計を示すのが一般的です。その際，個票データで気をつけなければならないのは，集計データのように単に平均値を示すのは，不適切な場合があることです。ここではそうした点について説明します。

表 11-1　クロス表でリコード結果の確認

リコード前 ＼ リコード後		有配偶ダミー 無配偶（0）	有配偶（1）
配偶状態（ZQ50）	未婚（1）	637	0
	既婚［配偶者あり］（2）	0	345
	離別（4）	18	0

（注）配偶状態（ZQ50）で死別（3）の該当者はいない。

たとえば，本章の分析対象全体で学歴（1〜3）の平均値を計算してみると 2.06 になります。2 である専修・短大・高専が多いのかなと予想できますが，実際にどの学歴が多いのかはわかりません。中学・高校（1）や大学・大学院（3）が多くても平均 2.06 にはなります。そこで質的なデータについては，各カテゴリーの回答比率を示す必要があります。各学歴のダミー変数を作成して，その平均値を計算しても同じ結果になります。

表 11-2 は，本章で使用する対象の変数についての記述統計です。全体（$N = 819$）の記述統計を見ると，最終学歴で最も多いのは大学・大学院で，36% を占めていることがわかります。そのほか，女性ダミーの平均値は 0.52 ですので，推定に使用する対象の 52% が女性であることもわかります。ダミー変数は最小値 0，最大値 1 なので，そのことを記述統計として示す必要はありません。もちろん，論文の本文などで，その変数についての記述があることが前提となります。標準偏差も特に示す必要はありません。一方，精神的健康と年齢といった量的な変数には平均値のほか，（　）で標準偏差，［　］で最小値と最大値が表示されています。

なお，JLPS-Y のオープンデータには 1000 人分のデータがあり，

表 11-2　推定に使用する対象の記述統計

	全体 $N=819$	男性 $N=397$	女性 $N=422$
精神的健康 [5-100]	63.33 (18.15)	64.46 (17.59)	62.26 (18.61)
年齢 [20-35]	28.69 (3.96)	29.17 (3.84)	28.23 (4.02)
年齢階級			
20-24	0.19	0.14	0.23
25-29	0.34	0.36	0.33
30-35	0.47	0.50	0.44
女性	0.52		
有配偶	0.41	0.38	0.44
最終学歴			
中学・高校	0.29	0.31	0.28
専修・短大・高専	0.35	0.21	0.48
大学・大学院	0.36	0.48	0.24
就業状態			
正規	0.58	0.74	0.43
正規以外	0.27	0.20	0.33
無職	0.15	0.06	0.24

（注）（　）内は標準偏差。

そのうち最終学歴の卒業について在学中と不明の対象が合わせて165人います。こうした対象は分析対象から除くので，サンプルサイズは835人になるはずですが，全体についての記述統計を見ると819人のデータしか表示されていません。これは，推定で使用する他の変数に欠損値（各変数について無回答とわからないを欠損値にしています）がある対象が，分析対象から落ちてしまうからです。そのため，ここでは819人分の記述統計を示しています。個票の分析に取り組み始めたばかりの学生が論文を書く場合，入手したデータ全体の記述統計を示すケースも見られますが，推定に使用する対象で記述統計を示すようにしてください。

層別の記述統計　表11-2の右2列は男女別の記述統計を示しています。後で男女別に推定するため，分析に先立って男女別の記述統計を示していますが，男女でどのように属性が違うのかわかるので，分析の結果解釈に役立てることができますし，読者にとっても有益な情報となります。たとえば，表11-2からは，男性のほうが少し精神的健康が良く高学歴が多い，女性は無職が多いなどの情報もわかります。個票データの分析では，どのような属性を持つ人がサンプルを構成しているかを認識することは，推定結果の解釈に関わってきますので大切な作業となります。

このようにサンプルを分けて記述統計を示すことが有益な例の1つとして，仕事からの引退が健康に与える影響の研究があるでしょう。その場合，引退者と仕事継続者でサンプルを分けて記述統計を表示すると，属性の違いが概ね把握できますし，引退者と仕事継続者の健康の単純な差も確認できます。分析の内容によって，効果的な記述統計を示せるようにしましょう。これは分析者と論文の読者の双方にとって有益です。

欠損値の取り扱い　本章では，在学中と最終学校の卒業が不明な対象を除いた835人を推定に用いるはずでしたが，実際には819人に減ります。これは回帰分析に使用する変数のいずれかに欠損がある対象がサンプルから落ちるためですが，これを**リストワイズ除去**あるいは**完全ケース分析**と呼びます。本書の第6～9章の分析ではこのようなことは生じていませんでしたが，個票データの分析では必ずといっていいほど生じます。

こうした無回答によるデータの欠損が，ランダムに生じている場合には，リストワイズ除去したサンプルを使って分析しても，係

Column ⑰ 欠損値への値の代入

データの欠損が問題にならないとしても，リストワイズ除去した場合はサンプルサイズが小さくなり，推定の効率性が低下することは本文で述べました。回帰モデルで多くの独立変数を使用する場合には，各変数で少しの欠損でも，全体ではサンプルサイズがかなり小さくなることもあります。

そこで，欠損に何かしらの値を代入して，欠損がなかったかのようにデータを扱うという方法があります。具体的には，ある変数 X に欠損がある場合，変数 X が欠損していない対象から計算した平均値を代入したり，X を他の変数 W，Z などに回帰して，その予測値を代入したりするなど，いくつかあります。ただし，こうした方法では，過剰に値のばらつきがなくなることで，標準誤差が過小に評価されるという問題が発生します。そこで，それを回避する方法として**多重代入法**が用いられることがあります。これは代入する予測値に確率的なばらつきを付加して何パターンかのデータセットを作成し，各データセットで推定を行ってその結果をまとめるというものです。詳しくは高橋・渡辺（2017）等を参照してください。

数の推定値にはバイアスは生じません。多くの場合で，完全ケースによる分析を行っても問題ないと言われています（Greene, 2018, p.93）。ただし，利用される情報量は少なくなるので，標準誤差は大きくなり推定の効率性は低下します。

データの欠損が問題となるのは，欠損が従属変数の値に関連している場合です。たとえば本章の分析で言えば，精神的健康が悪い人ほど無回答が多く，サンプルから脱落している場合，係数の推定値にはバイアスが生じます。こうした場合には**ヘックマンの 2 段階推定法**など**選択モデル**を使う必要があります（高橋・渡辺, 2017, pp.155-157 など参照）。

2 回帰分析を実行する

基本的な推定

それでは，回帰分析をしましょう。まずは (11.1) 式を，以下の具体的なモデルで推定します。

$$
\begin{aligned}
\text{精神的健康} = \alpha &+ \beta_1 \text{年齢} + \beta_2 \text{女性} + \beta_3 \text{有配偶} \\
&+ \beta_4 \text{専修・短大・高専} + \beta_5 \text{大学・大学院} \\
&+ \beta_6 \text{正規以外} + \beta_7 \text{無職} + u \qquad (11.2)
\end{aligned}
$$

ダミー変数の解釈は第 7 章で学びました。念のため繰り返しておくと，β_2 は男性と比べた女性であることの精神的健康に与える効果です。同様に β_3 は無配偶と比べた有配偶であることの効果，β_4 と β_5 は中学・高校と比べたそれぞれの最終学歴の効果，β_6 と β_7 は正規と比べたそれぞれの就業状態の効果を示すことになります。推定結果は以下のようになります。

$$
\begin{aligned}
\widehat{\text{精神的健康}} = &\underset{(5.12)}{67.38^{***}} \underset{(0.177)}{-0.221}\text{ 年齢} \underset{(1.392)}{-2.800}\text{ 女性}^{**} \underset{(1.456)}{+6.826}\text{ 有配偶}^{***} \\
&\underset{(1.600)}{+1.966}\text{ 専修・短大・高専} \underset{(1.594)}{+1.031}\text{ 大学・大学院} \\
&\underset{(1.516)}{+0.631}\text{ 正規以外} \underset{(1.945)}{-2.060}\text{ 無職}
\end{aligned}
$$

$N = 819$， $R^2 = 0.032$， Adj-$R^2 = 0.024$。( ) 内は標準誤差。
***，**，* はそれぞれ 1%，5%，10% 水準で有意であることを示す。

女性ダミーは 5% 水準で有意となっています。係数の推定値は負なので，男性と比べると女性の精神的健康が悪いことを示しています。第10章では，男女間の統計的な差ははっきりしませんでしたが，他の属性の影響をコントロールした結果，明確になりました。スコアとしては女性のほうが2.8低いことがわかります。有配偶ダミーは1% 水準で有意となっていて，推定値の符号は正です。つまり有配偶の人は，無配偶の人と比べて精神的健康が良いことを示しています。スコアで見ると6.826高くなっています。その他の独立変数で有意なものは見当たりません。

モデル全体の当てはまりとして，決定係数は0.032，自由度修正済み決定係数は0.024となっています。個票データの分析では，集計データの分析に比べて，決定係数が小さくなることが一般的です。決定係数が1に近い値をとることはきわめて稀であり，0.1にも満たないこともよくあります。決定係数が高いことは望ましいことですが，通常の分析は仮説（ある要因の影響の有無）の検証が目的であり，決定係数の低さはそれほど気にする必要はありません。

年齢変数の使い方を工夫する

先ほど行った基本的なモデルでの推定で，年齢について何らかの明確な関係性が得られるかなと想定していましたが，有意な結果とはなっていません。1つの原因として，第6章で学んだように，年齢と精神的健康の関係性は非線形（たとえば2次関数の形状）になっているかもしれません。(11.2) 式では，その関係性を直線的と仮定して推定したために，年齢変数が有意になっていない可能性があります。そこで，年齢変数の使い方を2つ試してみます。ここでは，年齢の2次関数を利用したモデルと，年齢階級ダミーを利用したモデルを推定してみます。

表11-3には，(11.2) 式の推定結果（1）と，年齢と精神的健康の非線形の関係を試してみた結果（2)，(3）が示されています。

表 11-3　精神的健康と年齢の非線形な関係を考慮した推定

	(1)	(2)	(3)
年齢	−0.221	2.222	
	(0.177)	(2.372)	
年齢 2 乗		−0.044	
		(0.042)	
年齢階級（ベース：20〜24 歳）			
25〜29 歳			1.437
			(1.843)
30〜35 歳			−1.042
			(1.883)
女性	−2.800**	−2.828**	−2.661*
	(1.393)	(1.393)	(1.392)
有配偶	6.826***	6.821***	6.643***
	(1.456)	(1.456)	(1.439)
最終学歴（ベース：中学・高校）			
専修・短大・高専	1.966	1.879	1.948
	(1.600)	(1.603)	(1.600)
大学・大学院	1.031	0.795	0.845
	(1.594)	(1.610)	(1.595)
就業状態（ベース：正規）			
正規以外	0.631	0.686	0.681
	(1.516)	(1.517)	(1.517)
無職	−2.060	−2.084	−1.969
	(1.945)	(1.945)	(1.947)
定数項	67.38***	33.93	61.10***
	(5.12)	(32.81)	(1.97)
決定係数	0.032	0.033	0.034
自由度修正済み決定係数	0.024	0.024	0.024
サンプルサイズ	819	819	819

（注）　***，**，* はそれぞれ 1%，5%，10% 水準で有意であることを示す。
（　）内は標準誤差。

(2) は年齢の2次項を加えた推定結果で，2次項の係数が負になっているので，上に凸型の非線形な関係があることが示唆されています。これは，年齢階級ダミーを使った (3) の結果からもわかります。ベースカテゴリーである20〜24歳に比べて，25〜29歳はスコアが1.437高く，30〜35歳は1.042低いことから，上に凸型の関係が示唆されています。ただし，いずれのモデルでも年齢変数の係数の推定値は有意にはなっていませんので，こうした関係性があるとははっきりとは言えないという結果になりました。なお，2次項を使った結果 (2) から，頂点の年齢は25.25歳あたりになることが示唆されています。すなわち，推定結果 (2) は以下のようになっていますので，

$$\text{精神的健康} = 33.93 + 2.222\,\text{年齢} - 0.044\,\text{年齢}^2 + \cdots$$

年齢で**偏微分**（該当変数だけで微分する）し $= 0$ とおくと

$$\frac{\partial \widehat{\text{精神的健康}}}{\partial \text{年齢}} = 2.222 - 0.088\,\text{年齢} = 0$$

$$\text{年齢} = 25.25$$

と頂点の年齢を求めることができます。年齢階級ダミーの結果（25〜29歳の精神的健康が最も良い）と整合的であることがわかります。

男女別に推定する

ここまでの分析結果の中で，無職の効果が有意でないことが少し気になります。さらにいまさらですが，よく考えると無職であることの意味は男女で大きく異なるはずです。たとえば，性別役割分業意識（男性は家の外で働き，女性は家の中で働くべきという考え方）の強い社会においては，無職であることの負の効果は男性で大きい一方，女性はあまり

表 11-4　男女別の推定結果

	男性	女性
年齢	−0.026 (0.244)	−0.394 (0.256)
有配偶	5.061** (1.982)	6.873*** (2.318)
最終学歴（ベース：中学・高校）		
専修・短大・高専	−0.590 (2.443)	3.984* (2.154)
大学・大学院	−1.233 (2.017)	4.297* (2.540)
就業状態（ベース：正規）		
正規以外	1.658 (2.244)	0.645 (2.117)
無職	−11.65*** (3.74)	1.151 (2.619)
定数項	64.38*** (7.09)	66.95*** (7.03)
決定係数	0.055	0.036
自由度修正済み決定係数	0.040	0.022
サンプルサイズ	397	422

（注）***, **, * はそれぞれ 1%, 5%, 10% 水準で有意であることを示す。
(　) 内は標準誤差。

大きくないか，むしろ正の効果（専業主婦願望の効果）もあるかもしれません。そこで，男女別に推定する必要もありそうです。

また，別の言い方をすると，これまでの推定では女性ダミーを使って性別による精神的健康の違いをコントロールしていますが，男女で無職の効果が同じであることを仮定して推定しています。これは有配偶や学歴などの効果についても同様です。そうした観点からも，男女別に推定する必要も出てくるでしょう。

(11.2) 式を男女別に推定した結果が，表 11-4 に示されています。

就業状態の影響を見ると，男性では無職であることの負の効果が非常に大きく（−11.65），精神的健康がかなり悪くなることがわかります。一方，女性は有意ではないものの，正の推定値（1.151）が示されていて，先ほどの予想と一致する結果となっています。

その他の変数を見ると，最終学歴の効果は男女一緒に推定した場合は有意ではありませんでしたが，女性では学歴が高いと有意に精神的健康状態が良い（専修・短大・高専が 3.984，大学・大学院が 4.297）ことが示されています。また，女性は男性に比べて，配偶者がいることの精神的健康への正の効果が，やや大きそうなことが見て取れます（男性が 5.061，女性が 6.873）。ただし，実際に男女で有配偶の効果に差があるかは，後ほど検証します。

男女別に推定したことで，各要因が精神的健康に与える影響が男女で違うことが確認できました。このように，各要因の影響をクリアーにとらえるためには，分析対象をある属性で分けて推定することも必要になってきます。

3 男女で有配偶の効果は異なるかを検証する

交差項を使った分析

前節で男女別の推定を行った際，有配偶の効果が男女で異なるようだと述べました。係数の推定値を見比べて述べたわけですが，実際に差があるのかは統計的に確認する必要があります。そこで，ここでは交差項を使った回帰分析で確認してみます。

第 7 章でも解説しましたが，交差項とは通常 2 つの独立変数を掛け算したものでした。交差項を使って男女で有配偶の効果が異なるのかを検証するのが，以下の (11.3) 式です。女性ダミーと有配偶ダミーが掛け合わされて交差項になっています。

$$精神的健康 = \alpha + \beta_1 年齢 + \beta_2 女性 + \beta_3 有配偶 + \lambda_1 女性 \times 有配偶 + \beta_4 専修・短大・高専 + \beta_5 大学・大学院 + \beta_6 正規以外 + \beta_7 無職 + u \quad (11.3)$$

推定の結果 λ_1 が有意となれば，男女間で有配偶であることの精神的健康に与える影響が統計的に異なると言えます。(11.3) 式の推定結果は以下の通りです。

$$\widehat{精神的健康} = \underset{(5.20)}{67.68^{***}} - \underset{(0.178)}{0.224}\,年齢 - \underset{(1.697)}{3.108}\,女性^{*} + \underset{(1.956)}{6.412}\,有配偶^{***} + \underset{(2.776)}{0.880}\,女性 \times 有配偶 + \underset{(1.601)}{1.965}\,専修・短大・高専 + \underset{(1.596)}{1.043}\,大学・大学院 + \underset{(1.537)}{0.553}\,正規以外 - \underset{(2.103)}{2.313}\,無職$$

$N = 819$, $R^2 = 0.032$, Adj-$R^2 = 0.023$。(　) 内は標準誤差。
***, **, * はそれぞれ 1%，5%，10% 水準で有意であることを示す。

(11.2) 式の推定結果と比べると，女性ダミーの係数の推定値 (−3.108) と有配偶ダミーの係数の推定値 (6.412) が，統計的に有意であることに変わりはありません。一方，交差項の係数の推定値 (0.880) は正の符号となっていますので，女性のほうが，有配偶であることが精神的健康を向上させる効果が大きいことが示唆されていますが，有意にはなっていません。したがって，有配偶の効果は，男女間で統計的に差があるとは言えない，という結果となりました。

さて，交差項を使った分析の結果は，何となくわかったような，わからないような感じだと思います。特にここでは第 7 章とは違って，ダミー変数同士の交差項を使ったことが，よりわかりにくくさせているかもしれません。そこで，もう少し丁寧に結果を見てみましょう。女性ダミーと有配偶ダミーだけに注目して（他の変数は変化しないと仮定して無視する），性別と配偶状態の組み合わせの効果を，(11.3) 式の係数の推定値で計算すると以下のようになります。

女性で有配偶（女性=1，有配偶=1）

$$\beta_2 + \beta_3 + \lambda_1 = -3.108 + 6.412 + 0.880 = 4.184$$

女性で無配偶（女性=1，有配偶=0）

$$\beta_2 = -3.108$$

男性で有配偶（女性=0，有配偶=1）

$$\beta_3 = 6.412$$

男性で無配偶（女性=0，有配偶=0）

$$0$$

女性における有配偶の効果とは，女性の中で有配偶と無配偶の効果の差を見ることなので

女性の有配偶の効果

$$= \text{女性有配偶} - \text{女性無配偶} = (\beta_2 + \beta_3 + \lambda_1) - \beta_2$$

$$= \beta_3 + \lambda_1 = 6.412 + 0.880$$

です。一方，男性における有配偶の効果とは

男性の有配偶の効果

$$= \text{男性有配偶} - \text{男性無配偶} = \beta_3 - 0 = \beta_3 = 6.412$$

です。これらの結果から

表 11-5　性別と配偶状態を組み合わせて作成したダミー変数

ID	女性	有配偶	女性 有配偶	女性 無配偶	男性 有配偶	男性 無配偶
10001	0	1	0	0	1	0
10002	0	1	0	0	1	0
10003	0	1	0	0	1	0
10004	1	1	1	0	0	0
10005	0	0	0	0	0	1
10006	0	0	0	0	0	1
10007	1	1	1	0	0	0
10008	0	1	0	0	1	0
10009	1	0	0	1	0	0
10010	0	0	0	0	0	1

女性の有配偶の効果 − 男性の有配偶の効果

$$= (6.412 + 0.880) - 6.412 = 0.880$$

と計算することで，男性と比べた女性の有配偶の効果がわかります。交差項の係数の推定値と一致しています。(11.3) 式の交差項の係数の意味がわかったのではと思います。

定数項ダミーで分析する

先に見たように，交差項を使ったモデルでは結局のところ，性別と配偶状態の組み合わせの差を見ていたことになります。そこで，直接的にそうした推定を行ってみます。性別と配偶状態の組み合わせで，女性有配偶，女性無配偶，男性有配偶，男性無配偶の 4 つのダミーを作成します。データの上から 10 人は表 11-5 のようになります。

ここで男性無配偶をベースカテゴリーにして推定します。回帰モ

デルは以下の (11.4) 式の通りです。

$$\text{精神的健康} = \alpha + \beta_1\text{年齢} + \delta_1\text{女性有配偶} + \delta_2\text{女性無配偶} + \delta_3\text{男性有配偶} + \beta_4\text{専修・短大・高専} + \beta_5\text{大学・大学院} + \beta_6\text{正規以外} + \beta_7\text{無職} + u \tag{11.4}$$

(11.4) 式と (11.3) 式の推定結果を並べて示したのが表 11-6 です。性別と配偶状態に関連する係数で，同じ推定値がいくつか見られることがわかるでしょうか。

まず以下の関係がわかります。

$$\beta_2 = \delta_2 = -3.108$$

つまり，(11.3) 式の女性ダミーは (11.4) 式の女性無配偶ダミーの効果を示していたことになります。次に以下の関係も見て取れます。

$$\beta_3 = \delta_3 = 6.412$$

すなわち，(11.3) 式の有配偶ダミーは (11.4) 式の男性有配偶ダミーの効果を示していたことになります。また，(11.4) 式の女性有配偶ダミーの効果 (4.184) は，先に示したように $\beta_2 + \beta_3 + \lambda_1$ を計算した結果に一致していることもわかります。

さて，これらのダミー変数の係数が何を示しているのかわかったと思いますが，これらから (11.3) 式の交差項の係数 λ_1 の推定値を計算で求めてみましょう。(11.4) 式の性別と配偶状態の組み合わせダミー変数の係数の推定値から，以下のような計算で求めることができます。男性無配偶はベースラインなので 0 としています。

表 11-6　性別と配偶状態の組み合わせを交差項および定数項ダミーで推定した結果の比較

	(11.3)	(11.4)
年齢	−0.224	−0.224
	(0.178)	(0.178)
女性	−3.108*	
	(1.697)	
有配偶	6.412***	
	(1.956)	
女性 × 有配偶	0.880	
	(2.776)	
性別 × 配偶状態（ベース：男性無配偶）		
女性有配偶		4.184**
		(2.012)
女性無配偶		−3.108*
		(1.697)
男性有配偶		6.412***
		(1.956)
最終学歴（ベース：中学・高校）		
専修・短大・高専	1.965	1.965
	(1.601)	(1.601)
大学・大学院	1.043	1.043
	(1.596)	(1.596)
就業状態（ベース：正規）		
正規以外	0.553	0.553
	(1.537)	(1.537)
無職	−2.313	−2.313
	(2.103)	(2.103)
定数項	67.68***	67.68***
	(5.20)	(5.20)
決定係数	0.032	0.032
自由度修正済み決定係数	0.023	0.023
サンプルサイズ	819	819

（注）　***，**，* はそれぞれ 1%，5%，10% 水準で有意であることを示す。
（　）内は標準誤差。

$$
\begin{aligned}
&(\text{女性有配偶}\delta_1 - \text{女性無配偶}\delta_2) - (\text{男性有配偶}\delta_3 - \text{男性無配偶}) \\
&\qquad = \{4.184 - (-3.108)\} - (6.412 - 0) \\
&\qquad = 0.880
\end{aligned}
$$

(11.3) 式の交差項の係数の推定値と一致することがわかりました。つまり，女性が有配偶であることの効果（女性有配偶 − 女性無配偶）と，男性が有配偶であることの効果（男性有配偶 − 男性無配偶）の差ということになります。

ベースを変えて分析してみる

さて (11.4) 式の推定から，ダミー変数の係数の推定値の差を見ることで，カテゴリー間の効果の違いはわかります。たとえば，女性有配偶と男性有配偶の差は

$$4.184 - 6.412 = -2.228$$

であることがわかりますが，この差が統計的に有意な差なのかは，すぐにはわかりません。これを検定する簡便な方法は，どちらかをベースカテゴリーにすることです。そこで，性別と配偶状態の組み合わせダミー変数について，ベースカテゴリーを入れ替えて推定した結果を表 11-7 に示しました。

表 11-7 の（2）の結果から，男性有配偶をベースにすると，女性有配偶との差（−2.227，四捨五入しているので先ほどの −2.228 と少しずれています）は，統計的に有意でないことがわかります。これは，女性有配偶をベースにした（4）の男性有配偶の推定値（2.227）と同じことを意味しています。推定モデル間で係数が正負で反対になっています。なお，ベースカテゴリーを変えることで定数項の推定値は変化していますが，年齢や学歴，就業状態など他の係数の推

表 11-7　性別・有配偶ダミーのベースカテゴリーを変えて推定した結果の比較

	(1)	(2)	(3)	(4)
年齢	−0.224	−0.224	−0.224	−0.224
	(0.178)	(0.178)	(0.178)	(0.178)
女性有配偶	4.184**	−2.227	7.292***	
	(2.012)	(2.282)	(2.070)	
女性無配偶	−3.108*	−9.520***		−7.292***
	(1.697)	(2.109)		(2.070)
男性有配偶	6.412***		9.520***	2.227
	(1.956)		(2.109)	(2.282)
男性無配偶		−6.412***	3.108*	−4.184**
		(1.956)	(1.697)	(2.012)
最終学歴（ベース：中学・高校）				
専修・短大・高専	1.965	1.965	1.965	1.965
	(1.601)	(1.601)	(1.601)	(1.601)
大学・大学院	1.043	1.043	1.043	1.043
	(1.596)	(1.596)	(1.596)	(1.596)
就業状態（ベース：正規）				
正規以外	0.553	0.553	0.553	0.553
	(1.537)	(1.537)	(1.537)	(1.537)
無職	−2.313	−2.313	−2.313	−2.313
	(2.103)	(2.103)	(2.103)	(2.103)
定数項	67.68***	74.09***	64.57***	71.86***
	(5.20)	(5.75)	(4.99)	(5.78)
決定係数	0.032	0.032	0.032	0.032
自由度修正済み決定係数	0.023	0.023	0.023	0.023
サンプルサイズ	819	819	819	819

（注）　***，**，* はそれぞれ 1%，5%，10% 水準で有意であることを示す。
（　）内は標準誤差。

定値に変化はありません。決定係数等にも変化は見られません。

本章では精神的健康についていろいろと分析してみました。もちろん，最初から分析計画がしっかりしていれば理想的ですが，実際には作業の中で気づくことも多く，少しずつモデルに工夫を加えていくことになるでしょう。

参考文献

高橋将宜・渡辺美智子（2017）『欠測データ処理――R による単一代入法と多重代入法』共立出版。

Greene, W. H. (2018) *Econometric Analysis*, 8th Edition, Pearson.

練習問題

本書のウェブサポートページにある，世論形成に関する調査の個票データ「ch10-12ex.csv」を使って，以下の **11-1** ～ **11-6** の問題に取り組みましょう。

11-1 以下のように回帰分析に使用する変数のリコードをしましょう。NA は欠損値です。

価値観：スコアの作成方法は，第 10 章の練習問題を参照。

年齢階級ダミー：q10_5 を 20～29→1，30～39→2，40～49→3，50～59→4，60～69→5 に。

女性ダミー：gender（男性 =1，女性 =2）を 1→0，2→1 に。

既婚ダミー：q10_7（未婚 =1，既婚 =2，その他 =3，答えたくない =9）を 1→0，2→1，3・9→NA に。

最終学歴ダミー：q10_12（小学校・中学校卒 =1，高校卒 =2，各種学校・専修学校卒 =3，短大・高等専門学校卒 =4，大学卒 =5，大学院卒 =6，その他 =7，わからない・答えたくない =9）を，1～2→1（高校以下），3～4→2（専修・短大・高専），5～6→3（大学・大学院），7・9→NA に。

就業状態ダミー：q10_11（経営者・役員 =1，常用雇用の一般従業者〔役職あり〕=2，常用雇用の一般従業者〔役職なし〕=3，臨時雇用〔パート・アルバイト・内職〕=4，派遣社員 =5，自営業主・自由業者 =6，家族従業者 =7，学生・浪人中 =8，専業主婦 =9，無職・家事手伝い =10，その他 =11，わからない・答えたくない =99）を，1～3→1（正規），4～7→2（正規以外），9～10→3（無職），8・11・99→NA に。

11-2 価値観のスコアを従属変数とした以下のモデルを推定し，結果を解釈してみましょう。年齢は `q10_5` をそのまま使用します。

$$\text{価値観} = \alpha + \beta_1\text{年齢} + \beta_2\text{女性} + \beta_3\text{既婚} + \beta_4\text{専修・短大・高専} \\ + \beta_5\text{大学・大学院} + \beta_6\text{正規以外} + \beta_7\text{無職} + u$$

11-3 **11-2** のモデルから，年齢を 2 次関数に変えたモデルと，10 歳幅の年齢階級ダミーに変えたモデルの 2 つを推定し，結果を解釈してみましょう。

11-4 **11-2** のモデルを男女別に推定し，結果を比較してみましょう。

11-5 女性ダミーと既婚ダミーの交差項を使った以下のモデルを推定し，既婚であることの効果に男女差があるか確かめてみましょう。

$$\text{価値観} = \alpha + \beta_1\text{年齢} + \beta_2\text{女性} + \beta_3\text{既婚} + \lambda_1\text{女性} \times \text{既婚} \\ + \beta_4\text{専修・短大・高専} + \beta_5\text{大学・大学院} + \beta_6\text{正規以外} \\ + \beta_7\text{無職} + u$$

11-6 性別と配偶状態の組み合わせで作成したダミーを使った以下のモデルを推定し，**11-5** の結果と比べてみましょう。

$$\text{価値観} = \alpha + \beta_1\text{年齢} + \delta_1\text{女性既婚} + \delta_2\text{女性未婚} + \delta_3\text{男性既婚} \\ + \beta_4\text{専修・短大・高専} + \beta_5\text{大学・大学院} + \beta_6\text{正規以外} \\ + \beta_7\text{無職} + u$$

第12章 質的な従属変数を回帰分析する

Introduction

本章では，従属変数が質的な場合の回帰分析について体験しましょう。これまでの分析では，質的な変数は独立変数として使用してきましたが，従属変数としても使用することができます。本章では，結婚経験の有無を数値化したり，生活満足度を5段階で評価したりしたものを従属変数にします。こうした従属変数を回帰分析するには，これまでとは少し異なる方法が必要になりますので，それについて学んでいきましょう。本章では引き続き，JLPS-Y のオープンデータを使用します。

1 質的従属変数の分析

本章で分析する2つの質的従属変数

本章では，以下に示した2種類の質的従属変数の分析方法について解説していきます。

第1のテーマは，結婚経験の有無の規定要因に関する分析です。近年，生涯未婚率の上昇など，結婚をめぐる話題に事欠かない状況となっています。これは少子化という観点からも重要な問題となっています。結婚を経験したことがある人を1，経験したことがない人を0と数値化して使用します。この従属変数の値は2種類しかなく，これまでの回帰分析の枠組みで分析するのは不適切です。

第2のテーマは生活満足度の規定要因に関する分析です。近年，主観的な厚生として幸福度や生活満足度に対する関心が高まっています。本章では，「満足している」から「不満である」まで，5段階で評価された生活満足度を従属変数に用います。限られた数個の値しかなく，順序にのみ意味のある従属変数ですので，この場合もこれまでの回帰分析の枠組みは適切ではありません。

2値の従属変数の分析メカニズム

本章では最初に，結婚経験の有無という2値の従属変数について分析しますが，これまでの分析と様相が異なることを，架空のデータを使った散布図で示してみます。たとえば独立変数である年齢を横軸にして，従属変数である結婚経験の有無を縦軸に散布図を描くと，図12-1のような感じになるでしょう。観察値が●で示されていますが，従属変数は1か0しかとらないため，かなり特殊なデータの分布となっています。

回帰分析のねらいは，こうしたデータの分布を適切な回帰直線でとらえることでした。そこで，図12-1の観察値を直線でとらえてみたものが破線で示されています。これを式で示すと，左辺は従属変数の期待値になるので，Yが1をとる確率$\Pr(Y=1)$，つまり結婚経験確率となります。

$$\Pr(Y=1)=\alpha+\beta X$$

これが**線形確率モデル**です。線形確率モデルでは，Xの1単位の変化が常に同じだけ確率を変化させる，つまり確率はXの**線形関数**となっています。ただし，図からもわかるように，このモデルの大きな問題点として，予測確率が0と1の範囲に収まらないことがあげられます。年齢の低いところと高いところで破線が0と1

図 12-1　従属変数が 2 値の場合の散布図と推定モデル

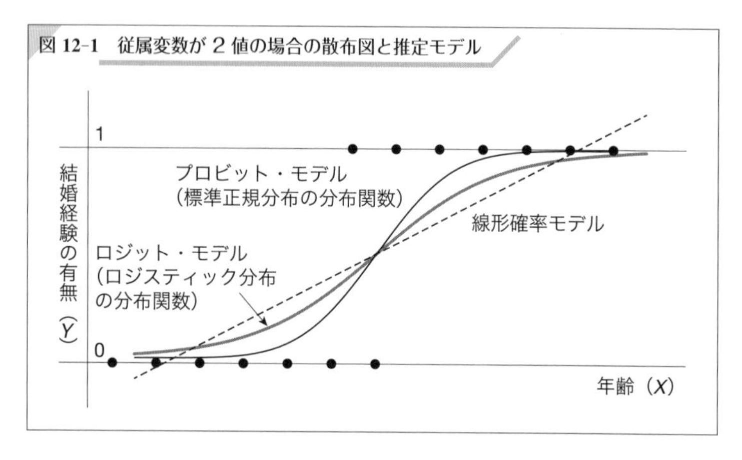

の範囲からはみ出しています。さらには，詳細は述べませんが，最小二乗法が前提としている誤差項の**均一分散**が守られていないことも問題として挙げられます（浅野・中村, 2009, pp.212-213 など参照）。

こうしたデータの関係性を，うまくとらえることはできないでしょうか？ そこで，考えられるのが，図 12-1 に描いたような曲線でとらえることです。これらの曲線を何らかの非線形な関数 $G(\ )$ で表せるとすると，以下のように表現できます。

$$\Pr(Y = 1) = G(\alpha + \beta X) \tag{12.1}$$

この非線形な関数 $G(\ )$ の代表的なものが，標準正規分布の**分布関数** $\Phi(\ )$ と，（標準）ロジスティック分布の分布関数 $\Lambda(\ )$ です。$G(\ )$ に標準正規分布の分布関数を使ったものが**プロビット・モデル**，ロジスティック分布の分布関数を使ったものが**ロジット・モデル**と呼ばれます。なお，分布関数の式については *Column* ⑱を見てください。標準正規分布とロジスティック分布の分布関数は，すべての実数について必ず 0 と 1 の間にあるので，図 12-1 からも曲線が縦軸で見て0と1の範囲に収まっているのが見て取れます。直線よりもデータの分布を適切にとらえていることがわかります。このように2値の従属変数に対して非線形な関数をあてはめて，パラメータαとβを推定することになります。

潜在変数という考え方

プロビットおよびロジット・モデルは，**潜在変数**という考え方を使っても導けます。潜在変数というのは観察されないけれども，観察された事象の背後にある変数のことです。結婚経験Yで言うと，結婚への欲求や性向といったものにあたります。この潜在変数をY^*とし，YとY^*の関係を以下のように仮定します。

$$Y = \begin{cases} 1 & Y^* \geq 0 \\ 0 & Y^* < 0 \end{cases}$$

つまり結婚経験で言うと，結婚への欲求Y^*が0以上になると結婚し（$Y = 1$），結婚への欲求Y^*が0未満であれば結婚しない（$Y = 0$）という仮定です。実際，結婚の経験は有と無しか現実的には観察されませんが，人によって結婚への意欲（結婚までの潜在的な距離）は異なるでしょう。そうしたメカニズムを考えているわけです。ここで，この潜在変数を以下のモデルでとらえます。

$$Y^* = \alpha + \beta X + u$$

このとき，Yが1となる確率の式は少し長いですが

$$\begin{aligned} \Pr(Y = 1) = \Pr(Y^* \geq 0) &= \Pr(\alpha + \beta X + u \geq 0) \\ &= \Pr(u \geq -(\alpha + \beta X)) \end{aligned}$$

と示すことができます。最後の誤差項uが$-(\alpha + \beta X)$以上になる

Column ⑱ 分布関数と密度関数

本文では分布関数を Φ( ), Λ( ) と表記しましたが，実際には以下のようになります。

標準正規分布の分布関数

$$\Phi(\alpha+\beta X)=\int_{-\infty}^{\alpha+\beta X}\frac{1}{\sqrt{2\pi}}\exp\left(-\frac{t^2}{2}\right)dt$$

ロジスティック分布の分布関数

$$\Lambda(\alpha+\beta X)=\frac{\exp(\alpha+\beta X)}{1+\exp(\alpha+\beta X)}$$

ここで，exp( ) は**指数関数**です。両分布の**密度関数**は図にすると以下のようになります。

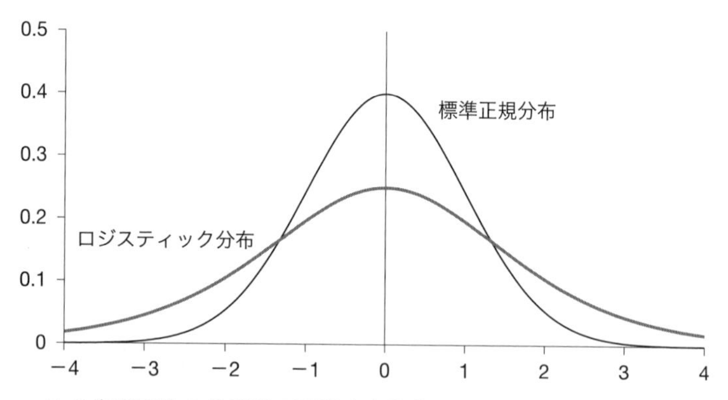

この密度関数の曲線下の面積は合計すると1になります。これを左（−∞）から右（∞）まで足し上げるものが分布関数で，図 12-1 で示したように，0を下回らないところから始まって，Φ( ) および Λ( ) の ( ) 内の値が大きくなるにしたがって0から1に近づき，1は超えないようになっています。

確率は，図 12-2 の左図の網掛け部分の面積にあたり，全体の確率1から $G\{-(\alpha+\beta X)\}$ を引いた確率になります。

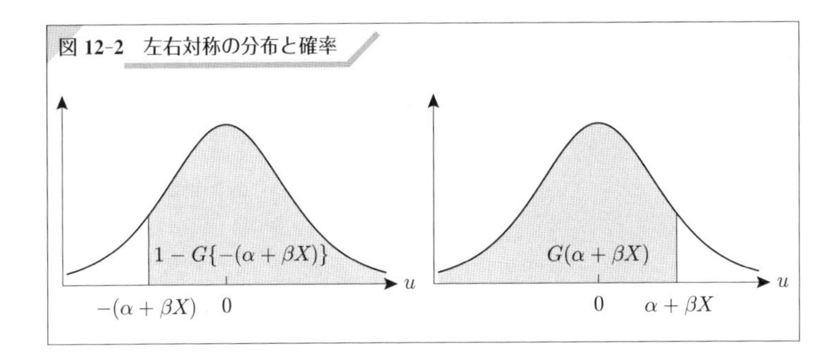

図 12-2　左右対称の分布と確率

誤差項 u が左右対称の分布をしている場合，図 12-2 の左図と右図の網掛け部分の面積は等しいので，結局，

$$\Pr(Y=1)=1-G\{-(\alpha+\beta X)\}=G(\alpha+\beta X)$$

となり，(12.1) 式と同じになります。この誤差項の分布関数 $G(\ )$ に標準正規分布を用いればプロビット・モデル，ロジスティック分布を用いればロジット・モデルになります。

こうした潜在変数を用いた考え方は，本章後半の順序モデルを理解する際に有用です。さらには，従属変数の値の範囲が限定されている場合に使う**トービット・モデル**など，発展的なモデルの理解にもとても有用です。なお，プロビットとロジットのどちらのモデルを使っても，推定結果はほぼ同じになります。また，これらのモデルの推定には，**最尤法**（*Column* ⑲を参照）と呼ばれる方法が用いられます。

Column ⑲ 最尤法とは？

結婚経験がある（$Y_i = 1$）確率が P，ない（$Y_i = 0$）確率が $1-P$ だとして，P を推定したいとします。そこで成人 10 人の結婚経験 Y_i を調べたら，$Y_1 = 1$，$Y_2 = 1$，$Y_3 = 1$，$Y_4 = 0$，$Y_5 = 1$，$Y_6 = 0$，$Y_7 = 1$，$Y_8 = 1$，$Y_9 = 0$，$Y_{10} = 0$ だったとしましょう。6 人が経験ありということです。この標本が得られる確率は

$$L(P) = P^6(1-P)^4$$

となります。P にいろいろな値を入れて計算してみると，

P	0.1	0.2	0.3	0.4	0.5	0.6	0.7	0.8	0.9
$L(P)$	0.000001	0.000026	0.000175	0.000531	0.000977	0.001194	0.000953	0.000419	0.000053

となり，0.6 の $L(P)$ が最も大きくなるのがわかります。これは，結婚経験の有無の標本平均（$6/10 = 0.6$）が，P の推定値として尤（もっと）もらしいことを示しています。この尤もらしさを**尤度**と呼び，その関数 $L(P)$ を**尤度関数**と呼びます。

ここでは固定されたパラメータ P を探索的に求めましたが，確率は個人属性によって異なるので，たとえばロジット分析では個人 i の確率 P_i について

$$P_i = \Lambda(\alpha + \beta X_i)$$

のようにして，回帰分析の枠組みを導入します。そして尤度を最大にするパラメータ α，β を探すことになります。これが最尤法です。実際の推定では，尤度の対数をとって**対数尤度**を最大化するパラメータを推定します。最尤法では，対数尤度が最大化されるパラメータの組み合わせを，先ほどのように繰り返し計算によって求めます。統計ソフトの計算結果や計算中に「Iteration...」などの表示が出るのは，繰り返し計算をしていることを示しています。時々，計算結果が得られないことがありますが，これは繰り返し計算が収束しないことがあるためです。

2 従属変数が2値の場合の回帰

分析の準備

それでは，結婚経験の有無に対して，どのような属性が影響しているのか調べてみましょう。第11章と同様に，結婚経験と属性の関係をクリアーにとらえるため，在学中の対象は分析からはずすこととします。

JLPS-Yには，第10章で見たように，配偶状態に関して以下の質問と4つの選択肢があります。

Q.　あなたは現在結婚していますか。

A.　1. 未婚　2. 既婚（配偶者あり）　3. 死別　4. 離別

ここでは，「1. 未婚」を0，「2. 既婚」から「4. 離別」までをまとめて1とし，無回答は欠損値にリコードします。このように，結婚経験あり (1)，なし (0) のようにリコードしましたが，結婚経験あり (0)，なし (1) としても問題ありません。前者の場合，係数の推定値が正になった場合，その変数は結婚経験確率を高めていることを示していますが，後者で正の推定値が得られたときは，結婚を経験しない（つまり未婚）確率を高めていることになります。推定値の正の符号は，従属変数が0から1に近づくことを意味していますので，問題関心や解釈のしやすさでどちらを使うかを決めることができます。たとえば，「結婚しないのは誰か？」というタイトルで論文を執筆するのであれば，後者にして，未婚確率を高めると解釈できるようにするのもよいかもしれません。そのほかにも，たとえば医療での受診抑制に関する分析では，受診の有無という意味では1を受診，0を非受診にできますが，受診抑制経験という意味では1を非受診，0を受診にしたほうが，何が受診抑制確率を高めているのかわかりやすくなります。

独立変数としては，年齢，性別，最終学歴，就業状態，性別役割意識を利用します。年齢，性別，最終学歴，就業状態の詳細については第11章を参照してください。性別役割意識は，「男性の仕事は収入を得ること，女性の仕事は家庭と家族の面倒をみることだ」に対する意見で，「そう思う」，「どちらかといえばそう思う」を1（賛成），「どちらともいえない」を2，「どちらかといえばそう思わない」，「そう思わない」を3（反対）にまとめて使用します。わからないと無回答は欠損値にします。

係数の意味は？

ロジットおよびプロビット・モデルの係数について若干の注意があります。通常，統計ソフトは(12.1)式のα，βの推定値を表示します。しかし，Xは非線形な関数$G()$を通して確率に影響するので，推定値をそのまま確率に与える影響として解釈することができません。そのため，確率に対する限界効果（量的変数では1単位の変化による，ダミー変数では0から1への変化による）を，あらためて計算する必要があります。とはいえ，計算は統計ソフトがやってくれるので，それほど心配する必要はありません。これまでの回帰分析では係数の推定値と限界効果が一致していましたが，ここでは別のものとなることに注意が必要です。

また，ロジット・モデルでは**オッズ比**という見方もあります。*Column* ⑱で見た分布関数を使うと，結婚を経験する確率$\Pr(Y=1)$と経験しない確率$1-\Pr(Y=1)$は，それぞれ

$$\Pr(Y=1) = \frac{\exp(\alpha+\beta X)}{1+\exp(\alpha+\beta X)}$$
$$1-\Pr(Y=1) = \frac{1}{1+\exp(\alpha+\beta X)}$$

となります。これらの確率の比をとると

$$\frac{\Pr(Y=1)}{1-\Pr(Y=1)} = \exp(\alpha+\beta X)$$

となり，さらに両辺の対数をとると以下のようになります。

$$\log\frac{\Pr(Y=1)}{1-\Pr(Y=1)} = \alpha+\beta X \qquad (12.2)$$

ある事象を経験する確率 $\Pr(Y = 1)$ と，経験しない確率 $1 - \Pr(Y=1)$ の比である $\Pr(Y = 1)/(1 - \Pr(Y = 1))$ を**オッズ**と呼びます。(12.2) 式の左辺はその対数をとっており，**対数オッズ**あるいは**ロジット**と呼ばれます。ロジット・モデルはこの (12.2) 式を推定していると見ることもでき，ロジット・モデルで得られる α, β の推定値は，対数オッズに与える影響になっています。この影響の直接の解釈も難しいので，推定値からオッズ比というものを計算して解釈するというのも 1 つの方法です。なお，プロビット・モデルでは限界効果は計算できますが，オッズ比は計算できません。

結婚経験の有無の規定要因に関する推定結果

結婚経験の有無に関するロジット・モデル，プロビット・モデル，線形確率モデルの推定結果を表 12-1 に示しました。係数の推定値の符号の正負および有意水準が，モデル間で同じであることに気づくでしょう。ロジットとプロビットが似た結果になることはすでに述べましたが，線形確率モデルでも符号の正負や有意性は，ほぼ同じ結果を得ることが多いです。

表 12-1　結婚経験の有無に関する推定結果

	ロジット	プロビット	線形確率
年齢	0.279***	0.170***	0.054***
	(0.024)	(0.014)	(0.004)
女性	0.414**	0.248**	0.076**
	(0.184)	(0.109)	(0.034)
学歴（ベース：中学・高校）			
専修・短大・高専	−0.430**	−0.247**	−0.086**
	(0.210)	(0.125)	(0.039)
大学・大学院	−0.549***	−0.324***	−0.117***
	(0.209)	(0.125)	(0.039)
就業状態（ベース：正規）			
正規以外	−0.162	−0.091	−0.028
	(0.199)	(0.118)	(0.037)
無職	1.298***	0.781***	0.248***
	(0.260)	(0.152)	(0.046)
性別役割意識（ベース：賛成）			
どちらともいえない	−0.198	−0.120	−0.036
	(0.225)	(0.134)	(0.042)
反対	−0.235	−0.146	−0.044
	(0.203)	(0.121)	(0.038)
定数項	−8.208***	−5.000***	−1.092***
	(0.740)	(0.421)	(0.119)
対数尤度	−446.1	−445.0	
擬似決定係数／決定係数	0.204	0.206	0.250
サンプルサイズ	818	818	818

（注）1）　***，**，* はそれぞれ 1%，5%，10% 水準で有意であることを示す。(　) 内は標準誤差。

2）　ロジットとプロビットの両モデルには擬似決定係数，線形確率モデルには決定係数を示している。

ロジット・モデルの係数の推定値は，すでに解説したようにそのまま解釈することは難しいです。ただし，影響の方向性はわかります。たとえば，年齢の係数の推定値は正なので，年齢が高くなると結婚経験確率が高まることがわかります。また，女性ダミーの係数の推定値は正なので，女性は男性に比べて結婚を経験する確率が高いと言えます。

なお，最尤法による推定では，最小二乗法のような決定係数を計算することができません。そこで，最小二乗法の決定係数に似せた**疑似決定係数**という指標を用いています。ここではマクファデンという研究者によって提唱されたものを表示しています。**対数尤度**も，よりフィットの良いモデルを選択するための指標です。疑似決定係数，対数尤度ともにプロビットのほうがロジットよりもわずかに値が大きく，少しだけフィットが良さそうです。

ロジット・モデルの限界効果とオッズ比

ここで，独立変数の結婚経験確率に対する影響の大きさを見ますが，図 12-1 で見たようにロジット・モデルは非線形の関係を捉えています。したがって X の値（曲線のどこにあるか）によって，確率に対する限界効果が異なります。また通常，独立変数は複数ありますので，すべての独立変数の値に依存します。そのため，どのような独立変数の値の組合せで限界効果を計算するかが問題になります。

そこで，すべての独立変数が分析対象の平均値である，（仮想的な）平均的な人における**平均での限界効果**というものを求めるのが1つの方法です。あるいは，個人ごとの観察値を用いて計算した限界効果の，分析対象全体の平均値である**平均的な限界効果**もあります。そのほかにも，特定の属性（たとえば26歳の女性で，大学・大学院卒，正規以外，性別役割分業に反対）の人における限界効果も求めることができます。

また，先ほど説明したオッズの比を使って解釈することもできます。たとえば結婚確率に対する女性ダミーの影響は，女性の結婚オ

表 12-2　結婚経験確率に対する限界効果とオッズ比

	平均的な限界効果	平均での限界効果	オッズ比
年齢	0.051	0.068	1.322
女性	0.076	0.100	1.512
学歴（ベース：中学・高校）			
専修・短大・高専	−0.078	−0.103	0.651
大学・大学院	−0.101	−0.130	0.577
就業状態（ベース：正規）			
正規以外	−0.030	−0.039	0.851
無職	0.247	0.313	3.661
性別役割意識（ベース：賛成）			
どちらともいえない	−0.036	−0.048	0.821
反対	−0.043	−0.057	0.790

ッズと男性の結婚オッズを比べると何倍になるかを示すものとなります。オッズ比は以下のように表現できます。

$$\frac{\text{女性の結婚オッズ}}{\text{男性の結婚オッズ}} = \frac{\text{女性の結婚確率}}{\text{女性の未婚確率}} \Big/ \frac{\text{男性の結婚確率}}{\text{男性の未婚確率}}$$

したがって，結婚オッズが男女で等しければオッズ比は 1 に，女性の結婚オッズが男性よりも高くなればオッズ比は 1 より大きくなります。

表 12-2 にロジット・モデルの限界効果とオッズ比を示しました。2 つの限界効果について見てみると差はありますが，それほど大きくはありません。また，表 12-1 で見た線形確率モデルの推定値とも，かなり近い値であることもわかります。

なお，平均での限界効果は，すべての独立変数で平均値をとる人における効果を意味しています。たとえば年齢で見ると，28.7歳くらいの人の効果となります。ただし，女性ダミーの平均値は0.52ですが，性別が0.52という平均的な人というのは意味がわからないでしょう。したがって，平均的な限界効果を見るほうが，限界効果の全体像をとらえるうえでは解釈しやすいです。

平均的な限界効果で見ると，確率は1が100%を意味していますので，年齢が1歳上がると，結婚経験確率は5.1%ポイント上昇します。また，女性は男性に比べて7.6%ポイント結婚経験確率が高くなることもわかります。同じ要因についてオッズ比で見ると，年齢が1歳上がると，結婚オッズは1.32倍になります。また男性と比べた女性の結婚オッズは1.51倍であることがわかります。これらの変数は，限界効果が正でしたので，オッズ比も1を超えています。一方，限界効果が負だった変数（たとえば就業状態の正規以外）については，オッズ比が1より小さくなっていることも表12-2からわかります。オッズ比は負の効果であっても正の値が表示されるので注意が必要です。

3 順序のある3値以上の質的従属変数の回帰

生活満足度のデータをリコード

続いて，順序のある3値以上の質的従属変数としての生活満足度に，どのような要因が影響するのか分析してみましょう。ここでも，在学中の対象は分析に用いません。

第10章でも扱いましたが，ここでは以下のように，生活満足度の回答の数値を反転させて使用します。

満足している 1→5，どちらかといえば満足している 2→4，どちらともいえない 3→3，どちらかといえば不満である 4→2，不満である 5→1，わからないと無回答は欠損値。

このリコードによって，係数の推定値が正になった場合，その要因が生活満足度を高めていることが間違いなく理解できるようになります。

順序のある質的変数の分析メカニズム

生活満足度のように質的変数ではあるけれども順序がある場合には，順序ロジット・モデルや順序プロビット・モデルなどがよく使われます。分析のメカニズムは，2 値の従属変数で用いた潜在変数という概念で理解することができます。すなわち，観察されない（潜在的な）連続的な生活満足度 Y^* があるものの，実際の生活満足度 Y は 5 段階の値のみが観察されていると考えます。

図 12-3 は Y^* の確率密度関数を示しています。Y^* が閾値（いきち）c_j を基準として，どの区間にあるかで生活満足度 Y が観察されると考えます。本章前半で学んだ 2 値の従属変数の分析は，この図が 2 つの領域に分かれたケースになります。

式で示せば以下のようになります。

図 12-3　5 値の順序のある従属変数のイメージ

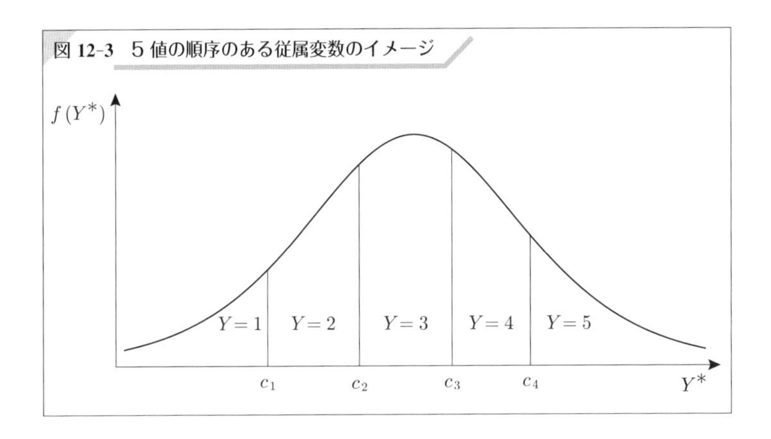

$$
Y = \begin{cases} 1 & Y^* < c_1 \\ 2 & c_1 \leq Y^* < c_2 \\ 3 & c_2 \leq Y^* < c_3 \\ 4 & c_3 \leq Y^* < c_4 \\ 5 & c_4 \leq Y^* \end{cases}
$$

そして，この潜在的な生活満足度を以下のようにモデル化します。

$$
Y^* = \alpha + \beta X + u
$$

Y^* がある区間に入る確率が，Y のそれぞれの値が観察される確率になりますので，その確率の積からなる尤度が最大になるように，閾値とパラメータ α，β が推定されます。なお，推定上の制約から，一般的な統計ソフトでは α は 0 と置かれることになります。ですので，閾値の推定値は得られますが，定数項の推定値は得られません。

また順序ロジット・モデルでは，2値のロジット・モデルと同様に，限界効果とオッズ比で効果を見ることができます。限界効果では，Y のそれぞれの値が得られる確率への効果が得られますが，オッズ比では Y のそれぞれの値ではなく，より大きな Y の値が得られるオッズが何倍になるかが示されます。

どのような人が生活満足度が高いのか？

推定にあたって，独立変数としては年齢，性別，配偶状態，最終学歴，就業状態を使用します。配偶状態は有配偶 (1)，無配偶 (0) と，本章前半の従属変数であった結婚経験とは異なる変数となっています。表 12-3 に推定結果を示しました。2値の従属変数のときと同様に，線形モデルによる推定も可能ですので，その結果も合わせて示しています。左の列が順序ロジット・モデルの推定結果，右の列が線形モデルによる推定結果です。閾値と定数項の推定値を除いた独立変数の符号の正負と有意水準は，同じ結果になっていることがわかります。

順序ロジット・モデルの係数の推定値が正の場合は，その変数が生活満足度を高めることを意味しています。たとえば，女性は男性に比べて有意に生活満足度が高く，有配偶者は未婚者と比べて有意に生活満足度が高いという結果が得られています。最終学歴では，中学・高校に比べて，専修・短大・高専と大学・大学院の双方で有意に生活満足度が高く，就業状態では，正規に比べて，正規以外や無職の場合，有意に生活満足度が低くなっていることがわかります。順序ロジット・モデルの閾値 1|2 は，図 12-3 に示した閾値で，生活満足度の 1 と 2 を分ける点を意味しています。統計ソフトによっては単に閾値 1 のように示すものもあります。

表 12-3　生活満足度の推定結果

	順序ロジット	線形
年齢	−0.043**	−0.024**
	(0.018)	(0.009)
女性	0.431***	0.222***
	(0.144)	(0.074)
有配偶	1.038***	0.535***
	(0.155)	(0.077)
学歴（ベース：中学・高校）		
専修・短大・高専	0.502***	0.261***
	(0.166)	(0.085)
大学・大学院	0.476***	0.247***
	(0.165)	(0.085)
就業状態（ベース：正規）		
正規以外	−0.535***	−0.291***
	(0.155)	(0.081)
無職	−0.566***	−0.284***
	(0.203)	(0.104)
閾値 **1|2**/定数項	−3.865***	3.873***
	(0.558)	(0.271)
閾値 **2|3**	−2.369***	
	(0.534)	
閾値 **3|4**	−0.893*	
	(0.528)	
閾値 **4|5**	1.302**	
	(0.531)	
擬似決定係数/決定係数	0.035	0.093
サンプルサイズ	827	827

（注）1)　***，**，* はそれぞれ 1%，5%，10% 水準で有意であることを示す。(　) 内は標準誤差。

2)　順序ロジット・モデルには擬似決定係数，線形モデルには決定係数を示している。

オッズ比

2 値の従属変数モデルと同じように，独立変数の効果の大きさを推定値で解釈するのは難しいので，最初にオッズ比で見てみましょう。オッズ比を表

表 12-4　生活満足度に対する各属性のオッズ比

変数	オッズ比
年齢	0.958
女性	1.539
有配偶	2.822
専修・短大・高専	1.652
大学・大学院	1.610
正規以外	0.586
無職	0.568

12-4 に示しました。

年齢のオッズ比は 0.958 です。1 歳年齢が上がると，高い生活満足度を選ぶオッズが 0.958 倍になることを示しています。つまり，低い生活満足度を選択する確率が高まることを意味しています。表 12-3 で推定値が負であったことからもわかるでしょう。女性ダミーのオッズ比は 1.539 になっています。これは，女性は男性に比べてより高い生活満足度を選ぶオッズが 1.539 倍であることを意味しています。

限 界 効 果

表 12-5 では生活満足度に対する限界効果を示していますが，ここでは統計ソフト R の都合から，平均での限界効果を示しています。順序モデルでの限界効果は，従属変数の値ごとに計算することができます。限界効果を見ると，年齢が 1 歳上昇すると，不満になる確率が 0.13% ポイント増加し，満足になる確率が 0.53% ポイント減少すると読み取れます。つまり，加齢は生活満足度を引き下げる効果があることがわかります。

一方，女性であることは男性であることに比べて，不満になる確

表 12-5　生活満足度に対する平均での限界効果

変数	不満	どちらかといえば不満	どちらともいえない	どちらかといえば満足	満足
年齢	0.0013	0.0035	0.0054	−0.0049	−0.0053
女性	−0.0136	−0.0353	−0.0539	0.0490	0.0537
有配偶	−0.0307	−0.0799	−0.1274	0.0987	0.1394
専修・短大・高専	−0.0147	−0.0389	−0.0637	0.0511	0.0662
大学・大学院	−0.0140	−0.0370	−0.0604	0.0488	0.0626
正規以外	0.0189	0.0472	0.0638	−0.0685	−0.0613
無職	0.0214	0.0522	0.0650	−0.0772	−0.0615

率を 1.36% ポイント低下させ，満足になる確率を 5.37% ポイント上昇させることがわかります。また，有配偶は無配偶に比べて，不満になる確率を 3.07% ポイント低下させ，満足になる確率を 13.94% ポイント上昇させることがわかります。つまり，女性であることと有配偶であることは，生活満足度を高くする要因であることがわかります。

本章では質的な従属変数について分析してきました。これまでの章の分析と異なる点が多かったので難しかったかもしれません。アンケート調査のデータ分析では，本章で使った分析モデルが有効ですので，しっかり復習して身につけていただければと思います。

参考文献

浅野皙・中村二朗（2009）『計量経済学（第 2 版）』有斐閣。

練習問題

本書のウェブサポートページにある，世論形成に関する調査の個票データ「ch10-12ex.csv」を使って，以下の **12-1** ～ **12-3** の問題に取り組みましょう。

12-1 以下のように回帰分析に使用する変数のリコードをしましょう。NA は欠損値です。

喫煙：q10_1（吸っている = 1，以前は吸っていたが現在は吸っていない = 2，吸ったことがない = 3，わからない・答えたくない = 9）を 1 → 1，2～3 → 0，9 → NA に。

年齢階級ダミー，女性ダミー，既婚ダミー，最終学歴ダミー，就業状態ダミー：第 11 章の練習問題を参照。

幸福度：第 10 章の練習問題を参照。

12-2 喫煙の有無に関する以下のモデルを（2 項）ロジット・モデルで推定し，結果（限界効果やオッズ比を含む）を解釈してみましょう。

$$\text{喫煙} = \alpha + \beta_1 \text{30 代} + \beta_2 \text{40 代} + \beta_3 \text{50 代} + \beta_4 \text{60 代} + \beta_5 \text{女性}$$
$$+ \beta_6 \text{既婚} + \beta_7 \text{専修・短大・高専} + \beta_8 \text{大学・大学院}$$
$$+ \beta_9 \text{正規以外} + \beta_{10} \text{無職} + u$$

12-3 幸福度に関する以下のモデルを順序ロジット・モデルで推定し，結果（限界効果やオッズ比を含む）を解釈してみましょう。

$$\text{幸福度} = \alpha + \beta_1 \text{30 代} + \beta_2 \text{40 代} + \beta_3 \text{50 代} + \beta_4 \text{60 代} + \beta_5 \text{女性}$$
$$+ \beta_6 \text{既婚} + \beta_7 \text{専修・短大・高専} + \beta_8 \text{大学・大学院}$$
$$+ \beta_9 \text{正規以外} + \beta_{10} \text{無職} + u$$

文献ガイド

本書では，まずはデータを分析する感覚をつかんでもらうために，統計学や計量経済学の基本理論について詳細は示しませんでした。しかしながら，基本的理論を理解していたほうが，適切なデータ分析の実行と解釈が可能になるのは言うまでもありません。統計学と計量経済学には良書が多くありますが，筆者らが読んでおいたほうがよいと思う，いくつかのテキストを以下に挙げておきました。また，統計ソフトについても分析テーマや好みによって分かれると思いますので，参考になるテキストを紹介しておきます。本書をきっかけに充実したデータ分析ライフを営まれることを期待します！

❑ 統計学について理解を深める

D. ロウントリー／加納悟訳（2001）『新・涙なしの統計学』新世社。

鳥居泰彦（1994）『はじめての統計学』日本経済新聞出版社。

東京大学教養学部統計学教室編（1991）『統計学入門』東京大学出版会。

毛塚和宏（2022）『社会科学のための統計学入門――実例からていねいに学ぶ』講談社サイエンティフィク。

阿部真人（2021）『データ分析に必須の知識・考え方――統計学入門』ソシム。

❑ 計量経済学について理解を深める
白砂堤津耶（2007）『例題で学ぶ 初歩からの計量経済学（第 2 版）』日本評論社。
山本拓（2022）『計量経済学（第 2 版）』新世社。
田中隆一（2015）『計量経済学の第一歩――実証分析のススメ』有斐閣。
山本勲（2015）『実証分析のための計量経済学――正しい手法と結果の読み方』中央経済社。

❑ 統計ソフトについて理解を深める
【R】
星野匡郎・田中久稔（2016）『R による実証分析――回帰分析から因果分析へ』オーム社。
秋山裕（2018）『R による計量経済学（第 2 版）』オーム社。
山田剛史・杉澤武俊・村井潤一郎（2008）『R によるやさしい統計学』オーム社。
【Stata】
松浦寿幸（2021）『Stata によるデータ分析入門――経済分析の基礎から因果推論まで（第 3 版）』東京図書。
筒井淳也・平井裕久・水落正明・秋吉美都・坂本和靖・福田亘孝（2011）『Stata で計量経済学入門（第 2 版）』ミネルヴァ書房。
【EViews】
松浦克己・C. マッケンジー（2005）『EViews による計量経済学入門』東洋経済新報社。
【gretl】
加藤久和（2012）『gretl で計量経済分析』日本評論社。

【SPSS】

林雄亮・苫米地なつ帆・保野美咲（2017）『SPSS による実践統計分析』オーム社。

索　引

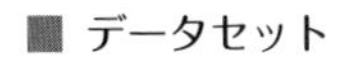

■ データセット

■ 人　名

■ アルファベット

■ あ　行

■ か　行

■さ 行

■た 行

■な　行

■は　行

■ ま　行

■ や　行

■ ら　行

■ わ　行

◆ 著者紹介

畑農 鋭矢（はたの としや）
明治大学商学部教授

水落 正明（みずおち まさあき）
南山大学総合政策学部教授

データ分析をマスターする 12 のレッスン〔新版〕
Twelve Lessons on Mastering Data Analysis, New edition

2017 年 10 月 15 日　初版第 1 刷発行
2022 年 12 月 10 日　新版第 1 刷発行
2024 年 6 月 25 日　新版第 2 刷発行

著　者　畑　農　鋭　矢
　　　　水　落　正　明
発行者　江　草　貞　治
発行所　株式会社 有　斐　閣
郵便番号 101-0051
東京都千代田区神田神保町 2-17
https://www.yuhikaku.co.jp/

印刷・大日本法令印刷株式会社／製本・牧製本印刷株式会社

ISBN 978-4-641-22205-2